AF618668

Das Sintflutprinzip

Gunter Dueck

Das Sintflutprinzip

Ein Mathematik-Roman

Zweite, um ein Nachwort des Autors ergänzte Auflage

Mit 22 Illustrationen von Stefan Budian

Professor Dr. Gunter Dueck
IBM Deutschland GmbH
Gottlieb-Daimler-Str. 12
68165 Mannheim
dueck@de.ibm.com
www.omnisophie.com

ISBN 978-3-540-33873-4 Springer Berlin Heidelberg New York

Bibliografische Information der Deutschen Bibliothek
Die Deutsche Bibliothek verzeichnet diese Publikation in der Deutschen Nationalbibliografie; detaillierte bibliografische Daten sind im Internet über http://dnb.ddb.de abrufbar.

Springer ist ein Unternehmen von Springer Science+Business Media
springer.de

Umbruch: perform, Heidelberg
Herstellung: LE-TEX, Jelonek, Schmidt & Vöckler GbR, Leipzig
Umschlaggestaltung: KünkelLopka Werbeagentur, Heidelberg
Gedruckt auf säurefreiem Papier 33/3142 YL – 5 4 3 2 1 0

Mathematik-Cocktail mit viel Wasser

Dies ist ein mathematisches Märchen über Optimierung. Eine märchenhafte Rahmenhandlung reflektiert lieb und satirisch das menschliche Bestreben, der Beste zu sein. Sie bildet das Gerüst für ein kleines Lehrbuch der mathematischen Optimierung, die hier für interessierte Laien fast ganz ohne mathematische Formeln dargestellt wird. Um dieses Mathematische herum gibt das Buch eine Fülle von Praxiseinblicken, die uns bei der IBM während der Arbeit an realen Optimierungsproblemen in der Industrie möglich waren. Das *Sintflutprinzip* soll alles das bieten: Unterhaltung, Einblick in die Forschung und in die Arbeitspraxis – dazu eine gute Portion Lebensphilosophie über das Beste.

Dieses Buch ist mein erstes Buch. Es lag knapp zehn Jahre auf Disketten im Staub. Ich konnte damals keinen Verlag (zum Springer-Verlag kam ich erst später) überzeugen, ein solch merkwürdiges Buch zu drucken. Wissen Sie, ich wollte zu viel mit diesem Buch, es war ja mein erstes. Es ist ja sehr schön geworden, finde ich, aber es ist für einen Verlag ganz schwierig zu sagen, wer es lesen soll und warum! Unterhaltung *und* Mathematik? Mit Zitaten aus dem Tao Te King womöglich? Heute, da ich nun schon einige erfolgreiche Bücher geschrieben habe, die eher noch merkwürdiger sind als dieses hier, ist das Publizieren kein großes Wagnis mehr, bestimmt nicht für meinen Verleger Hermann Engesser, der mit der Auflage meines ersten *wirklich* gedruckten Buches *Wild Duck* schon alle Wagnisse hinter sich hat.

Lesen Sie hier ein Mathematikbuch der ganz anderen Art! Elke Schmidt, die derzeit die Oberstufe eines Gymnasiums besucht, hat für mich das Buch zur Probe gelesen. Ich hatte beim Schreiben den Anspruch, dass sie es verstehen müsste. Sie hat aber dann eher gefragt, wo denn die Mathematik im Buche sei – sie habe doch so viele Formeln erwartet! Es sind aber praktisch keine Formeln drin! Hmmh. Hat denn Mathematik nicht viel mehr mit Vorstellungen und Bildern zu tun? Davon gibt es im Buch viele. Sind Formeln denn nicht nur rigide Denkkrücken oder Verständigungsformen für Mathematiker, die sich so ihre inneren Bilder gegenseitig mitteilen? Was ist Mathematik? Die Idee? Oder der Beweis? Die Formel? Oder das Bild?

Ich habe es einmal ohne Formeln versucht. Dafür zeigen wir wahrhaftige Bilder des Künstlers Stefan Budian, die er extra für dieses Buch angefertigt hat. Sie passen kongenial zum Sintflutprinzip. Für eine Ausstellung von Stefan Budian habe ich einmal eine Würdigung verfasst. Sie heißt *Identität in Farbe.* Ich hänge diese an das eigentliche Buch an, zusammen mit dem winzigen Artikel über *Mathematik, 15-prozentig.* Hier werden noch Restgeheimnisse zur Optimierung gelüftet, wie sie das wahre Leben schreibt.

Das Buch enthält etliche Abbildungen. Dahinter steckt eine Menge Arbeit von Hermann Stamm-Wilbrandt, Detlef Straeten, Gerhard Schrimpf, Johannes Schneider und Peter Korevaar, die auch alle einen großen Beitrag zur Entwicklung der in diesem Buch dargestellten Mathematik geleistet haben.

Etliche Bilder habe ich aus dem Videofilm *Mathematische Optimierung – Das Sintflutprinzip* herausgeschnitten, den hauptsächlich Tobias Scheuer (mit mir) beim Verlag Spektrum der Wissenschaft produziert hat.

Carmen Bierbauer passt immer auf, dass ich nichts Langweiliges oder politisch Unkorrektes schreibe. Sie ist für mich so etwas wie ein externer Seismograph …

Inhaltsverzeichnis

I

Die Suche nach dem Besten

Wir alle wollen das Beste. Wir wählen stets das Beste. Wir ringen um das Bestmögliche. Wir wissen, was das Beste für andere ist.

Dieses Buch will nachdenken helfen, wie wir es finden, das Beste. Es ist eine eigenartige Mischung geworden, was eigentlich als Leitfaden gedacht war, wie wir mit Logik, Gespür und Wissenschaft wesentliche Wirtschaftsprobleme bewältigen können. Millioneneinsparungen durch ein großartiges mathematisches Computerverfahren! So wollte ich berichten. Besser, einfacher, schneller, effizienter und kostengünstiger! Während ich in meinem Arbeitsleben versuchte, solche Verfahren in der Industrie zur Anwendung zu bringen, machte ich aber die überwältigende Erfahrung davon, was ich nachher unter dem *menschlichen Faktor* bespreche. Die Ziele nämlich, unter denen wir vordergründig arbeiten, heißen etwa Kostendrücken oder Umsatzsteigern. Es sind aber *nicht* die eigentlichen Ziele von uns Menschen. Wir möchten eine interessante, herausfordernde Arbeit und nette Kollegen, wir lieben ruhige Sicherheit und eine auskömmliche Lage.

Wenn wir also in der Wirtschaft Tourenoptimierung, Lagereffizienz, Liegenschaftsstraffungen, Arbeitsorganisationen, Ablaufoptimierung, Einsatzpläne als Problemlöser mit neuesten wissenschaftlichen Methoden angehen, so treffen diese Lösungen, die das Beste finden, auf ein menschliches Arbeitsumfeld, das ebenfalls zu seinem Recht kommen will. Oft wird leider erst hier deutlich, was denn das Beste ist: für Sie, für mich, für unseren Chef, für unsere Firma, für die Gesellschaft. Wir ersticken oft in unseren Zielkonflikten und entscheiden lieber später, nach gründlicher Diskussion, vielleicht.

In diesem Buch möchte ich unsere menschliche Welt mit der wissenschaftlichen Welt zusammenbringen und mit Ihnen nachdenken, ob wir nicht alle gemeinsam trotz verschiedener Ziele das Beste finden können. Dazu müssen zwei ganz anders geartete Gedankenwelten zusammengefügt werden.

Ich habe versucht, beide Welten „unter der Sintflut zu vereinen“. Stellen Sie sich vor, es regnet ununterbrochen auf der Erde. Das Wasser steigt. Es besteht die offensichtliche Notwendigkeit, einen hohen Punkt auf der Erde zu finden. Was tun Sie? Warten Sie, ob der Regen nicht doch noch aufhört? Kaufen Sie ein Berggrundstück? Rufen Sie um Hilfe?

Es gibt mathematische Verfahren, bei denen Computer quasi einem sintflutartigen Regen ausgesetzt werden, um das Beste zu finden. Computer sollen die höchsten Stellen eines fiktiven unerforschten Planeten finden. Hohe Gebirgsspitzen bedeuten in der Computerwelt dann gute oder exzellente mathematische Lösungen. Berggipfel werden als kostengünstigste Flugpläne oder profitabelste Wertpapieranlagen interpretiert. Damit der Computer auch wirklich anständig sucht und Erfolg hat, erzeugt der Programmierer eine Regenflut, vor der der Computer fliehen muss. Auf der Flucht findet er schließlich fabelhaft hohe Berggipfel und wir Menschen erhalten auf diese Weise gute Flugpläne.

Diese Sintflutverfahren stelle ich Ihnen in diesem Buch vor. Das Schöne dabei ist, dass sehr viele Phänomene dieser Verfahren auch in der menschlichen Welt unseres eigenen Verhaltens beobachtet werden können. Mit viel Augenzwinkern kann so unter dem Dachbegriff der Sintflut eine Brücke zwischen Computer und Mensch geschlagen werden, eine Verbindung zwischen den Erfordernissen ökonomischer Effizienz und unserer persönlichen, privaten Vorstellung des Besten. Ich habe versucht, dieses Augenzwinkern durch das ganze Buch hindurchzutragen und Ihnen eine Mischung aus Wissenschaft, Satire und Nachdenklichkeit zu servieren.

Zum Aufbau des Buches: Die verschiedenen Kapitel bestehen aus einem „illustrierenden" Teil und einem „sachlichen". Die illustrierenden Abschnitte habe ich als eine Art Fortsetzungsroman geschrieben, in dessen einzelnen Minikapiteln die Menschen eines kleinen Volkes unentwegt schöne Ideen haben, wie sie einer drohenden Sintflut entkommen. Diese Geschichte endet, na ja, mit einem vielleicht unbefriedigenden Schluss – wie sollte es auch anders sein, wenn Optimierungsprobleme viel einfacherer Art viele Manager und Mathematiker ein Berufsleben lang beschäftigen. Die Rahmengeschichte soll vor allem zum Nachdenken anregen. In den (mehr) sachlichen Teilen lege ich dann jeweils die in der Geschichte aufgetretenen Probleme genauer dar und diskutiere Lösungsmöglichkeiten.

Da nun mehrere Handlungsstränge miteinander verbunden sind und das Buch ein ganz ordentliches Geflecht geworden ist, stelle ich hier kurz das Gedankengerüst vor.

Wie schon gesagt, beginnen wir in einer Rahmengeschichte damit, dass über eine Welt von Menschen eine wirkliche Sintflut hereinbricht, die sich jetzt „optimal retten" müssen. Die Menschen leben am Anfang unten, am Wasser, das nun leider von Beginn des Buches an steigt und steigt. Der Wasserspiegel hebt sich langsam. Unsere Gedanken folgen den immer stärkeren Zwängen der Menschen, die Berge erreichen zu müssen. Den verschiedenen Stufen auf der Flucht entsprechen in etwa die Kapitel des Buches. Wie in einem ordentlichen Buch fangen wir also unten am Wasser an und arbeiten uns langsam in die Höhen vor. Die Geschichte beginnt mit realem Druck und endet in den Wolken.

Soweit die Fakten. Nun aber möchte ich noch ein paar notwendige Erläuterungen zu den künstlerischen Illustrationen von Stefan Budian und etwas zur Entstehungsgeschichte des Buches verraten.

Ich gestehe vorweg: Dieses Buch ist mein allererstes! Und zwar zu etwa 90 Prozent. Ich habe es schon in den Jahren 1994 bis 1996 geschrieben und sofort das Interesse eines angesehenen Verlages gefunden. Das war für mich als Jungautor ganz überirdisch! Es stellte sich jedoch zunehmend heraus, dass das Buch völlig verrückt geschrieben sein würde. Man mochte es wohl gerne lesen, ja, und lehrreich war es auch, ja. Aber es war eben zu verrückt! Inzwischen habe ich ja schon andere Bücher geschrieben, die Sie vielleicht gelesen haben. Sie kennen also meine Art zu schreiben und finden das Buch jetzt normal, weil Sie heute ja wissen, dass ich nicht verrückt bin, sondern immer so bin. Das war damals noch nicht klar – nämlich, dass ich immer so bin. Deshalb wurde darauf gedrungen, ein vernünftiges Buch daraus zu machen, was bei dem Stoff unbedingt möglich sein musste. Das hätte aber bedeutet, dass ich mich hätte nun künstlich vernünftig stellen müssen, was ich durchaus ganz gut kann, sagen die Leute. Aber, bitte! Doch nicht in meiner Freizeit, wenn ich Bücher schreibe und dafür kaum Geld bekomme! Danach versuchte man, mich an meine wissenschaftliche Reputation zu erinnern. Das funktioniert bei Professoren der Mathematik meistens ganz gut. „Was sollen die Leute denken?" Aber ich hatte ja schon genug Lehrsätze bewiesen und wollte unbedingt ein Buch schreiben, ein Mathe-Buch in Form eines Romans.

Die Sache schlief ein.

Ich verstehe den vorigen Verlag. Ich lästere nicht und hege überhaupt keinen Groll. Ich habe bei der Lektorin eine Menge über das Schreiben und das Büchermachen gelernt. Ich weiß ja, es lag an mir. Ich wollte ja etwas …

Hermann Engesser, mein jetziger Verleger beim Springer-Verlag, der mich sozusagen im Jahr 1999 für die Beta-Kolumne im Informatik-Spektrum entdeckt hatte, fand irgendwann das Buch in meinem alten Computer, zerstückelt in viele kleine Word-Dateien, weil mein alter Computer noch so klitzeklein war. Wir sahen mein erstes Opus noch einmal an und stellten verwundert fest, dass es ganz normal gut geschrieben war, im Sinne und im Lichte meiner inzwischen erfolgreichen Bücher. So haben wir es denn wieder ans Licht gezogen, der andere Verlag erlaubt es dankenswerterweise.

Etwa 10 Prozent des Buches mussten neu geschrieben werden, weil die Beispiele der Praxis sich in den letzten Jahren doch ziemlich verändert haben. Ich arbeite auch nicht mehr als Optimierer oder Manager, sondern bin

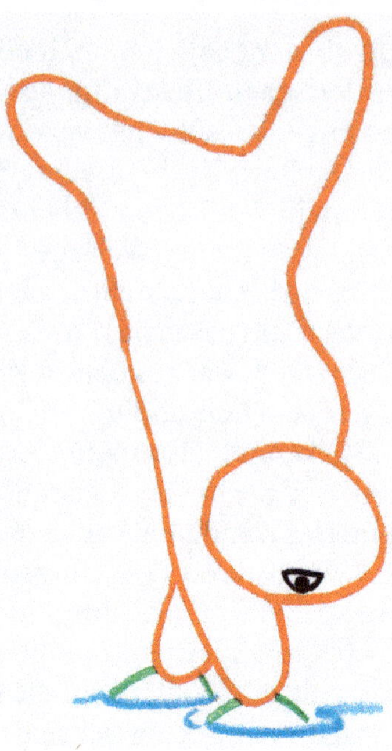

inzwischen Cheftechnologe bei der IBM. Während der Diskussionen um dieses erste Buch von mir erschien mein Buch *Omnisophie*. Ich bekam eine ganze Reihe von Leserbriefen, zweifelnde, mahnende, flammend begeisterte. Die anteilnehmendsten und längsten Äußerungen zur Omnisophie bezogen sich auf viele der gar nicht so zahlreichen ästhetischen Aussagen im Buch. Ein Künstler schickte mir liebevoll viele Ideen. Bald kam ein kleines Päckchen mit Drucken seiner eigenen Werke.

Ich sah sie an, die Zeichnungen von Stefan Budian, und sah dort Wesen, die für mich so etwas wie sichtbar gemachte Seelen darstellten. Ich weiß, Sie sehen das vielleicht anders. Eher trockene Menschen sagen über die Zeichnungen „so wenig – nur ein paar Striche". Ganz natürliche Menschen klatschen in die Hände: „Ach! Süß! Schön! Aber *sagen* Sie mal, Herr Dueck, ist das denn Kunst?" Ich dachte bei mir, es gibt wohl verschiedene Sichten auf die Zeichnungen. Für wahre Menschen im Sinne meiner *Omnisophie* sind es Seelen, für von mir so genannte richtige Menschen sind es schon ganz gute Strichskizzen, für natürliche Menschen mag die Freude in ihnen spürbar sein, so dass die Wesen bei uns bleiben dürfen.

Und mittendrin schrieb ich einmal an Stefan Budian: „Ist es möglich, dass Sie einmal ein Buch illustrieren?" Ich fragte. Einfach so. Es kam eine Antwort. Einfach so: „Ja."

Deshalb ist dieses Buch auch ein Kunstwerk geworden, für mich jedenfalls. Nach dem eigentlichen Buch, direkt nach dem Sintflutroman, finden Sie noch einen kleinen Artikel von mir über Stefan Budian, den ich ihm für eine Ausstellung geschrieben habe. Das ist mein erster Artikel über Kunst oder Ähnliches. Ich glaube nicht, dass er von Kunst handelt, sondern mehr von Stefan. Die Ausstellungskatalogleser sagten denn auch, so schreibe man nicht über Kunst, aber den Artikel an sich hätten sie gerne gelesen. Tja. Und nach diesem Buch sagen Sie dann wohl, so schreibe man nicht über Mathematik. Aber hoffentlich haben Sie es gerne gelesen. Und dann hängen Sie sich noch eine Usie ins Zimmer? Ich habe die vom Buchcover gerahmt. Ach: Usie. So nenne ich selbst für mich die von Stefan Budian gezeichneten Wesen, nach dem griechischen ousia (lateinisch: usia, deutsch usie), was so etwas wie Essenz, Sein oder Wesensgehalt bedeutet. Stefan hat immer noch keinen Namen für „sie“ … usie …

II

Das Beste oder Höchste, was ist das genau?

1. Vor der Sintflut, eine Begebenheit

Auf einem sehr, sehr großen Planeten lebten einst ein paar tausend Menschen in kleinen Siedlungen am Wasser. Sie hatten es gut und wohnten zufrieden und glücklich. Da sie so wenige waren, hatten sie stets zusammengehalten und waren am Wasser geblieben. In die nahen Berge waren immer nur einige Wagemutige gedrungen und hatten von ihren Abenteuern erzählt. Wie der ganze Planet beschaffen war, hatte niemanden gekümmert. Vor der Küste lag eine kleine, länglich vorgelagerte Insel, auf die sie hinüberwaten konnten. Herrlich ließ es sich dort baden! Ein paar hundert Menschen lebten dort in kleinen Häusern. Sie hatten die Seeluft gerne und konnten ja das Festland besuchen, wann immer sie wollten.

Sie lebten so tagein, tagaus, und von guten Tagen lässt sich nicht viel Besseres sagen. Sie ahnten nichts von kommender Gefahr. Keiner hätte gedacht, dass es eine Sintflut geben würde, die in letzter Konsequenz eine Vertreibung aus dem Paradiese bedeutete. Aus dieser glücklichen Zeit gab es eine kleine Begebenheit, so eine, wo ein Angeber ausgelacht wird, so eine, die uns später manchmal ins Gedächtnis springt und ein unmerkliches Lächeln in ein versonnenes Gesicht zaubert. Das wäre an und für sich gar nichts Großartiges zum Erzählen, aber später erinnerten sich die Menschen noch: „Siehst du, es geht uns wie Goliath und der Bohnenstange."

Es geschah nämlich dies: Ein großer klotziger Mensch, dessen Name wahrscheinlich ein gewöhnlicher war, Kurt oder Herbert, wurde aber wegen seines Äußeren und seines Gehabes Goliath genannt. Er war ein großspuriger Kraftmeier, „der größte aller Menschen", wie er gerne rief, wenn er sich triumphierend auf die Brust schlug. Lange Zeit war er wirklich der Größte, bis mit der Zeit ein gutmütiger Kerl, den bald alle *Bohnenstange* riefen, länger und länger heranwuchs. Schon bevor er Goliath in der Größe erreicht hatte, begannen die Menschen den Goliath mit der Bezeichnung *Zweitgrößter* zu hänseln, worauf es zu einem dauerhaft schwelenden Zwist kam. Am Ende schlug Goliath der Bohnenstange grundlos die Nase ein, so dass die Sache zum Dorfrichter kam. Der ließ sich die Vorgeschichte erklären. Mitten in diesem Bericht warf der Richter erstaunt ein: „Aber Bohnenstange ist doch *wirklich* größer!" Goliath wurde schwarz vor Zorn und verlangte einen Beweis. So wurden sie beide nacheinander an einem Baum aufgestellt und gemessen. Bohnenstange ward etwas größer befunden. Die Menschen lachten und freuten sich. Goliath aber erkannte den Beweis nicht an, da er sich beim Messen betrogen wähnte. Schließlich stellte man die beiden Rücken gegen Rücken aneinander und stimmte ab. Da sahen die Menschen wiederum die Wahrheit mit Augen und lachten und lachten. Goliath aber verlangte einen Beweis, den er selbst anerkennen könnte, da ja bis jetzt immer nur über seinen Kopf hinweg gemessen worden sei. Da wurden es die Menschen leid und sie baten ihn dringlich, einfach aufzuhören. Goliath wütete aber stärker und lauter und bezichtigte alle der Lüge und des Betrugs.

Da entschied der Dorfrichter, dass beide, Goliath und die Bohnenstange, die Hände an den Rücken gefesselt, in die leere Zisterne des Dorfes gestellt würden. Die Menschen sollten sie mit Wasser füllen, und die Angeklagten sollten selbst entscheiden, wer der größere von ihnen sei. So ward es getan, und bald schöpften die Menschen Wasser in die Zisterne. Es war ihnen eine helle Freude. Als das Wasser den beiden bis zur Brust stand, stellte sich die Bohnenstange probehalber auf die Zehenspitzen. „Betrug, Betrug!", rief Goliath und schimpfte in einem fort, stellte sich aber auch selbst nach einiger Zeit auf die Zehen. Sie reckten die Köpfe und zogen die Hälse lang, suchten kleine Steinchen unter den Füßen. Es wurde ein richtiger Kampf.

Als ihnen das Wasser bis zum Halse stand, schöpften die Menschen immer langsamer, um ihre Freude auf das Ende auszukosten. Mit leuchtenden Augen wurde Eimer um Eimer sorgsam geleert. Das Wasser stieg beiden ans Kinn, und nun merkte Goliath, dass er verlieren würde. „Betrug! Betrug!", schrie er aufs neue, „Bohnenstange ist dumm, er hat kein Hirn, er hat eine niedrige Stirn und ich habe eine hohe! Ich bin größer, nur mein Mund liegt tiefer als seiner! Nur weil ich klug bin, muss ich verlieren! Herr Richter, entscheidet, entscheidet noch einmal, und diesmal *gerecht!* Anders muss gemessen werden, die Dummheit darf nicht triumphieren!" Der Richter stand am Rande der Zisterne und sprach: „*Nur* Klugheit reicht zur Größe nicht."

Wie's ausging? Als die beiden fast Wasser schlucken mussten, schichteten die Menschen ganz sorgfältig Likör auf das Wasser und luden zum Trunk – sie selbst hatten schon beträchtliche Proben genommen. Als Bohnenstange genüsslich schnappte, weil ihm langweilig wurde, erklärte Goliath seine Sache für gewonnen. Das war ein lautes Gefluche und Gezerge! Goliath ließ sich am Ende als Erster hinaufziehen, die Überwassermundspitze von Bohnenstange lachte wie die Sonne selbst. Es war ein herrliches Fest! Goliath aber ging finster nach Hause und schien in den nächsten Tagen doch irgendwie gleich groß wie die Bohnenstange, vielleicht doch ein wenig größer?! Er selbst zeterte noch lange fort, während Bohnenstange weiter wuchs. Als später ruchbar wurde, dass Goliath immerfort ganz heimlich neue hohe Schuhe konstruierte, nannten sie ihn wieder mitleidvoll den Größten.

Und die Moral von der Geschicht':

Die Größten sind wortkräftiger als Große. So können sie mithalten, selbst wenn das Wasser schon über den Rachenmandeln steht.

2. Optimierungsprobleme

Welches Buch soll ich am besten im Urlaub lesen? Welchen Anzug wähle ich im Kaufhaus? Welcher Wein passt am besten zu einem Lammkarree? Welche Fahrtroute nehme ich nach Barcelona, wenn ich mich weigere, französische Autobahngebühren zu zahlen? Welcher unter meinen Arbeitskollegen (außer mir) verdient als Erster eine Beförderung? Wer ist der Größte im Dorf? Im Leben haben wir zu entscheiden, zu wählen, auszusuchen. Immer heißt die vielfach abgewandelte Fragestellung: Welche Möglichkeit ist die beste?

Ich formuliere diese Fragestellung jetzt einen Hauch exakter, mehr in der Sprechweise des Mathematikers. Ich will nur ein bisschen genauer sagen, was ein Maximum oder ein Minimum ist. Mehr nicht. Sie wissen es natürlich schon so etwa.

Eine Aufgabe, unter – meist sehr vielen – Alternativen eine sehr gute oder gar eine beste auszuwählen, nennen wir ein *Optimierungsproblem.* In diesem Buch werden wir vorrangig Probleme mit einer nur endlichen Anzahl von Alternativen behandeln. Wir schreiben: A_1, A_2, ... A_n seien die Alternativen, für die man sich entscheiden kann. Zur Bewertung der Alternativen gibt es einen „Höhenmesser" oder – in der Fachsprache ausgedrückt – eine *Zielfunktion* f_{opt}. Für eine Alternative A gibt der Zielfunktionswert $f_{opt}(A)$ die Güte oder die Höhe oder die Qualität der Alternative A an. Die Zielfunktion kann etwa den Gewinn oder auch die Kosten einer Alternative beschreiben. *Kosten* wollen wir natürlich *minimieren, Gewinne maximieren.* Je nach der inhaltlichen Bedeutung der Zielfunktion wollen wir Alternativen oder Lösungen A finden, die einen hohen oder niedrigen Zielfunktionswert haben. Wenn wir wissen, ob wir nun minimieren oder maximieren wollen, sprechen wir nicht allgemein von einem Optimierungsproblem, sondern speziell von einem Maximierungs- bzw. einem Minimierungsproblem. Die beste Lösung (ein Minimum oder ein Maximum, je nachdem) heißt Optimum oder optimale Lösung. Sehr gute Lösungen oder Alternativen sind solche, deren Zielfunktionswert nahe dem bestmöglichen oder dem optimalen Wert liegen. *Optimieren* bedeutet im strengen Sinne eigentlich, eine optimale Alternative zu finden. Wie wir sehen werden, sind sehr viele Probleme der Praxis so furchtbar schwer zu lösen, dass wir heilfroh sein können, wenn wir wenigstens sehr gute Lösungen finden. Wir wollen auch in diesem Falle von *optimieren* sprechen. Ich benutze das Wort *optimieren* aber nicht in dem „laschen" Sinne, wie es oft von Managern im täglichen Leben benutzt wird: Optimieren heißt für sie, irgendetwas irgendwie besser zu machen. Nahe an die *beste* Lösung zu kommen ist damit nicht notwendig gemeint. Manager benutzen das Wort *optimieren* so ein bisschen angeberisch, um zu beeindrucken. Vorsicht! Fragen Sie sich immer, was mit Optimierung gemeint ist!

Methoden, die es erlauben, beste oder sehr gute Lösungen zu finden, heißen *Optimierungsverfahren.* Weiter hinten im Buch werde ich Ihnen einige erläutern und speziell das Sintflutverfahren vorstellen.

Wer ist der Größte, der Beste? Wir müssen messen, wiegen, abprüfen, testen, abschmecken, ... Es gibt dafür verschiedene (mathematische) Verfahren.

Anmerkung, aber nur für Mathematiker: Im nächsten Kapitel wird die Rede davon sein, dass die Mathematik noch kein abschließendes, befriedigend schnelles Verfahren gefunden hat, für Optimierungsprobleme das genaue, exakte Optimum zu bestimmen. Es gibt genug Zweifel, ob es je ein solches Verfahren geben wird oder ob es prinzipiell eines geben kann. Die meisten Verfahren, die in der Praxis eingesetzt werden, berechnen deshalb Lösungen, die nur „möglichst optimal", also sehr gut sind. Vielfach sagt „man" in der Praxis dann einfach „optimale Lösung" dazu, anstatt: „eine Lösung, die nach unserem Kenntnisstand sehr nahe am Optimum liegt". Ich habe das in der Einleitung auch getan, und wenn der mathematische Elfenbeinturm-Buchkritiker beckmesserisch genau gelesen hat, habe ich schon hässliche Minuspunkte bekommen. Den mit dieser Lage nicht Vertrauten hätte ich aber verwirrt. Ich bitte um Verzeihung, für jetzt und für andere Dialoge später im Buch. Ich habe in meinem Beruf zunächst immer brav von Lösungen gesprochen, „deren Qualität beweisbar nahe in der Nähe der optimalen Qualität liegt", aber immer nur Staunen geerntet.

„*Was,* Sie können kein *Optimum* berechnen? Ja, sind denn Ihre Lösungen nicht so gut? Hier, sehen Sie bitte, haben wir ein Prospekt von einer kleinen Firma. Darin steht: Wir berechnen das *Optimum!* Und jetzt kommen Sie und sagen, das sei nicht möglich? Lügen die Leute denn in dem Prospekt oder können Sie das einfach nur nicht?" In meinem früheren Beruf als Optimierer habe ich resigniert. Ich trug schließlich immer die *optimale* Lösung vor und wusste natürlich, dass sie nur sehr gut war. Wenn jemand dann zu Recht reklamiert, dass ich jetzt lüge, bitte ich ihn, es „den anderen" ganz genau zu erklären. Wissen Sie, den Laien ist das einfach nicht wichtig! Warum sollte es Ihnen wichtig sein? Sie haben alle eine intuitive Auffassung, dass „optimal" sehr gut bedeutet! Basta.

3. Das Beste, der Größte: Über Höhenmesser

Wenn wir uns für die beste Möglichkeit entscheiden wollen, müssen wir über einen Maßstab verfügen, nach dem wir die Güte oder die Qualität von verschiedenen Möglichkeiten beurteilen können.

„Höhenmesser" oder Zielfunktionen dienen oft nicht nur zur Beurteilung einzelner Möglichkeiten, sondern sie sind ein entscheidendes Hilfsmittel bei der Suche nach *guten* Möglichkeiten.

In der Physik wird alles und jedes vermessen: Kraft, Höhe, Impuls, Beschleunigung, Stromstärke, Energie usw. Diese Messungen sehen wir als exakt an. Beim Sport messen wir Leistung an der übersprungenen Höhe, an der verbrauchten Zeit, an der Anzahl der Tore. Diese Höhenmessdaten für das Merkmal „bester Sportler" akzeptieren wir allgemein als eine korrekte Messung, auch wenn sie es im Einzelfall nicht sein mag: Im Tennis gewinnt nicht der mit den meisten Gewinnpunkten, sondern der, welcher den letzten Punkt macht. Wenn ein Hochspringer beim Übersprung über 2,20 m noch 30 cm „Luft hat", so zählt dies nicht als 2,50 m – Weltrekord –, sondern nur als 2,20 m. „So ist nun einmal die Regel", sagen wir. Menschen werden anlässlich des Abiturs nach Punkten vermessen. Wir lesen aus der Punktezahl ab, wie gut ein Mensch im Beruf sein mag. Da wir schon viele Enttäuschungen mit dieser Messung erlebten (wir selbst sind mit Sicherheit besser, als es diese unsere Messzahl ausdrückt), sehen wir den Abiturschnitt nicht direkt als Höhenmessung der Leistung an, sondern nehmen diese Punktzahl als „best guess", als gut gemeinte Schätzung des Leistungsvermögens an. Kritiker, Weinpäpste, Gourmets und Gurus aller Art bewerten in Punktesystemen die bestangezogenen Frauen, Restaurants,Sachbücher, Popvideoclips usw. usw. So kann ich Ihnen weitere und immer wässrigere Höhenmessungen nennen, die eher Höhenschätzungen oder Höhenindikationen oder Höhensymptome heißen sollten. Am vagen Ende dieser Höhenmesserrangordnung können wir „gemessene“ Aussagen finden wie „Gummibären schmecken 20 Prozent besser als saure Apfelringe“ oder „Die neue Seife riecht 37 Prozent mehr nach Frühling als früher“.

4. Die Zielfunktion

Wenn wir vor einer Entscheidung stehen, müssen wir genau definieren, nach welchen Zielkriterien wir vorgehen wollen. Wir sollten die Menge aller Möglichkeiten eingrenzen, für die wir uns entscheiden dürfen. Jede Entscheidung sollte bewertbar sein; wir brauchen eine Zielfunktion, die uns anzeigt, ob eine gewählte Alternative gut oder schlecht ist. Ich fürchte jetzt beim Schreiben insgeheim, dass Sie gerade beim Lesen denken: „Ja, ja, hab' ich verstanden, das ist ganz klar, darauf muss man nicht herumreiten.“ Leider muss ich das doch. Das Entscheiden an sich ist nämlich nur ein Teil der Mühe. Dafür bemühen wir viele Verfahren, mathematische Technologie, Computer, Fachkenntnisse. Vor der Entscheidung oder vor einer Optimierung müssen ganz genau die Ziele geklärt werden. Zum Beispiel könnten wir „Gewinnmaximierung“ zum Ziel einer Unternehmensführung erheben. Optimal wäre es unter diesen Umständen, alle Forschung und Entwicklung einzustellen und nichts mehr zu investieren. Der Gewinn schnellt sofort in die Höhe. „Das habe ich natürlich nicht so gemeint“, wird erwidert. „Natürlich ist das Ziel der Gewinnmaximierung langfristig gedacht.“ Wie ist in diesem Fall denn die Zielfunktion *ganz genau* definiert? Oder denken Sie an Ihre Eltern! Wenn die Ihnen verraten, sie wüssten ganz genau, was das Beste für Sie wäre! Da werden Sie ganz schön wütend, weil das nicht das Beste für Sie ist! Da fauchen Sie Ihre Erzeuger aber an, worauf die dann fragen, was Sie wohl meinen, was das Beste für Sie wäre – und dann wissen Sie es auch nicht so genau.

Sehen Sie? Sie wissen es eigentlich selten genau, was das Beste ist.

In diesem Buch aber müssen wir das exakt wissen!

Im Folgenden gehen wir an einige Optimierungsprobleme heran. Ich sage dabei nicht einfach: „Weglänge minimieren“ oder „Mietkosten minimieren“, sondern ich versuche, die Problematik der Zielfunktion mit etwas mehr Facetten anzugehen. In späteren Kapiteln nähern wir uns der vollen Komplexität der Probleme im realen Leben. Dort sehen wir noch besser, wie schwer gute Zieldefinitionen sind. Der Computer optimiert nämlich genau das, was Sie ihm als Ziel vorgeben. Wenn Sie einfach Gewinnmaximierung vorgeben, werden eben vom Computer alle Investitionen gestoppt. Die typische Reaktion der Menschen folgt auf dem Fuß. Sie schütteln den Kopf. „Computerlösungen sind nicht brauchbar. Und wenn ihr mich fragt: Ich wusste das vorher." Das stimmt und stimmt nicht. Die meisten Menschen verstehen Computer nicht. Und die, die alles wissen, was das Beste wäre, die tun dann das Beste nicht! Sind nur stolz, es am besten zu *wissen!* Aber sie tun es dann anders. Politiker wissen ebenso wie alle Menschen, dass Schulden nicht so gut für uns alle sind. Wenn sie aber Schulden machen, müssen sie nicht so viel regieren und können sich voll auf die Wahlkämpfe konzentrieren, weil sie von dieser Tätigkeit die wenigste Ahnung haben. Dann aber wählen wir sie, weil sie sich sichtlich um uns kümmern, also lebhafte Nachrichten-Soaps für uns kreieren. Wir finden Schulden nicht so schlimm, weil wir glauben, die kämen uns implizit als niedrige Steuersätze zu Gute. Wir können uns nicht vorstellen, dass Politiker mit unserem schönen Geld Probleme zuschütten, damit die eine Zeit lang Ruhe geben. Bis die Wahl war.

Wir formulieren jetzt in der Folge ein paar einfache Optimierungsprobleme. Ich will in diesem Buch nicht so weit gehen, die Willensbildung des Volkes in Formeln zu gießen. Uiiih, da würden Sie mich angiften! Es gibt bei allen diesen optimalen Gedanken nämlich noch einen menschlichen Faktor. Der kommt im Buch gleich nach den eigentlichen echten Problemen dran. Es stellt sich aber meist heraus, dass der menschliche Faktor das eigentliche echte Problem ist.

5. Das berühmte Problem des Handlungsreisenden

In der folgenden Abbildung sehen Sie eine Rundtour durch 532 große Städte der USA. Von unserem Computer ziemlich gut berechnet. Oder ist es das Optimum, das wir aus einer berühmten Arbeit kopiert haben, die eigens von der optimalen Lösung handelt? Erst im Jahre 1987 fanden Manfred W. Padberg und Giovanni Rinaldi die beste Lösung, nachdem sich etliche daran versucht hatten. Da sehen Sie, wie schwer das ist: Eine ganz genau beste Lösung zu finden! Applegate, Bixby, Chvátal und Cook fanden 1998 die exakt kürzeste Tour durch alle die 13.509 Orte der USA, die mehr als 500 Einwohner haben. Die gleichen Forscher errechneten dann 2001 auch die exakt kürzeste Rundtour durch 15.112 Dörfer in Deutschland. Hoffentlich ist auch Groß Himstedt dabei, wo das Haus meiner Eltern steht, sonst war die ganze Mathematik für mich persönlich nicht so nützlich. Sie sehen jedenfalls: Die Forschung macht Fortschritte, sie kommt in zehn Jahren bis auf die Dörfer. Aber beachten Sie, dass es die ersten Home-PCs erst so 1990 gab, nicht wahr? Im Vergleich zu 1987 sind Computer von 1998 oder 2001 Großrechenzentren. Daran erinnere ich Sie jetzt einmal, weil es die Forscher ja schamhaft nicht selbst tun.

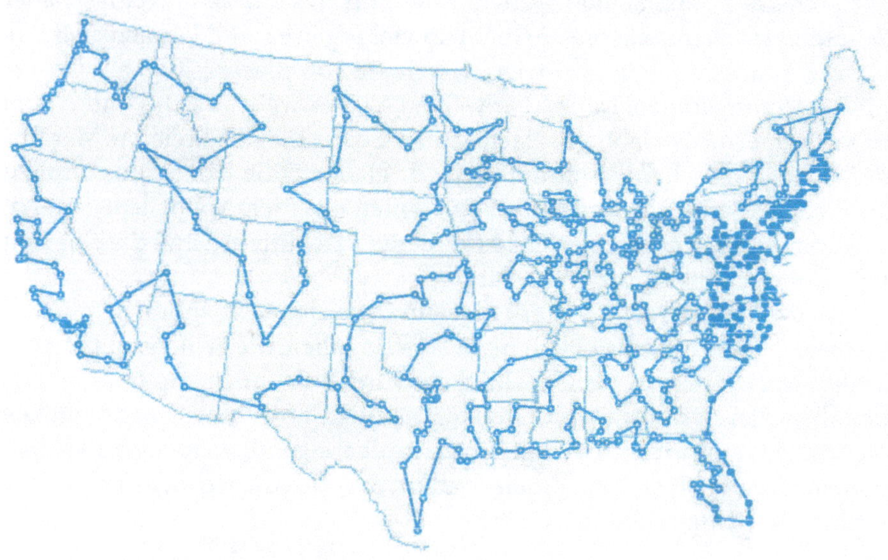

Gegeben sind beim Problem des Handlungsreisenden eine Anzahl von Punkten oder Städten, die besucht werden sollen. Nach der Reise soll er am Startort wieder ankommen. Frage: In welcher Reihenfolge muss der Handlungsreisende die Städte besuchen, so dass seine zurückgelegte Strecke minimal ist? Im Englischen heißt diese Fragestellung *Travelling Salesman Problem* und wird gewöhnlich mit TSP abgekürzt.

Im nächsten Kapitel machen wir uns Gedanken um die Beantwortung dieser Frage. Hier bespreche ich nur Anwendungsbeispiele und Zielfunktionen des TSPs.

Wer muss sorgfältig seine Rundtouren planen? Vertreter besuchen ihre Kunden. Roboter setzen Schweißpunkte bei der Produktion von Autos am Fließband. Bohrmaschinen bohren viele tausend Löcher in Leiterplatten für die Computerkonstruktion. Inspektoren fahren zu Unfallfahrzeugen und bewerten die Schäden. Urlauber möchten verschiedene Städte mit dem Auto bereisen. Immer ist die Frage: Welche Reihenfolge ist die beste?

In der mathematischen Fragestellung ist zunächst die kilometermäßig kürzeste Tour zu allen Städten gesucht. Diese mathematische Grundzielfunktion ist aber nicht die, die in den praktischen Problemen gefragt ist. Bei den Robotern ist die Bewegungsstrecke ganz unwichtig, hier muss die Produktionszeit minimiert werden. Bei Inspektorenrundfahrten überwiegen die Personalkosten die Fahrzeugkosten bei weitem: Ein Jahresgehalt mit allen Nebenkosten kann 50.000 Euro betragen, das Fahrzeug mag 25.000 Euro kosten und ein paar Jahre dafür halten. Hier wird man also die Kosten minimieren, so wie sie sind. Wenn Bohrmaschinenköpfe über das nächste Loch positioniert werden sollen, so bewegt sich die Leiterplatte erst in horizontaler Richtung, dann in vertikaler Richtung zum nächsten Loch. Rechtwinklig von Loch zu Loch! Nicht schräg – muss man auch so rechnen. Da vor allem die Produktionszeit minimiert werden soll, müssen die Positionierzeiten in beiden Grundrichtungen zusammengezählt werden. Urlauber können schnell fahren wollen (Autobahn), Benzin oder Stress sparend fahren wollen (Bundesstraßen), oder sie bevorzugen herrliche Erlebnisstrecken (die grün gezeichneten im Shell-Atlas). In allen Fällen muss vorher genau geklärt werden, was nun eigentlich minimiert werden soll. Dabei gibt es sehr viel mehr Variationen, als ich hier darstellen kann. Denken Sie doch an solche Aspekte: „Ich versuche, morgens meine aussichtsreichen Kunden zu erreichen, egal, wie lange ich fahre. Nachmittags kaufen die Leute nicht so gut." – „Ich mische auf meiner Tour gerne reine Verkaufsgespräche und Reklamationstermine, bei denen es Streit gibt. Ich kann Stress am Stück nicht ab." – „Wenn ich meinen Tankwagen bei starkem Frost fahre, nimmt während der Fahrt natürlich das Volumen des Benzins ab, weil es kalt wird. Ich lade daher zu Beginn der Tour ganz schnell möglichst viel bei Großtankstellen ab. Im Hochsommer bediene ich natürlich erst die kleinen Tankstellen." – „Ich lege die Tour mit meinem Möbelwagen immer so zurück, dass ich mittags bei Rosis Frikadellenschmiede vorbeikomme. Da treffen wir uns alle."

Nachher, wenn wir mathematische Lösungen berechnen wollen, müssen wir wirklich Lösungen berechnen, die minimieren, was minimiert werden soll!

6. Das Rucksackproblem

Gegeben sind viele Ausrüstungsstücke für eine Tour, dazu ein Rucksack. Das mathematische Problem ist: Welche Stücke packe ich in den Rucksack so hinein, dass der Befüllungsgrad des Rucksackes maximal wird? Das zugehörige mathematische Problem heißt auf Deutsch *Rucksackproblem*. Im Deutschen gibt es das alte Wort Knappsack für Reisetasche oder Brotsack. (Früher war da wohl nicht so viel drin? Knapp? Keine Müsliriegel?) Jedenfalls heißt Rucksackproblem auf Amerikanisch *knapsack problem*.

Beim *klassischen* Tangram-Spiel mit sieben Steinen (das die Chinesen Sieben-Schlau-Brett nennen, Sie sehen gleich warum) wird uns die Aufgabe gestellt, sieben verschiedene Holzstücke zu einem vorgegebenen Zielmuster zusammenzusetzen. Das Bild zeigt die Steine zu einem Quadrat zusammengelegt. So kaufen wir das Spiel in einer Schachtel. Dann schütten wir die Teile aus und versuchen, sie wieder in den ursprünglichen Kaufzustand zurückzuversetzen. Haben Sie es schon einmal versucht? Dies erfordert Ausdauer in höherer Größenordnung. Wenn Sie diese Puzzles kennen, haben Sie bereits einen Eindruck, wie außerordentlich schwierig Rucksackprobleme sind. In späteren Kapiteln kann ich Sie sogar trösten: Auch Computer bekommen so eine Lösung nicht schnell heraus, wenn überhaupt! Versuchen Sie einmal das Folgende:

Na? Es wird tagelang so aussehen!

Ist ja nicht schlecht, nur eben nicht optimal.

Andere Variationen des Problems: Wie kann ich mit vielen Teilen einen LKW so beladen, dass er möglichst voll ist? *Voll* kann bedeuten: Das Volumen ist ausgeschöpft oder das zulässige Gesamtgewicht (wenn wir zum Beispiel Federbetten oder Badezimmerfliesen transportieren). Wie lege ich in einem kleinen Raum die Fliesen, ohne viel Verschnitt zu haben? Wie bestelle ich meinen Teppichboden für eine verwinkelte Etage von der 4-m- oder der 5-m-Rolle, so dass ich wenige Schnitte nur an unscheinbaren Stellen in der Wohnung liegen habe? Wenn meine Mitarbeiter mich je 10 min, 13 min, 45 min, 60 min, 75 min usw. sprechen wollen: Wie lege ich die Termine, wenn ich vorher schon einige Termine mitten im Tag für anderes reserviert habe? Wie schneide ich Tapetenbahnen, wenn ich knapp eingekauft habe? Wie viele rohe Kartoffeln bekommen Sie in den Kochtopf?

Auch hier gibt es vielfältige Zielfunktionen: Grundsätzlich sollen Verschnitte minimiert werden, Auslastungen maximiert, Volumina ausgeschöpft werden. Denken Sie aber auch hier daran, dass diese einfachen Ziele nicht die ganze Problematik beschreiben. Dazu muss noch einige Formulierungs- und Modellierungsarbeit für den Einzelfall geleistet werden.

„Ich packe die schweren Teile immer unten hin. Das ist oft nicht optimal, aber ich lasse mich nicht dauernd anbrüllen, wenn etwas verknautscht." – „Es ist mir egal, wie viel Verschnitt! Ich will, dass das Teppichbodenmuster nach Osten hin verläuft!" – „Auch unter der Heizung tapeziere ich mit dem vorgeschriebenen Rapport, da habe ich meinen Stolz." – „Um Himmels Willen, Sie haben das Leder mit fast keinem Verschnitt in Handtaschen zerteilt! Hat Ihnen niemand gesagt, dass Sie so schneiden sollen, dass keine Narben und Löcher auf der Fläche sind?" Noch einmal: Lösungen sind nur akzeptabel, wenn sie nach den wirklichen Zielen hin optimal sind.

Hier ist so eine Lösung, die mathematisch optimal ist, aber nicht so richtig im Alltag vorkommt:

Hier habe ich den LKW direkt mit den Tangram-Teilen von oben beladen.

7. Tourenplanung

Das Tourenplanungsproblem enthält das TSP und das Rucksackproblem als Teilprobleme. Es ist also noch schwieriger als die beiden einzeln gesehen oder als beide zusammen. Die Grundproblematik sieht oft so aus: Etwa 1.000 Aufträge an Gütern sollen von etwa 50 LKW im Laufe eines Tages zugestellt werden. Bei der Lösung des Problems wird also entschieden, welcher Auftrag von welchem LKW übernommen wird. Jeder einzelne LKW wählt für sich eine optimale Tour für die auf ihn entfallenen Aufträge. Es gilt also nicht nur, die LKW optimal zu beladen, sondern so, dass die zugehörige Menge der LKW-TSP am günstigsten ausfällt.

Beispiele aus dem Leben: Die Post verteilt Päckchen und Pakete auf Touren. Der Presse-Grosso (Großhandel für Zeitungen und Journale) verteilt morgens in ca. 100 Bezirken in Deutschland die Presseerzeugnisse an *jeweils* etwa 1.000 Kioske, Hotels, Tankstellen und Geschäfte. Der Pharmagroßhandel beliefert auf kunstvollen Touren die Apotheken, die in der Innenstadt häufiger beliefert werden als „draußen". Speditionen verteilen Waren. Außendienstler fahren zu Inspektionen aus. Telekom-Mitarbeiter installieren neue ISDN-Anschlüsse in Haushalten. Polizeiwagen fahren

Streifentouren. Pharmareferenten besuchen beglückte Ärzte, um sie über neue Pharmazeutika zu informieren, was diese oft nur aushalten, wenn ihnen Proben oder Trosturlaube geschenkt werden. Getränke werden an Läden und Restaurants verteilt, so gibt es zum Beispiel mehrere *hunderttausend (!)* Stellen in Deutschland, wo braune Limonade verfügbar sein muss.

Hier gilt es, Mathematik zur effizienten Organisation der Logistik einzusetzen. Ich habe Zahlen gelesen, nach denen knapp 10 Prozent unseres Sozialproduktes für Logistik verbraucht werden. 10 Prozent Einsparung davon, das wäre etwas!

Zielfunktionen sind typischerweise Kostenfunktionen mit folgenden Elementen: Personalkosten, LKW-Kosten, Arbeitszeit, aber auch: Pünktlichkeit der Lieferung („Wir sagen Ihnen im Voraus den genauen Reparaturtermin, damit Sie nicht tagelang Urlaub nehmen müssen wie bei der Konkurrenz!"). Konstanz des Personals („Wir garantieren Ihnen Touren, so dass Sie vorwiegend von Ihren Vertrauensfahrern bedient werden!"). Ich kenne wirklich Fälle, wo der Hund nur den *einen* Fahrer kennt oder mag oder ein Fahrer den Tresorschlüssel des Kunden bekommt.

8. Beste Netztopologien

Computer arbeiten heute nicht mehr allein, sondern sie werden in Netzen miteinander verbunden. Das größte der Netze ist heute das Internet, das in diesen Jahren die Welt so stark verändert hat. Die meisten Unternehmen verfügen heute intern über große Computernetze, die so genannten Intranets. Großbanken etwa verbinden alle ihre Filial- und Zweigstellencomputer durch Leitungen. Es entstehen Netze von einigen zehn Hauptknotenpunkten (Filialen) und einigen hundert bis tausend Zweigstellen. Die Standleitungen für den Datenverkehr werden von einem Netzbetreiber (etwa der Telekom) angemietet. Der Tarif für eine Datenleitung richtet sich nach der Länge der Leitung und nach der Kapazität ihrer Bandbreite. Die Kapazität wird in bit per second, Kilobit (kb) oder Megabit (Mb) per second angegeben. Die Tarifstruktur ist meist etwas undurchsichtig und führt deshalb in der Regel zu einem schönschwierigen Optimierungsproblem, in bester Weise Standleitungen anzumieten:

Eine Bank hat zum Beispiel täglich gewisse Menge von Daten zwischen ihren Zweigstellen zu übertragen, für Börsenaufträge, Überweisungen,

Sparbucheinträge. Morgens um elf ist das Netz sehr aktiv, am späten Nachmittag tut sich nicht so viel und in der Nacht werden automatisch die großen Datenbewegungen getätigt. Die Netzbelastung kann folgendermaßen aussehen:

Die Kundensysteme arbeiten zum Beispiel so (das Grüne war Freitag?):

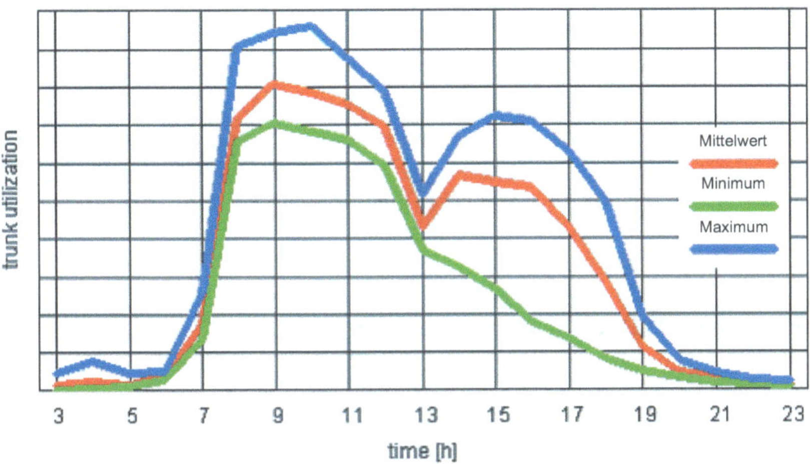

Und die „Batchläufe“ (Verarbeitung von Buchungen im Rechenzentrum) so:

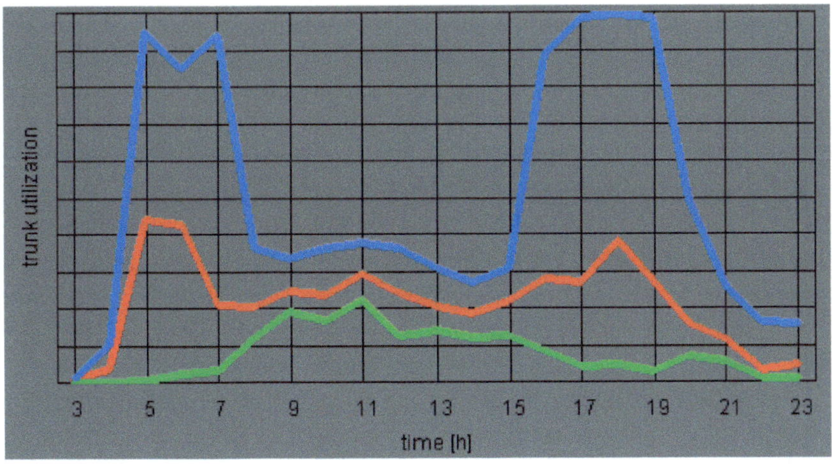

Frage: Wie mietet man ein Netz bei der Telekom an, so dass es möglichst wenig Geld kostet? Kosten Netze tagsüber viel mehr als in der Nacht? Wann sollen die Computer Daten hin und her schicken?

Viele Unternehmen haben heute Leitungskosten im zweistelligen Millionenbereich. Mathematik kann hier eine Menge sparen helfen. 15 bis 20 Prozent. Aber auch nicht ohne Komplikationen. Ein scheinbar „optimales" Netz kann vielleicht mit den heute vorhandenen Knotentechnologien instabil werden oder Investitionen in neues Equipment verlangen. Es mag zu schwierig zu verwalten sein. Die Knoten könnten bei einem Netz in einer kleinen Zweigstelle stehen müssen, in der kein Mitarbeiter auch nur ansatzweise etwas von Routern oder Switches (Verzweigungsstellen im Netz, die vielleicht auch mal abstürzen, wie wir es bei Computern lieben) versteht. Etc. Auch hier gibt es viele „Nebenprobleme".

9. Stundenpläne, Standorte, Flugpläne, ...

Es gibt viel mehr Beispiele. Ich zähle hier noch kurz ein buntes Spektrum auf: Optimierung des Bahnfahrplanes oder der Flugpläne. Wo liegen die besten Standorte für Lager, so dass die Lieferungen schnell und mit wenig Kosten erfolgen können? Wo richte ich für Telefonservices die Einwahlknoten ein, damit möglichst viele kaufkräftige Menschen im Ortstarifbereich anrufen können? Wie knüpfe ich Netze für DSL oder UMTS, wohin baue ich die Sendemasten, wenn ich nicht gerade eine Großlizenz der Kirche erhoffen kann, die ihrerseits die vielen Gotteshäuser sinnvoll nutzen möchte? Wie optimiere ich Fernheizungsrohre in Neubaugebieten, Wasserleitungen, Elektroleitungsbahnen? Welche Tankstelle bediene ich von welchem Depot aus? Welche Zusammensetzung eines Wertpapierdepots ist risikominimal? Wie konstruiere ich beste Stundenpläne für eine Schule, wie ordne ich die Aufgaben für Maschinen? Welche Fabrikabläufe sind optimal? Welche Heizpresse presst wann wie viele Reifen? In welcher Reihenfolge produziere ich Gurkengläser, Milchflaschen oder Marmeladegläser? (Es gibt eine schöne Schweinerei, wenn Sie Weißglas nach braunem produzieren oder in einer Farbfabrik mit den gleichen Maschinen weiße Farbe nach schwarzer!) In welcher Reihenfolge bedrucke ich Tetrapaks mit Orangensaftaufschrift, mit solcher für Milch, Rotwein oder Apfelmus? Welche Gebiete ordne ich den Versicherungsagenten zu? Wie produziere ich Mövenpick-Eis? Erst die Spezialsorten und dann ewig Vanille und Schokolade? Oder erst mal das Normale und dann das Spezielle nach Verkauf? Wie viele CDs presse ich in welcher Reihenfolge? Welchen Versandhauskunden schicke ich knappe Lagerartikel, so dass möglichst viele Komplettsendungen abgehen? Welchen Kunden schicke ich welche Werbebriefe?

Alles Optimierungen! Überall kann Mathematik zu erheblichen Verbesserungen führen. Im nächsten Kapitel will ich erklären, dass alle diese Probleme auch für Computer sehr schwer sind, so schwer, dass Menschen allein mit Bleistift und Papier und beliebig viel Gehirnschmalz bei den meisten der obigen Problemstellungen nicht weit kommen. In Vorträgen behaupte ich oft pauschal und keck: „Computer sind von Natur aus 15 Prozent besser." Meistens stimmt das. Oft sind Computer noch besser. „Herr Dueck, sagen Sie bitte nicht immer, der *Computer* sei besser. Das stimmt doch nicht. Der Computer arbeitet nur dumm vor sich hin. Die *Mathematik* siegt schließlich, nicht der Computer! Die Wissenschaft! Sie sind doch selbst Wissenschaftler!" Ich aber sage das nur so, weil viele Menschen die Mathematiker sehr oft für arrogant halten, wenn „sie das viel besser können". Eine Maschine, die bessere Lösungen ausspuckt, ist ganz o.k. „Gegen Maschinen kommt der Mensch nicht an." Optimierungen haben ein beachtliches Kränkungspotenzial, was von Mathematikern oft zu gering eingeschätzt wird. Menschen lassen sich nun einmal nicht gerne sagen, ihre Arbeit gehe mit einigen Änderungen „20 Prozent schneller". Machen Sie einen Versuch mit einem Manager und erklären ihm, dass sich alle seine Entscheidungen mittels irgendeiner Organizer-Software fabelhaft verbessern, oder beweisen Sie einer Hausfrau, dass bei einer besseren Küchen-Wegeoptimierung ihr Job ein Klacks ist. „Mama, mit einer Bratreine aus Gusseisen bekommt man den Gänsebraten *immer* so gut hin, wie du es ständig zu erreichen versuchst." Schach-Großmeister reagieren nicht so freundlich auf Niederlagen gegen Computer. Besteht denn all ihr Talent nur aus ein paar mathematischen Algorithmen? (Ja!)

10. Die Welt verbessern durch mathematische Optimierung

Ein Optimierer verbessert etwas in der Welt. Netzkosten und Tourlängen sinken, die Nutzungsdauer von Maschinen steigt, wir kommen mit weniger Distributionslagern aus. Oft wird von Millioneneinsparungen berichtet. Millioneneinsparungen, die man machen könnte, wenn man einem bestimmten Lösungsvorschlag folgen würde.

Leider wird ihm meist nicht gefolgt. Ein Beispiel: Wir haben die Ersatzteillager des technischen Außendienstes der IBM Deutschland untersucht.

Wir sollten die optimale Position der Lager so bestimmen, dass nur wenige Lager nötig sind, dass jeder Kunde schnell bedient werden kann, dass die Fahrtkosten vom Lager zum Kunden gering sind. Kurz und knapp: Wir haben einige Monate gebraucht, bis wir die Daten zusammengesucht hatten: Wo sind die IBM-Kunden? Wie oft gehen Computer kaputt? Welche Teile sind oft defekt? Wie groß sind die Lager? Wie viele Leute arbeiten dort? Welche Teile lagern da? Was kostet das? Es mussten sehr viele Menschen zur Mitarbeit bewegt werden. Das war nicht einfach! Danach der „Hammer", die optimale Lösung: Neun Lager sollen geschlossen werden, drei neu auf die grüne Wiese gebaut werden. Der Computer fordert die Schließung des soeben erst gebauten Lagers der IBM. Lager schließen: Was geschieht mit den Menschen, die dort arbeiten? Lager bauen: Wird die Firmenzentrale Investitionen genehmigen? Ein *neues* Lager schließen: Wird dies wirklich geschehen?

Sie sehen: Nicht das Optimieren ist das größte Problem, das kann „jeder Mathematiker" oder „jeder Computer", sondern das Verändern unserer Welt. Eine Optimierung tangiert Menschen und menschliche Interessen, verändert Berufe und Karrieren; sie mag Arbeitslose schaffen und menschliche Entscheidungen im Nachhinein als falsch herausstellen. Wird die Welt also eine Optimierung zulassen? Das oben beschriebene Projekt ist eines der wenigen, die ich betreut habe, bei dem ganz einfach die mathematische Lösung in die Wirklichkeit umgesetzt wurde. Die drei neuen Lager stehen heute, das vorher neueste Lager wurde aufgegeben, unsere Firma hat im ersten Jahr der neuen Lösung 2,7 Millionen Euro gespart. (Der Computer hatte 2,6 Millionen Euro vorhergesagt.) Dazwischen aber lag eine Menge Tatkraft und Einigkeit von vielen Menschen, die schließlich die neue Lösung möglich machten. War es der Kostendruck in der Computerbranche, der die Lösung erzwang? Der unternehmerische

Geist des Managers Dieter Kleine vom Technischen Außendienst? Oder die Mathematik und die daraus folgende Einsicht?

Sehen Sie sich einmal als Beispiel eine typische europäische Fragestellung an. In der Abbildung sind die derzeitigen Lagerpositionen und von jedem Lager die Direktverbindungen zu allen Kunden eingezeichnet. Wenn Sie also ein Unternehmen mit Lagern besitzen, sehen Sie nach Eingabe Ihrer Daten ein Bild wie dieses hier. Die roten Striche macht der Computer automatisch. Das sind Kunden, die entfernungsfalsch von einem Lager beliefert werden, weil Sie irgendetwas falsch entschieden haben. Sie haben zum Beispiel die Kunden nach Postleitzahl oder Regierungsbezirk zugeordnet, damit Sie nicht so viel Arbeit haben. Das kostet Sie aber eine Menge Geld, ehrlich!

Am Ende eines Projektes mit uns könnte alles so aussehen wie auf der folgenden Abbildung, etliche Prozent billiger, mit weniger Lagern:

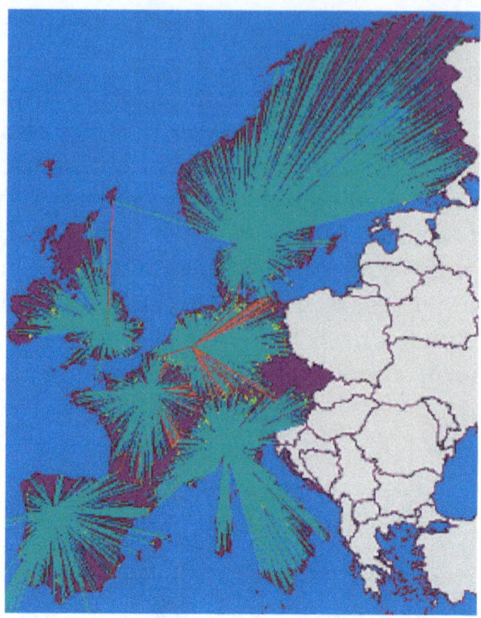

Ich musste einmal zu Ausbildungszwecken unsere Aktivitäten und Programme einem echten Venture-Capitalist direkt von der Wall Street vorstellen. Ich sollte ihn als Test für unsere Arbeit überzeugen, dass es für ihn lohnend wäre, in uns ein paar Millionen Dollar zu investieren. Die erste Frage: „Was ist Ihr Service?" Ich habe über Optimierung und Statistik berichtet. Die zweite Frage: „Wer sind Ihre Konkurrenten?" Für Tourenplanung nannte ich drei bis vier, für die meisten Lösungen wusste ich nicht so recht welche, da die Lösungen als Wirtschaftsservice gesehen neu waren. Entgeisterte dritte Frage: *„Warum sind Sie dann nicht steinreich?"* Wenn unsere Kunden so viel Geld sparen bei der Optimierung: Warum rennen sie uns nicht die Tür ein? Wir konnten das nicht so richtig präzise herausfinden. Am nächsten Tage stürmte der Investmentexperte schon auf mich zu: „Ich habe es! Es hat mir keine Ruhe gelassen! Ich weiß Ihren Konkurrenten! Er heißt: *„DO NOTHING!"* Sie *müssen* nämlich einen Konkurrenten haben. Sie sind nicht reich, weil die Menschen nicht optimieren, wenn sie nicht optimieren müssen!"

Und er erklärte mir, dass Menschen eben nicht freiwillig Touren optimieren, weil sie mittags dann nicht mehr bei Rosis Frikadellenschmiede vorbeikommen werden; dass Menschen nicht Standorte optimieren, um anschließend die Arbeit zu verlieren, dass sie Optimierung überhaupt nicht lieben könnten, weil eine tolle Lösung der Mathematik sie anklagen würde, in der Vergangenheit schlecht gearbeitet zu haben. Menschen, so sagte er, würden nur unter Zwang kommen wollen, wenn sie unbedingt Geld sparen müssten, und in diesem schlechten Moment hätten sie wohl keines, um mich adäquat zu bezahlen. Hoffentlich gebe es genug Menschen, die ganz einfach optimale Lösungen so liebten, dass sie auch ohne Zwang optimierten!

Jetzt sehen Sie, verehrte(r) Leser(in), es wird ungemütlich, wenn wir so über die Menschen sprechen. Das Problem ist, dass ich die kitzligen Punkte, dass Menschen nicht so einfach das Optimale sofort tun, nicht so ganz beiseite lassen kann. Denn richtig reich sind wir wirklich noch nicht geworden, wenngleich wir schon so einige Millionen Jahresumsatz schaffen können.

Also nehmen Sie es beim Lesen dieses Buches gutwillig hin: Menschen sind etwas beschränkt in ihrer Optimierungsfähigkeit. Totale Lüge, die Idee von der Darwin'schen Auslese! Wir leben ja alle noch! Ich und Sie sind ja noch nicht ausgelesen! Darauf warten wir ja! Wenn Sie dieses Buch ausgelesen haben, werden Sie das noch klarer sehen. Die Darwin'schen Ideen geben eine gute Rechtfertigung für Sozial-Rowdytum ab, das sich im Namen eines besseren Weltlaufes an der Menschheit schuldig macht. Kampf, Wettbewerb und Machtübernahmen sind schließlich nicht die einzigen Ausleseprinzipien?! Wie wäre: Kultur? *Die* hat meistens gewonnen, nicht immer nur Hunnen.

Aus allen diesen delikaten Gründen habe ich das Buch mit der Erzählung aus der Welt des Goliaths und der Bohnenstange begonnen. Über diese Welt mögen Sie lächeln wollen. Deshalb diese etwas unproblematischere Welt, in der ein Unglück heraufzieht. Diese Welt ist in gewisser Weise eine Vollillustration …

III

Besser-werden-müssen

1. Der große Regen

Auf einem sehr großen Planeten lebten einst ein paar tausend Menschen in kleinen Siedlungen am Wasser. Erinnern Sie sich? Mit diesen Menschen begann ich das Buch. Am Anfang dieses Kapitels hatten sie es noch immer gut und wohnten zufrieden und glücklich.

Eines Tages aber gab es ein schweres Gewitter über dem Meer. Weit noch vor der Insel schien es in Sturzbächen zu regnen. Das Gewitter klang nach einem Tag ab, aber es blieb eine einzige dunkle Wolke über dem Meer stehen. Mitten am blauen Himmel, in der blendenden Sonne, stand diese eine Wolke, aus der es weiter zu regnen schien. Die Menschen staunten und wussten keine Erklärung. Mutige versuchten die Wolke mit Booten zu erreichen, aber sie war zu weit entfernt. Die Seefahrer berichteten von Strömen von Wasser, die sich aus der Wolke zu ergießen schienen. Sie berichteten aufgeregt, mit heißen Herzen. Die meisten Menschen hielten diese Berichte für Seemannsgarn. Nach etlichen Wochen hatten sich die Menschen an die dunkle Wolke gewöhnt, die Zahl der Landbesucher auf der Insel nahm wieder ab. Die Menschen lebten mit einer dunklen Wolke.

Die Inselbewohner hatten Sorgen, wenn sie jeden Morgen mit dem Anblick der dunklen Wolke aufwachten. Sie bekamen den Eindruck, dass sie sich vergrößerte und dass sich ein Dunstkreis um sie bildete. Sie sprachen beunruhigt und ehrfürchtig von der „Dunklen Wolke". Einige Monate später festigte sich unter den Inselbewohnern immer mehr der Eindruck, dass die Dunkle Wolke sich ausdehnte. Sie wateten nun oft ans Land hinüber und wollten mit den Landmenschen beraten. Diese aber lachten sie meist aus. Was sollte ihnen eine einzige Wolke über dem Meer tun? Die Landmenschen schrieben das Wort „dunkel" noch klein. Sie konnten das Wachsen der Wolke wegen der vorgelagerten Insel nicht sehen und hatten auch wenig Interesse an dieser mysteriösen Sache. Immerhin kamen in einigen Abständen Besucher vom Land, die die Wolke am Anfang gesehen hatten und noch einmal „sich die Angelegenheit anschauen wollten". Diese Ausflügler waren meist nicht wenig erschrocken über die Ausdehnung der Wolke, deren Dunstkreis sich der Insel zu nähern begann. Das Klima auf der Insel wurde anscheinend wärmer, stickiger und luftfeuchter.

Die Berichte von den zurückkehrenden Besuchern vom Lande wurden dramatischer. Dennoch hielten die Landbewohner die Erzählungen von nahenden Sturzfluten für Übertreibungen der Inselbewohner, denen die lange Schlechtwetterperiode wohl die Laune verdorben hatte. Die Landmenschen hatten schon seit jeher gemeint, dass das Inselleben nicht eben das Rechte wäre und lächelten verstohlen über die Larmoyanz der Küstenbewohner. Die hingegen warnten vor schlechten Zeiten, vor einem Übergreifen der Fluten auf das Festland. Manche verstiegen sich in völlige Phantasien, dass die Meere über die Ufer treten würden.

Damit verbreiteten sie nun allerdings völlig haltlose Angstmärchen, die den Landbewohnern nicht mehr gefielen. Es ging schließlich nicht an, überall Schrecken zu verbreiten – besonders unter der leichtgläubigen Jugend! Unaufhörlich liefen Schauergeschichten herum, die die Festländer schon bis zum absoluten Überdruss hassten. Was sollte das? Immer dieselben Behauptungen! Wer sollte das glauben? Unendlichen Regen sollte es geben? Natürlich war auch ihnen der stetig wachsende Dunst über dem Meer nicht recht geheuer. Aber die Dunkle Wolke sah man schon seit geraumer Zeit im Nebel nicht mehr. Löste sich bald alles in Wohlgefallen auf? Auf dem Festland waren die Lebensbedingungen genau dieselben wie in allen Zeiten zuvor.

Ein wichtiges Gesprächsthema blieb der große Regen dennoch auf dem Land. Es wurde zur Modefrage, ob jemand an den Großen Regen glaubte oder nicht. Die Menschen teilten sich in Regengegner und Regenbefürchter. Die Regengegner verwiesen auf die warme Sonne, die weiterhin dem Festland schien. Das Verschwinden der dunklen Wolke (Regengegner sprachen dies mit kleinem d aus) in grauem Dunst schien ihnen ein Ende der Erscheinung anzukündigen. Sie äußerten sich verärgert über den Versuch der Regenbefürchter, die dunkle Wolke nun durch einen großen Regen (kleines g) abzulösen. Die Regenbefürchter warnten dagegen unablässig vor größten Gefahren eines unerklärlichen Weltverhängnisses. Sie malten sich Schreckensvisionen aus und den Untergang der Welt in einer gewaltigen Flut. Besonders die Inselbewohner hatten starke Ängste, die sie aber den Landbewohnern nicht recht vermitteln konnten, da keine neuen Argumente vorgebracht werden konnten. Dass der Dunst sich langsam der Insel näherte, war ja allen bekannt. Allerdings, mit der Welt schien irgendetwas nicht zu stimmen.

2. Die Sintflut

Zwei Jahre nach dem ersten Auftauchen der Dunklen Wolke begannen die Inselbewohner in stetig wachsender Zahl mit dem Umzug auf das Festland. Zuerst wurden sie von den Landbewohnern als Angsthasen empfangen. Wenn sie schon solche Furcht hatten: Warum zogen sie dann in neu erbaute Häuser an Land? Was würde denn, wenn die Angsttheorie Recht behielte, ein solch karger Schachzug gegen das Verhängnis nützen? Immer noch waren die Regengegner in der Mehrzahl.

Die Lage kehrte sich langsam um, als der Dunst vom Lande aus über der Insel sichtbar wurde. Ganz unheimlich wurde den Menschen, als Landbewohner ganz nahe am Meeresufer nachgemessen haben wollten, dass der Meeresspiegel pro Woche um etwa einen Fingerbreit steige. Viele Leute glaubten das nicht, manche wohl schon, weil es natürlich klang: Aber irgendwann werde der Regen doch aufhören? Es stimmte alle sehr bedenklich, dass das Hinüberwaten zur Insel schwieriger wurde. Kleineren Menschen stand das Wasser bis zum Hals, wenn sie hinüber wollten. Bald mussten auch am Landstrand die ersten Bewohner ihre Häuser räumen, weil sie zu oft überflutet wurden. Der Dunst breitete sich schneller und schneller aus. Nun wurde es auf dem Festland gleichfalls wärmer und schwül. Anfänglich war die Luft nur sehr feucht, dann hörte ein leichter Nieselregen nie mehr auf. Es gab Gewitter. Die Regenfälle wurden unregelmäßig stärker. Oft gab es Wolkenbrüche. Die Bewohner an den sicheren Hanglagen schauten sich nun immer besorgter „unten" die Lage an. Das Wasser stieg nun ganz ohne jeden Zweifel. Die Zahl der Zweifler nahm rapide ab. Die bis zuletzt noch ruhigen Menschen zählten schließlich zu denen, die laut nach Maßnahmen schrien. Die Welt schien aus den Fugen, der Regen nahm ungeahnt heftig zu. Gerade als sich eine Panik anbahnen wollte, schien auf einmal einen vollen Tag lang die Sonne durch gelichteten Hochnebel. Die dankbar ergriffenen Menschen sahen in die Regen verdampfenden Anhöhen und wurden von Hoffnung erfüllt und emporgetragen.

Aber schon am nächsten Tage zeigte sich das Unheil dieses Ereignisses. Als es wieder unvermindert stark weiterregnete, zerstritten sich die Bewohner tief und dauerhaft. War die Sonne ein Zeichen eines neuen Zeitalters? Ein Zufall der Natur? Viele wollten die Siedlungen verlassen und weiter oben neue Wohnungen errichten. Andere wollten die Entwicklung abwarten. Was, wenn sich herausstellte, dass der Sonnentag wirklich das Ende der Flut bedeutete? Wieder eine Gruppe wollte mehr Sicherheit über die Zukunft. Nägel mit Köpfen wollten sie machen und keine kurzfristige Lösung wie den Umzug auf den nächsten Hügel dulden. Sollten sie etwa alle paar Jahre nach oben wandern, immer auf der Flucht? Einige meinten, sie würden sich die allerhöchsten Berge aussuchen, wo sie für ihr Leben und das ihrer Kinder sicher seien. Diese Meinung der Radikaltheoretiker hatte einflussreiche Anhänger, bis eines Tages wieder einmal die Sonne hervorlugte, aber wirklich nur ganz kurz.

Währenddessen stieg das Wasser unaufhörlich. Es blieb warm und neblig. Die meiste Zeit konnten sie kaum einige zehn Meter sehen. Die Berge ahnten sie nur. Die Menschen redeten fast nur noch über das Wasser und ihr zukünftiges Leben in den Bergen. Die ersten begannen, nach neuen Wohngründen zu suchen. Einige wenige zogen auf die nahen Hügel, manche höher in das Bergland, wo sie sich sicher, aber auch sehr einsam fühlten. Sie kamen daher immer herunter und machten den Untengebliebenen Angst in der Hoffnung, dass alle ihnen folgen würden. Die, die blieben, sahen die Ankömmlinge aus den Bergen nicht gern. Es waren für sie Uneinsichtige, die die Hoffnungszeichen der Sonne nicht deuten konnten. Zu Zwiespalt trug die Schadenfreude bei, wenn Heimkehrer schlammbedeckt heim wankten und von Sümpfen, Geröllawinen und wilden Tieren berichteten. Wahrhaft verzagt kamen Mutige heim, die die Hügel überstiegen hatten und fanden, dass es dahinter immer bergab ging. Das Schlimmste war der Nebel. Die Sucher waren quasi zum Vortasten verurteilt. Wenn es bergab ging, wurde ihnen schnell bange, und sie hatten Angst, ihr Heim nicht wieder zu finden. Es kam gelegentlich vor, dass Abenteurer nach langer Zeit heimkamen und erzählten, sie hätten die Sonne gesehen: auf Bergen weit fort, so hoch, dass die Spitzen die Wolken überragten. Ewiges Glück sei den Wohnenden dort beschert. Sie berichteten dies mit glühenden Gesichtern und erboten sich, alle dort hinzuführen.

Mit der Zeit begannen also die Menschen, mit der Bedrohung umzugehen und zu ihr Stellung zu beziehen. Auf irgendeine Weise verhielten sie sich – handelnd, denkend, träumend, dumpf verzweifelnd oder in sich beharrend.

Wie würden *Sie* bei einer Flut reagieren?

3. Sintfluten im Alltag

Eine Sintflut gab es einmal bei uns auf der Erde: in biblischen Zeiten. Aber heute? Globale Probleme haben so etwas wie einen Sintflutcharakter. Wir erleben zurzeit eine Phase heißerer Sommer, es sieht aus, als stiegen die Temperaturen global an. Wenn sich dieser Trend in dieser Form fortsetzen würde, müsste das Polareis langsam zu schmelzen beginnen. Wärmer und wärmer würde es, durch die Schmelze des Eises begänne der Meeresspiegel zu steigen. In diesem Falle sähen wir uns tatsächlich am Anfang einer Sintflut. Wir rechnen aus: Wenn sich das Klima in so und so viel Jahren so und so sehr erwärmt, steigt der Wasserspiegel um so sehr viele Meter, dass – ja – dass, sagen wir, die Holländer erst einmal Pech haben oder Bangladesh verschwindet. Mein Büro in Mannheim hat etwa 90 Meter Meereshöhe, der Springer-Verlag residiert direkt am Neckar in Heidelberg. Wir werden uns am Meeresufer sehen.

Jetzt aber liegen wir noch nicht am Strand, alles ist noch Jahre entfernt. Was kümmert uns das? Wir wohnen doch oben, in den Hügeln! Wer weiß überhaupt, ob sich die Erde erwärmt? Ist das sicher? Ist das schon bewiesen? Kann ein seriöser, ich meine, ein wirklich seriöser Wissenschaftler einfach nach 20 heißen Sommern behaupten, das Wasser steige immer weiter? Hört es nicht einmal auf? Sollen wir schon heute in irre teure Deiche investieren und dann hört es auf und wird wieder kalt – so, wie schon mehrfach im Verlaufe der Geschichte geschehen? „Einen vollen Tag schien die Sonne! Jetzt hört es sicher bald auf!" Genau so sagen wir das bei diesen weit entfernten Polkappen auch. Meine Kinder werden womöglich versinken, ich doch nicht mehr! Bis dahin hat die Technik schon sicher etwas gegen Sonne oder Wasser erfunden. Nur die Ruhe! Wir sehen am Horizont so etwas wie eine Dunkle Wolke, aber nur, wenn wir richtig hinschauen *wollen*. Unser Leben tangiert sie nicht wirklich. Sie wird sich bald auflösen, nicht wahr?

Das Baumsterben haben ein paar Grüne vielleicht vor vielen Jahren entdeckt. Wie bei den schmelzenden Polkappen heute haben sich dann Statistiker des angeblichen Waldsterbens angenommen und festgestellt, dass noch nichts bewiesen ist. Schließlich starb der Wald so stark, dass es sogar ein t-Test merken konnte. „Glauben wir nicht", sagen immer noch die Menschen und teilen sich in Baumsterbenbefürchter und Baumsterbengegner, bis sie alle sehen, dass die meisten Bäume krank sind. „Der Staat muss etwas tun!", heißt es sofort. Die Theoretiker berechnen den Zeitpunkt für das Ende der Vegetation, die Konservativen glauben's immer noch nicht, andere schlagen vielleicht ersatzweise gentechnologisch optimierte Bäume vor, fast alle aber liegen wir „am Strand" bei einer solchen „Sintflut". Wir tun lieber erst etwas, wenn das Handtuch nass geworden ist. Die normalen Bürger finden, dass etwas getan werden muss, ein Einzelner aber nichts tun kann, wie denn, gegen Waldsterben? Also, handeln wir gemeinsam! Wie? Wir streiten um den rechten Weg. Streiten kostet Zeit und läuft letztlich auf Warten hinaus. Wir gehen am Ende (am ENDE!) zusammen, wenn uns das Wasser bis zum Hals steht. Nur ein wenig weiter hoch – an das Große Sterben glauben wir nicht.

Die Arbeitslosigkeit steigt langsam immer weiter an. Sozialabgaben erdrücken uns. Die Technik macht Arbeit allmählich überflüssig. Früher war über die Hälfte der Menschen in der Landwirtschaft beschäftigt. Mit Technik reichen 3 Prozent von uns heute dafür aus. Die Produktion schaffen ebenfalls bald 10 Prozent. Die Arbeitslosigkeit steigt. Die Altersstrukturen sind so ungünstig, dass unsere Renten möglicherweise nicht gesichert sind. Die Krankheitskosten drücken immer stärker. Wir müssten sparen. Tun wir aber nicht; in dreißig Jahren ziehen uns hoffentlich Zuwandernde aus dem Wasser, durch Beitragszahlungen. Krankenversicherungsleistungen steigen ins Uferlose und drohen mit weiteren Lasten. Atomanlagen werden uns noch beschäftigen. Halbwertszeit 1.000 Jahre und mehr.

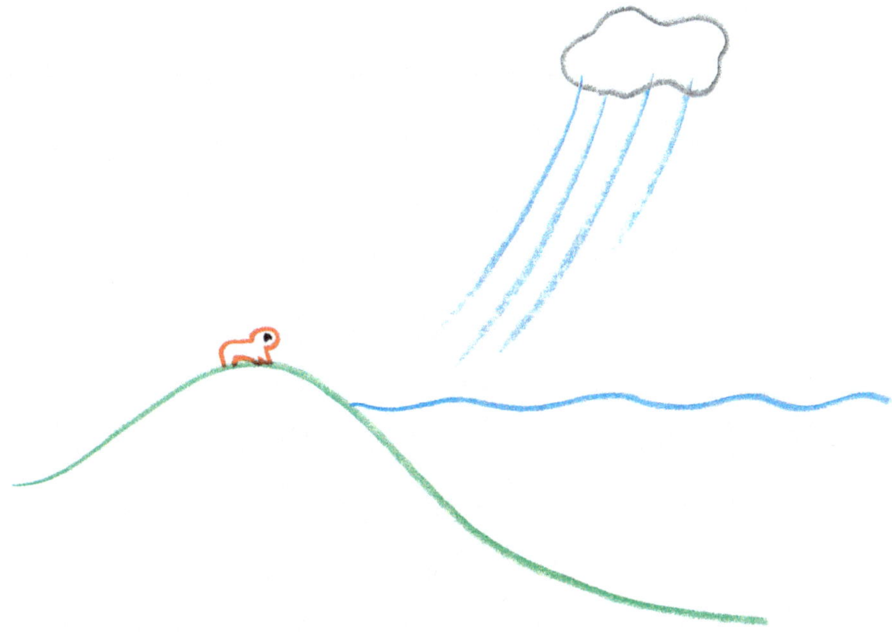

Sehen Sie, ich bin jetzt hemmungslos polemisch, aber ich möchte Ihnen den Blick auf die Meere vor Ihrer Haustür schärfen. Überall drohen Fluten. Wir ahnen Dunkle Wolken. Wir fürchten Große Fluten. Einige theoretisieren am Stammtisch, dass alles böse enden wird, und trinken dabei Bier; etliche klagen immerfort, dass doch bei allem Übel alles Menschenmögliche getan werde. („Meine Belastungsgrenze ist erreicht. Ich kann nicht noch 10 Euro im Quartal für einen Arztbesuch aufbringen. Unmöglich.") Die Idealisten denken sich bessere Welten aus. Viele Sintfluten halten aber auch ein, wenn die Sonne wieder durch die Wolken bricht: Es sieht heute so aus, als werde es keinen Atomkrieg geben. Die Aids-Krankheit hat nicht die enorme pandemische Verbreitung, die wir anfangs fürchten mussten. Die Vorhersagen des Club of Rome sind so nicht eingetreten. Es gibt immer noch keine gravierende Energieknappheit, wie vor 20 Jahren ernsthaft befürchtet wurde. Vieles „hat sich geregelt". Die Ruhigen unter uns hatten recht: Die dunkle Wolke hat sich aufgelöst. Aber immer wieder lassen wir es ziemlich spät werden, bevor wir handeln. Das muss gar nicht so falsch sein, aber nervös macht es uns jedes Mal.

IV

Wo soll es lang gehen? Beispiele!

1. En famille

Eine Familie möchte von Rosenheim/Erlenau nach Kumhausen südlich von Landshut fahren. Eine schnelle und bequeme Fahrt ist erwünscht. Wie sieht die beste Fahrtroute aus?

Problem: Die Menge der Alternativen besteht aus allen Straßenverbindungen von Rosenheim nach Kumhausen bei Landshut. Gesucht ist diejenige Tour, die am schnellsten mit dem Auto hinführt.

„Das ist ganz einfach. Wir nehmen die Autobahn A8 nach München und kommen über die A92 nach Landshut. Es sind ungefähr 150 km, da fahre ich eine gute Stunde."

Eine Lösung ist gefunden. Sie ist gut und bewährt, die Familie kann ins Auto steigen und losfahren. Es wird deutlich länger als eine Stunde dauern, da vom Haus zur Autobahn und von der Autobahn zum Ziel in Landshut inkl. Parkplatzsuche allein schon etwa eine knappe halbe Stunde ins Land gehen wird. „Knapp eine Stunde" ist hier auch eher eine Aussage über den eigenen Fahrstil. Die meisten Menschen rechnen diese Kleinigkeiten beim Zeitschätzen nicht ein. Und dann sind sie völlig entrüstet: „Ich flog nach Berlin und musste in Frankfurt bei A42 abfliegen. Ich war pünktlich da, aber der Weg aus dem Parkhaus bis zum Terminal dauerte über eine halbe Stunde! So eine Frechheit! Dazu noch die üblichen Warteschlangen! Ich war ganz nass geschwitzt! Empörend!" – Oder: „Ich war auf die Minute pünktlich am Verteidigungsministerium. Genau 45 Minuten Fahrt. Und dann kontrollieren sie mich am Eingang auf Herz und Nieren! Frechheit! Und dann ist das Ministerium eine halbe Stadt! Ich fand erst nach Irrwegen ins richtige Gebäude. Es war nicht zum Aushalten, auch weil ich vor allem nach einer Toilette Ausschau hielt. Als ich endlich erlöst ankam, hatten sie schon den Kaffee ausgetrunken und waren auf mich ärgerlich. Auf *mich!* Frechheit!"

Und nun geht die Geschichte so weiter:

„Du, sag' mal, von Rosenheim nach München fahren wir nach Osten und anschließend nach Landshut, das geht wieder nach Westen. Das ist doch nicht optimal, oder?!" – „Da muss ich bestimmt Landstraße fahren, hab' keine Lust, das zieht sich bestimmt lange hin, lass mich bloß in Ruhe mit solchen Vorschlägen." – „Und vor drei Jahren, aus dem Urlaub? Ja? Der Herr? 20 km Stau vor Ottobrunn, dann wieder einer zwischen München Nord und Neufahrn, eine schöne Heimfahrt!" – „Ich fahre über München, ich kenne die Strecke, da ist heute kein Stau. Ich habe zur Sicherheit schon

Radio gehört." – „Darf ich einmal in diesen Streit eingreifen, ihr zwei? Ich habe da ein Computerprogramm, das gibt die kürzeste Strecke zwischen je zwei Orten an und zeigt sie auf dem Bildschirm. Die Graphik ist Klasse, ich führe euch das einmal vor." – „Um Gottes Willen, lass das, wir müssen losfahren. Bis du das im Computer raushast, sind wir schon am Inntal-Dreieck." – „Bitte, ich habe mir extra den Shell-Routenplaner gekauft und noch nie benutzt, er war im Atlas kostenlos mit drin. Jetzt können wir ihn erstmals echt gebrauchen, tut mir den Gefallen." – „Du Rechthaber willst dir wohl nicht die Wahrheit anschauen, was?! Komm, lass es den Computer berechnen, in Gottes Namen." – „Und wenn der Computer die Fahrt über München berechnet, fahren wir dann endlich?" – „Ja, *natürlich,* Schatzilein."

Der Computer wird mit Start- und Zielpunkt der Fahrt gefüttert. „Rosenheim Erlenau bis Kumhausen. *Enter* drücken." Der Computer sagt:

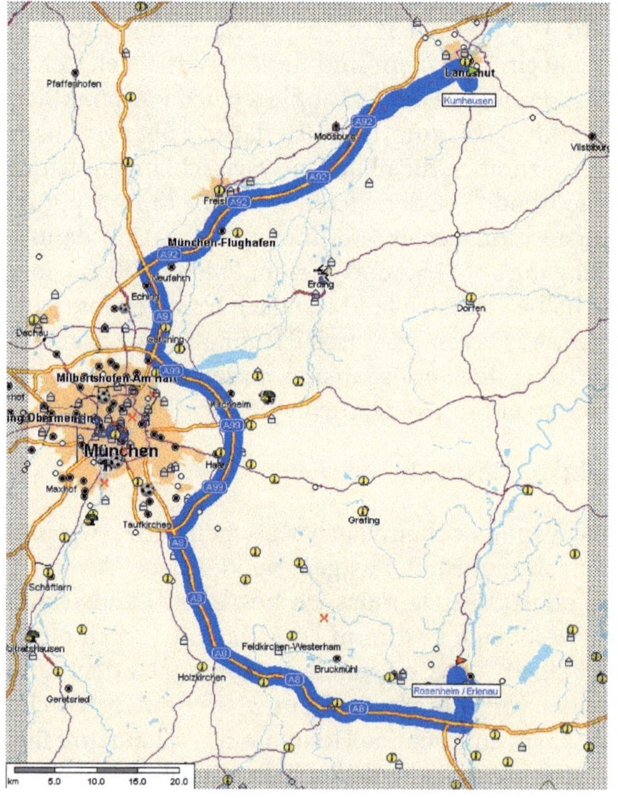

„Haha, seht ihr, haha, über München! Kommt lasst uns losfahren!“ – „Was, was, lass erst mal schauen. So, da. Inntal, Holzkirchen auf der A8, haha, haha, selber haha, hier steht es: *Staugefahr!* Sieh selbst! Und hier: Holzkirchen bis Ottobrunn, Staugefahr! Das wissen wir doch, sogar der Computer weiß es! Dann wird doch auch wirklich Stau sein, oder?!“ – „Ach was, heute nicht, ich habe es im Radio gehört.“ – „Ach ja, und wie viele km sind das?“ – „Hier unten steht es: 146 km, und es dauert 1 Stunde und 39 Minuten bei normalem Verkehrsfluss, sonst entsprechend länger oder kürzer.“ – „So lange fahre ich nicht. Das Programm geht doch sicher von normaler Autofahrt aus, ich fahre aber BMW! Kannst du BMW und besonders mich als Fahrer als Option einstellen?“ – „Ich weiß nicht recht, ich müsste ja eigentlich den Fahrstil von dir einstellen, das ist nicht mit dabei, auf der CD. Ich kann das noch nicht richtig bedienen.“ – „Sag mal, 146 km sind das über die B15 niemals, das sind unter 100 km, da bin ich sicher. Da ist der Computer doch blöd. Kann er nicht einmal die kürzeste Strecke statt der schnellsten ausrechnen?“ – „Das müsste gehen, hier: Wegminimierung, das drücke ich. Und jetzt?“ – „Siehst du!“

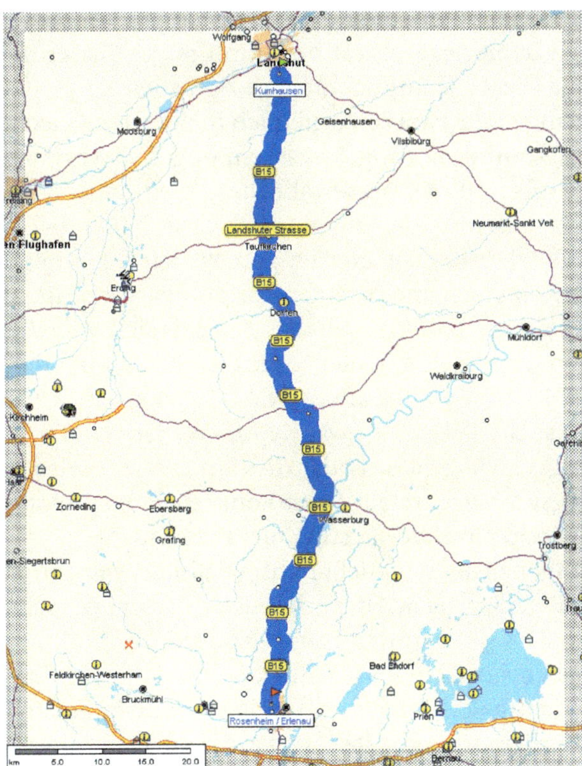

„Es sind 83 km über die B15, die Gesamtfahrzeit ist 1 Stunde und 40 Minuten! Ha! Sag ich doch! Die Fahrzeit ist fast auf die Sekunde dieselbe!" – „Aber Autobahn geht eine Minute schneller!" – „So großspurig, wo die Autobahn voller Staus ist? Ich finde den Unterschied dafür viel zu klein." – „Aber JA, SCHATZILEIN, hieß es, wenn die Autobahn *schneller* ist, oder?" – „Mein Gott, tu nicht so, eine einzige Minute und ich bin sicher, ich will keinen Stau." – „Schneller!" – „Keineswegs, risikofreier!" – „Aber liebe Leute, man kann doch meinen, eine Minute ist egal, dafür fahrt ihr sehr langsam und somit Benzin sparend über 60 km weniger. Darüber hinaus heißt die B15 hier *Ferienstraße Alpen-Ostsee,* sehr schön die Strecke, bestimmt. Von den Kosten und der Sehenswürdigkeit her sollten für euch 60 Zusatzsekunden drin sein, abgesehen von den fehlenden Staus. Ich denke, ihr solltet vernünftig sein. B15 ist bestimmt die beste Lösung, bestimmt." – „Bestimmt, ja bestimmt! Was heißt bestimmt? Bist du die Strecke schon gefahren?" – „Nein, äh, ich ... ich fahre immer Autobahn."

Zielfunktionen bei einer Fahrtroutenoptimierung können sein: Schönheit der Strecke, Weglänge, Fahrzeit, Benzinkosten. Es muss zwischen Strecken unterschieden werden, die Zeitrisiken bergen, und solchen, bei denen die Fahrzeit überwiegend fest bestimmt ist. Oft ist es nicht sinnvoll, nur eine einzige dieser Komponenten zu optimieren. Im Beispiel sahen wir, dass ein wenig mehr Fahrzeit erheblich mehr Streckenschönheit, Kostensenkung, Risikominimierung, Stresssenkung und Weglängenersparnis einbringen kann. Es ist daher besser, alle diese Zielfunktionskomponenten in Betracht zu ziehen und eine harmonisch ausschauende Gesamtlösung anzustreben, die allen Einzelkriterien gerecht wird. Ich habe hier schon ein wenig satirisch noch mehr Zielkriterien erwähnt, die aber offiziell nicht so richtig gelten: Sausen wollen, zum Beispiel, oder Recht bekommen. Oft können wir beliebig in den konkreten Komponenten optimieren, wie wir wollen: Kriterien „der anderen Art" geben schließlich den Ausschlag. Der menschliche Faktor, zwei Kapitel weiter.

Aus einer Frage: „Wie geht das oder dies am besten?" wird also zunächst ein Optimierungsproblem erstellt. Diese konkrete Fragestellung wird gelöst. Oft sind die Menschen mit der Lösung nicht zufrieden, weil sie meist merken, dass die Aufgabenstellung nicht richtig definiert wurde. Im obigen Beispiel haben alle Beteiligten nach der schnellsten Strecke gesucht, an der Antwort des Computers aber in der Folgediskussion gemerkt, dass sie ganz andere Ziele haben oder haben könnten. Jetzt erst gab es ein ernsthaftes Ringen um die richtige Zielfunktion. Hier in einem sehr einfachen Fall können wir uns natürlich die schönste Strecke, die kürzeste, die schnellste usw.

ausrechnen lassen und uns dann für die „beste" entscheiden. Aber haben wir vielleicht mögliche Zielkriterien ganz vergessen? Wir müssen ganz genau beschreiben können, was denn eine *beste* Lösung ist. Wenn die allgemein akzeptierte Zielfunktion vorliegt, dann kann eigentlich erst eine Lösung berechnet werden, die schließlich umgesetzt werden kann.

Wie können denn Menschen Zielkriterien ganz vergessen oder nicht kennen? Das werden Sie sich fragen. Weiß das denn nicht jeder? Was das Beste für ihn ist? Nein. Außerdem ist die Antwort für jeden anderen Menschen anders, nämlich auch nein.

2. Tourenplanung in der Praxis

Eine Transportgesellschaft möchte mit etwa 10 Fahrzeugen täglich ungefähr 150 Aufträge erledigen. „Bitte: Hier haben Sie die 300 Kundenadressen. Die zeichnen Sie auf einer Landkarte ein. Dann geben Sie mir den besten Plan, welche Fahrzeuge welche Kunden bedienen und auf welchen Touren die Fahrzeuge ihre Kunden bedienen. Geben Sie jeweils die beste Strecke an." Für solch eine Aufgabe ist nicht viel Zeit, denn die Kunden müssen ja am nächsten Tag beliefert werden. Was ist zu tun? Was ist ein bester Tourenplan für die Fahrzeuge? Wir fragen den Computer nach einem zeitminimalen Plan. Dabei wird die Gesamtfahrtdauer aller Fahrzeuge insgesamt minimiert. Das sieht so aus:

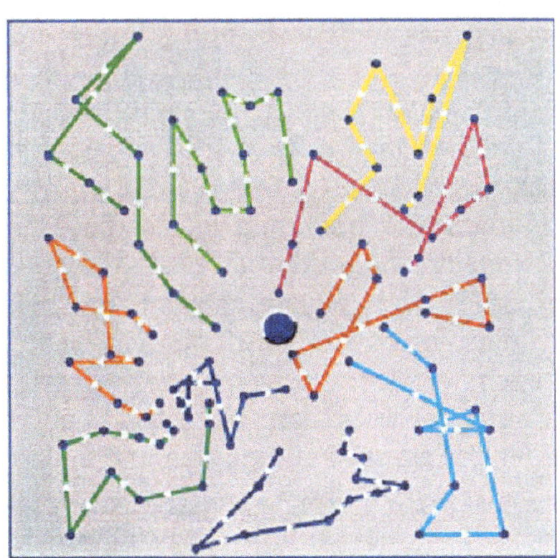

Der Computer zeichnet die Touren der einzelnen Lastwagen in verschiedenen Farben. Der LKW fährt vom Depot los zum ersten Kunden, zum zweiten usw. bis schließlich zum letzten und kehrt zum Depot zurück. Der Computer zeichnet nicht den Weg vom Depot zum ersten Kunden und auch nicht den Rückweg zum Depot, weil das dann in der Mitte so ein Knäuel von Linien ergibt, das sich ein Profi nicht so gerne anschauen mag. Und hier im Buch sind wir ja bald schon Profis, nicht wahr?

Wir übergeben den Computerplan an den Fuhrparkleiter, zeigen ihn zur Sicherheit auch einigen Kunden, ob so ein Plan brauchbar ist. Wir fragen einige Fahrer, ob die Computerlösung mit Zeitminimalität geeignet ist. Die Kommentare der Beteiligten fallen vernichtend aus:

Fuhrparkleiter: „Etliche LKW sind überladen, zwei von ihnen haben komischerweise nur so Sperriges für die Kunden. Sie müssen nicht nur die Strecke, sondern auch Volumen und Gewicht der Ladung beim Optimieren berücksichtigen. Oft ist das kein Problem, aber dieser Plan ist unbrauchbar."

Chef: „Sehen Sie, manche Touren sind nur kurz, da haben die Leute keinen vollen Arbeitstag. Außerdem sind die gesetzlichen Pausenregelungen nicht eingehalten. Sie müssen Pausen einplanen. Hier, diese Touren dauern zu lange, Sie haben damit gesetzliche Bestimmungen zur Höchstarbeitszeit nicht berücksichtigt." Rückfrage: „Muss das strikt eingehalten werden?" – „Tja, eigentlich schon, aber wenn's brennt, na, Sie wissen ja."

Fahrer: „Ich habe jetzt ganz andere Touren. Ich habe früher immer bei Rosis Frikadellenschmiede Mittagspause gemacht. Diese Tour mag ich nicht." Rückfrage: „Ist das unbedingt nötig?" – „Nein, aber eigentlich schon."

Kunde: „Diese Tour ist ganz schlecht. Ich meine nicht generell den ganzen Plan, nur die Tour, die zu *uns* führt. Wir hatten früher nur Fahrer Müller, der hat den Schlüssel zu unserem Laden und zum Tresor, da legt er das rein, wenn wir nicht da sind. Wir können doch keinen Generalschlüssel an alle Fahrer geben, wenn die dauernd wechseln." Rückfrage: „Ist das unbedingt eine Forderung?" – „Nein, eigentlich nicht. Aber es ist bequem. Es ist doch für euch ebenfalls gut, da könnt ihr kommen, wann ihr wollt. Das ist doch optimal für euch."

Aus der Abrechnung der Spedition: „So geht das überhaupt nicht. Wir hatten vorher immer Touren für Landkunden und andere Touren nur für Stadtkunden. Das muss sein, weil wir ja verschiedene Abrechnungstarife für Land und Stadt haben. Der Optimierer macht offensichtlich, was er will.“ Rückfrage: „Muss das unbedingt sein?“ – „Nur im Prinzip. Die Abrechnungssoftware müsste geändert werden oder wir ändern die Tarife. Das ist aber zu viel verlangt, oder?“

Kunde: „Ihr wollt um 13 Uhr liefern, aber da ist hier Pause. Außerdem haben wir ein Päckchen per Express bis 9 Uhr bestellt, dafür haben wir den doppelten Preis gezahlt.“

Kunde: „Ein 15-Tonner bringt uns was! Hören Sie, damit dürfen Sie nicht in die Fußgängerzone!“ Rückfrage: „Ist das so?“ – „Im Prinzip schon. Sie dürfen damit nur bis 9 Uhr herein. Wenn Sie's bis dahin schaffen, o.k.“

Fuhrparkleiter: „Hier, diesen Klotz können Sie ohne Hebebühne nicht abladen, da können Sie nur den Spezial-LKW nehmen. Ach, übrigens, das Tor bei denen ist zu klein.“

Fahrer: „Um 11 Uhr bei diesem Discount-Markt! Oh Gott, was für eine Planung! Wissen Sie nicht – natürlich, Sie haben keine Ahnung! Da steht morgens eine Schlange zur Ablieferung. Wenn ich da vormittags liefern soll, planen Sie gleich noch eine Stunde Wartezeit ein. Also, Sie können das planen, wenn Sie unbedingt wollen. Und überhaupt, hier, diese Straße, da ist doch eine Baustellenampel, da gibt es einen Umweg für die nächsten sechs Wochen. Haben Sie das nicht im Computer?“

Kunde: „Ich bin wohl plötzlich kein *guter* Kunde mehr, wie? Ich habe das Privileg, als Erster angefahren zu werden, aber das wird man Ihnen noch sagen, junger Herr. Sie lernen sicher noch. Verstehen Sie, es gibt viele Speditionen, auch welche ohne Optimierer.“

So. Lieber Leser, Sie sind jetzt bestimmt müde von den vielen Einwänden. Aber glauben Sie mir, das ist nur ungefähr ein Drittel der Strafpredigten, die wir uns in der Praxis einhandeln. Die Leute schimpfen berechtigt so weiter und weiter, wenn wir einen Tourenplan einfach nur nach Fahrtzeit optimieren. Es gibt nämlich Unmengen von Zielen: Streckenlänge, Kosten, Zeit, Bequemlichkeit für jeden Kunden (das sind über hundert), für jeden Fahrer, für die Administration. Es gibt Bedingungen, die einzuhalten sind: Gesetze, Verkehrsregeln, Zeitbeschränkungen, Dringlichkeitsprioritäten, technisch-gesetzliche Überladungsverbote. Es gibt Risiken: Staus, Baustellen, schlechte Tageszeiten, Wartezeiten bei Kunden, weil niemand das Tor aufmacht („Einen Moment bitte, ich komme gleich!“ Usw.) oder gar weil niemand zu Hause ist.

Was also schlagen Sie vor, wenn ich Sie frage: Welche Zielfunktion f_{opt}(Tour) nehmen wir nun? Wann ist eine Tour gut, wann schlecht? Wir werden uns streiten und argumentieren: Die Tour ist etwas überladen, aber dafür ist der Plan nicht eng. Eine zweite Route führt über eine Stauzone, aber wenn man durchkommt, ist sie schön. Die dritte verletzt alle Termine, wenn das Abladen beim Discountladen zu lange dauert. Da sind Schlafmützen. Die vierte ist sehr kurz, aber sie ist leider zu lang, als dass der Fahrer noch ein zweites Mal losfahren könnte.

Viel Licht, aber auch etlichen Schatten sehen wir in *jedem* Tourenplan. Es ist sehr schwierig, eine Zielfunktion genau hinzuschreiben, also einen Höhenmesser für die Güte eines Tourenplanes anzugeben. Später im Buch werde ich Ihnen erklären, dass selbst dann, wenn wir eine Funktion hinschreiben würden, das mathematische Problem, danach optimale Touren zu finden, beliebig schwer sein kann. Heute gibt es Programme, die Tourenpläne optimieren. Aus „Verzweiflung" und anderen Gründen, die später folgen, stellt man heutzutage einfach als Zielfunktion die Fahrtzeit oder die Weglänge ein. Alle Wünsche, die es sonst noch gibt, teilt man ein in solche, die akzeptiert werden, und solche, die man nicht zu beachten beschließt. Die Bedingungen, die erfüllt sein sollen, werden in den Computer eingegeben. (Viele Bedingungen können wir nicht eingeben, weil es noch keine Programme gibt, die das mitmachen. Die *müssen* wir ignorieren.) Der Computer errechnet einen Tourenplan, der diesen Bedingungen genügt und dabei eine sehr kurze Gesamtfahrtdauer oder -weglänge hat. Dieser Tourenplan wird angeschaut und kritisch beäugt. Er hat normalerweise ein paar „Macken", die durch einige Änderungen per Hand gemildert oder beseitigt werden. Dann wird aufgeladen und los geht's!

Der Lohn der Mühe: Oft genug sind die Fahrtzeiten 20 Prozent kürzer. Ich bespreche weiter hinten Mehrfrequenztouren, bei diesen sind Computerlösungen um 30 bis 50 Prozent besser als Lösungen, die sich Menschen ausdenken! Vorläufig will ich nur darauf hinweisen, dass es sehr viel Arbeit macht, das Beste zu finden. Und das schon ganz am Anfang, wenn wir nur sagen sollen, was wir überhaupt wollen.

V

Der menschliche Faktor

Noch einmal: Wie würden *Sie* selbst vor einer Sintflut fliehen?

1. Die Menschen sind verschieden

Irgendwann wurden sich die Menschen weitgehend einig, dass es sich um eine wirkliche Sintflut handeln könnte. Da das Wasser aber so langsam stieg, mussten sie nicht unmittelbare Sorge um ihr Leben haben. Sie hatten aber völlig verschiedene Ansichten, welche Maßnahmen zu treffen seien. Manche mochten ihre Häuser nur unter Zwang aufgeben, andere schlugen einen Hauptstadtneubau auf dem höchsten Gipfel des Planeten vor, den sie sofort suchen wollten; natürlich nicht sie selbst – aber die vielen anderen Menschen, die das gut könnten. Wer sich in die unabsehbaren Diskussionen begab, konnte mit der Zeit feststellen, dass es gar nicht so sehr viele Meinungen gab. Sechs? Zehn verschiedene? Letztlich ging es nicht so sehr um eine bloße Meinung, dazu war die Frage nach der Art der Flucht zu existenzentscheidend. Es ging um die Lebenshaltung vor dem Unabwendbaren.

Die folgenden Haltungen, die hier aufgezählt werden, lassen sich mit offenen Augen und einem Zwinkern immer wieder beobachten.

Die Theoretiker

Theoretisch betrachtet würde es genügen, zu wissen, mit welcher Geschwindigkeit das Wasser steigt und wie viele Jahre ein Mensch von dem Wasserproblem unbehelligt sein will. Er messe also den Anstieg des Wasserspiegels, prognostiziere einen Verlauf für die Zukunft; er lege fest, wie lange er nach einer Lösung nicht wieder umziehen will. 50 Jahre? Dann multipliziere er diese Anzahl der Jahre mit dem Anschwellen pro Jahr und finde einen Wohnort, der höher liegt.

Ein ganz wichtiges Problem aber ist für Theoretiker: *Gibt es überhaupt einen Punkt auf dem Planeten, wo 50 Jahre Ruhe ist?* Wenn nicht, ist der Weltuntergang so ziemlich beschlossene Sache, wenn auch nicht mit völliger Sicherheit vorhersagbar. Auf den Punkt gebracht: Nach wie viel Jahren ist Weltende, wenn der Regen so weiter steigt wie bisher? Werden wir das noch erleben?

Theoretiker berechnen die Risiken. Wer aufbricht und nach Bergen sucht, der mag vielleicht keine finden. Es könnte aufhören zu regnen. Dann ist die Mühe allen Suchens vergebens. Es könnte nahebei Berge geben – so hoch, dass dort die Sonne noch für lange Zeit scheint. Dann wäre ein Aufbruch dringend geboten. Was ist zu tun? „Menschen müssen zur Erkundung ausziehen", sagen die Theoretiker, aber sie selbst sind dazu nicht ausgebildet. Sie träumen von den sonnigen Höhen und sehen voller Sehnsucht

den Abenteurern nach, die eine Suche im dichten Nebel und im Schlamm wagen. Und wenn einer von denen zurückkehrt und von der Sonne berichtet, dann freut sich der Theoretiker, der das so schon nach seinen Berechnungen wusste, über die Korrektheit seiner Vorhersagen: Es ist ein wahrer Triumph über die, die überall Regen prognostizierten.

Derweil bilden sich Meerespfützen um die Füße seines Schreibtisches, die anderen Menschen aber sind seinen Luftschlössern schon ein wenig näher gezogen.

Die Hügelstürmer

Ohne lange auf die Ergebnisse irgendwelcher Theorien warten zu müssen, ist es doch klar, dass derjenige, der höher wohnt, länger vor der Flut in Sicherheit ist als andere. Der Hügelstürmer wählt seinen Wohnsitz am höchsten Punkt in der Nähe der anderen Menschen. Er nimmt gerne in Kauf, dass er die Steine zum Bau so hoch hinauf tragen muss. Er ist zu immenser

Arbeit bereit, um eine geeignete Wohnstatt zu gründen. Langes Suchen im Nebel, Misserfolge an rutschigen Hängen und Steilwänden, erhebliche Mühen beim Bau hoch oben sind für ihn kein Grund zu verzagen. Es sind selbstverständliche Opfer für einen Erfolg am Ende. Schadenfreude anderer über erste misslungene Versuche nimmt er gelassen und siegessicher hin. Schadenfreude spornt ihn eher an. Am Ende war sein Haus sehr teuer, natürlich, aber er hat nun ein Leben lang Ruhe vor dem Wasser. Von oben ruft er gerne hinunter, dass es ihm gut geht. Er freut sich so sehr, dass er es als einer der wenigen wirklich geschafft hat. Wirklich klar wird ihm dies besonders, wenn er unten arbeiten muss und die anderen Menschen klagen hört. Er wundert sich, dass andere jammern, wo sie sich doch sofort selbst helfen könnten. Er selbst hat so vieles an Lebenskraft in sein hochgelegenes Haus investiert – und die anderen wollen partout nicht diese Mühe auf sich nehmen und gehen lieber unter!

Die Theoretiker sagen, dass unter der Annahme eines festgelegten Weltendes in naher Zukunft auch die Hügelstürmer zu eben diesem Datum stürben. Hügelstürmer glauben dies nicht, weil sie ja immer weit über dem Wasserstand wohnen: *Das ist doch gerade ihre Strategie!* Hügelstürmer sind Optimisten. Manche von ihnen mögen gar weit entfernt Plätze an der wirklichen Sonne finden.

Hügelstürmer können auf andere Menschen als Ermunterung und Vorbild wirken, weil sie so glücklich mit ihrer Lage sind, weil sie Sicherheit ausstrahlen, dass es ein gutes Ende haben kann. Viele Hügelstürmer mögen in Wahrheit auch scheitern, wenn sie sich übernehmen oder zu große Risiken eingehen. Sie lassen aber nie nach und versuchen es bis zu einem endgültigen Erfolg immer wieder. Die anderen Menschen sehen mit Bewunderung und Neid auf sie. Die Theoretiker können es nicht fassen, dass all diese Praktiker ganz ohne Theorien näher zur Sonne finden: Nicht durch NUR Denken, sondern durch Unermüdlichkeit, mit Willen und positiver Ungeduld.

Die Deichbauer

Viele werden ihr geliebtes Haus in ihrer Heimat nicht einfach ohne Kampf aufgeben. Ist es denn so sicher, dass die Sonne nicht mehr scheint? Schien sie nicht vor kurzem noch einen vollen Tag? Sind die Prognosen über das Ansteigen des Wassers so zuverlässig, wie alle uns glauben machen wollen? Ein Deich am Haus wird für einige Zeit, vermutlich für einige Jahre halten. Der Deichbauer plant einen Turm, für den er schon eine tiefe Verankerung gräbt. Sollen die anderen doch gehen, es ist nicht schade um Menschen, die ihre Heimat nicht lieben, die allem Neuen nachlaufen und auf die hören, die auf den Hügeln wohnen. Wenn es denn ein Weltende geben sollte, dann soll es *hier* sein.

Der Deichbauer stellt sich auf ein Leben ein, wie es immer war. Das Hin und Her ist ihm verhasst, er steht zu Werten, die schon seit jeher Bestand hatten. In unsicheren Zeiten ist er der Anker für die Schwachen. Er ist stark und sicher, weiß, was zu tun ist. Er flieht nicht und kämpft an seinem Posten. Er hilft der Gemeinschaft selbstlos und im Bewusstsein seiner Ideale.

Die Weltenbummler

Sie wohnen bald hier, bald dort. Das Wasser steigt? Weltenbummler lachen darüber. Sie ziehen ohnehin so oft um! Und überall gibt es Ortschaften, die gerade nach oben auf die Hänge verlagert wurden. Da lässt sich's gut leben. Wenn dort das Wasser kommt, sind sie längst fort. Weltenbummler fürchten nicht das Ansteigen des Wassers, sondern sie ärgern sich über den Regen. Sie hoffen nicht angesichts der Sonne, sie freuen sich, dass es schön ist. Sie sehen eher das, was jetzt ist, machen sich keine Gedanken darüber, wo es später wie nass sein könnte.

Sie erfinden Hausboote, so dass ein Umziehen nicht nötig ist und Besuche machen ganz einfach wird. Andere Menschen freuen sich über die Leichtigkeit der Weltenbummler, sie sind ganz hingezogen von dem Charme dieser Haltung. Anschließen aber können sie sich nicht so recht, dafür sind Leben und Sintflut ihnen einfach zu ernst.

Die Weltenbummler hellen die Welt auf. Wenn aber Wasserstandsfragen anstehen, wird ohne sie entschieden. Sie schleppen schließlich keine Steine. „Nur keinen Stress", sagen Weltenbummler, auch ein wenig zum Ärger der anderen.

Die Guten Eminenzen

Die Guten Eminenzen sind glücklich, wenn sie den Menschen in ihrer Umgebung helfen können. Für Frieden und ruhige Liebe in ihrer Nähe tun sie alles, was ihnen möglich ist. Leider kommen sie allzu oft in eine Lage, in der sie, vom Leid gezeichnet, die Hände über die anderen ringen müssen: „Niemals kann ich es euch recht machen." Wenn wir über uns Menschen nachdenken, ist dieses Rechtmachen ein hehres Ziel. Die Guten Eminenzen gehen dorthin mit, wo die Menschen ihrer Nähe hinziehen. Sie gehen mit dem Hügelstürmer bergan, bleiben mit dem Deichbauer da. Sie opfern sich immer ein wenig und geben sich und den anderen das Gefühl, dass sie alles für die anderen getan haben. Dafür können sie von ihrer Umgebung Dank erwarten. Als Dank erwarten sie Frieden von allen. Sie kommen glücklich zur Ruhe, wenn ihre Gemeinschaft Ruhe findet. Ihr Glück ist nicht so sehr eines in der Welt, sondern eines in den benachbarten Seelen. Für das Glück dort geben sie das Menschenmögliche.

Wenn aber *sie* entscheiden sollen, wo das neue Haus gebaut wird: Da wird ihnen die Last der Entscheidung schwer, wenn in ihrem Haushalt verschiedene Menschen sind und sie zwischen verschiedene Ziele geraten. Eine Gute Eminenz ächzt unter der vermutlichen Unzulänglichkeit einer Entscheidung, wenn sie diese etwa für einen Deichbauer und einen Hügelstürmer mittreffen soll. Deichbauer freuen sich, wenn sie den Fluten trotzen, Hügelstürmer über die Höhe. Die Guten Eminenzen stellen sich nicht ohne Not zwischen Fronten. Sie regieren von hinten, über Absprachen, Kompromisse, Einfordern von Güte, die sie schon vorweg den anderen gaben. Wenn aber einmal alle in ihrer Umgebung froh sein können, so sind sie die glücklichsten Menschen der Welt und zehren noch lange von einem solchen Moment reinster Seligkeit.

Die Liebenden

Die Liebenden suchen sich das schönste Heim. Während andere auf die Sicherheit, auf die Zustimmung ihrer Mitmenschen, auf Meereshöhe schielen, suchen sich die Liebenden ein Grundstück für ein Haus, das ihnen ans Herz wachsen wird. Sie achten auf die Aussicht, unverbaubare Hanglage, alten Baumbestand. Die Pflanzen in ihrem Garten scheinen geradezu von der Natur geschaffen genau dort an genau dieser Stelle wachsen zu dürfen. Kultur ist dort zu Hause, der liebende Geschmack, die Erlesenheit. Eine solch auserlesene Wohnstatt findet der Liebende nicht gleich. Sie ist das Ergebnis einer ausgesprochen liebevollen, langen Suche. Eine kurz entschlossene

Lösung kommt niemals in Frage! Der Liebende muss unbedingt sicher sein, nichts Schöneres mehr finden zu können.

Liebende gehen nicht gerne 99-Prozent-Kompromisse ein. Sie wollen das vollkommen Schöne. „*Entscheiden ist Verzichten*“, heißt es bei ihnen. Wer entscheidet, streicht alles andere. Liebende entscheiden nur ungern, weil sie ein unendliches Ideal in ein konkret fassbares Haus verwandeln würden. Und dennoch lieben sie ihr Haus unendlich, wenn sie es schließlich bauen.

Liebende müssen nicht unbedingt in der Nähe der anderen Menschen wohnen, weil sie dies zugunsten der absoluten Schönheit nicht um jeden Preis anstreben. Sie lieben es aber, ab und zu Besuche von anderen Liebenden zu empfangen: von Menschen, die zu würdigen wissen, die ihre geheime Leidenschaft teilen, von Genießern und Wissenden. Die Anwesenheit von Hügelstürmer & Co. macht sie eher melancholisch. Ziel-, Nutz-, Zweckdenken, Sicherheitsstreben oder auch „Let's have fun“ gehört nicht zu ihrer Art vom stillen Glücklichsein.

Individual-Lemminge

Lemminge stürzen sich ihrem Führer nach in die Fluten, sprich: Sie gehen mit der Masse und gehen in der Masse auf. Lemminge fliehen vor der Flut in die gleiche Richtung und bauen gemeinsam an einem Ort. Oder sie ertrinken gemeinsam, wenn das Wasser sie umschließt. Entscheidungen werden gemeinsam getragen und getroffen. Lemminge gibt es in dieser reinen Art nicht so häufig. Die meisten, die so aussehen, sind eher Individual-Lemminge. Sie brechen auf der Flucht vor den Fluten gemeinsam auf und bauen gemeinsam, aber an Ort und Stelle sehen sie einzeln für sich heimlich zu, dass sie den schönsten Platz ergattern. Da sie das verborgen tun, ist nicht gemeinsam völlig geklärt, was das bedeutet: das schönste Plätzchen zu haben. Sie entscheiden also im Stillen für sich, wie dies definiert ist. Kurz: Sie bauen Reihenhäuser, eins wie das andere, aber manche haben schönere Kamine, manche liegen ein klitzekleinwenig höher über dem Meer als der Rest, manche sind schöner zur Sonne gewendet, wenn sie je wieder scheinen sollte. Sie machen alles gleich, sind aber sehr stolz auf die Teile, die nicht gleich sind.

Obwohl nicht offensichtlich ist, worin die Unterschiede genau bestehen, legen sie Wert darauf, dass andere Menschen, besonders andere Individual-Lemminge, diese kleinen Extraschönheiten sehen und *schätzen.* Wenn die Flut kommt und Gefahr ausbricht, sind sie alle in Gefahr. Jeder Individual-Lemming glaubt aber, dass er etwas besser dran ist, weil er sich positiv abhebt von den anderen. Da er aber selbst für sich entschieden hat, was das ist: *positiv!*, so ist er erst dann sicher, dass er wirklich besser ist, wenn andere ihm das bestätigen. Daher lenkt er sie immer wieder behutsam an diese Punkte, um positive Bestätigung zu bekommen.

Individual-Lemminge hassen Hügelstürmer, die offensichtliche protzende Ungleichheit praktizieren. Individual-Lemminge verachten Theoretiker, die *eigene* Theorien haben. Individual-Lemminge verabscheuen die Ungezwungenheit der Weltenbummler, die einfach ohne den Zwang zur Gleichheit leben. Sie schätzen nur so richtig Individual-Lemminge. Sie lieben Bestimmungen und Regeln, unter denen sie gemeinsam leben können. Regeln stählen die Gemeinsamkeit. Traditionen, wann bei welchem Wasserstand aufgebrochen wird; Traditionen, wie hoch die nächste Wanderungsstufe sein wird: Das lieben Individual-Lemminge, denn dann können sie herrlich gemeinsam ohne Streit gehen. Auf der anderen Seite müssen sie aber immerzu ein wenig individuell sein, was ihnen dann noch genug Anlass zum Streit gibt. Sie streiten aber nicht über die Lage ihres Dorfes, über Schönheit an sich oder über den Zeitpunkt des Weltendes: Das alles ist durch Regeln festgelegt. Sie streiten über die Saumhöhe der Gardinen oder die modernsten Zierfische.

Individual-Lemminge aber brauchen Gleichheit *und* Distanz, immer möglichst ein wenig mehr von beidem.

Goldsucher und Abenteurer

Goldsucher streifen durch die Gebirge. Sie brauchen nicht die anderen Menschen. Sie wissen von fernen Gestaden und hohen Bergen. Sie erzählen den Menschen, wohin sie aufbrechen müssen, wenn die Flut steigt. Die Abenteurer lächeln über Menschen, die Angst vor der Flut haben und sich nur aneinander klammern. Sie wissen um Sümpfe und Felsen im Nebel, sie kennen die Künste und Techniken, sich fast ohne direkte Sicht zu orientieren. Sie fürchten nicht einen langen Abstieg, weil sie gegenüber im Nebel die noch höheren Berge ahnen. Sie haben etwas im Blut. Sie wittern die Chance. Viele von ihnen sterben im Gang durch ein Tal, von der Flut überrascht. Sie kennen keine Vorsicht und keine Verzagtheit. Sie lehnen lasche Lösungen ab. Sie sind unersättlich und wollen alles. Wirklich *alles:* Berge in der gleißenden Sonne.

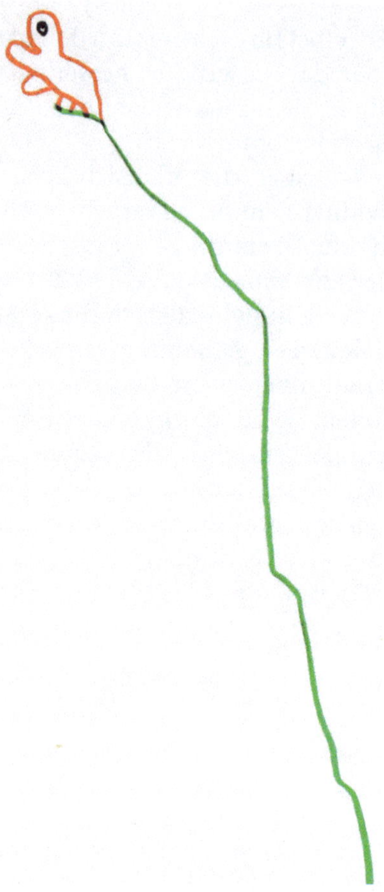

Da sie Risiken eher suchen, wohnen sie bald oben, bald unten, sie investieren oft zu viel in die Suche. Sie bauen keine herrlichen Häuser, um darin zu wohnen. Sie wollen weiter und weiter, immer der Sonne entgegen. Sie gleichen in ihrer unsteten Sehnsucht den Gralsrittern, die ebenfalls *alles* zu finden hofften.

Die Abenteurer verzweifeln an den Menschen, die nicht mitkommen wollen, weil sie Schritte großer Radikalität fürchten. Abenteurer haben den Mut, der für die anderen mit ausreichen würde. Sie lieben es, wenn andere (Individual-Lemminge) sich unter ihre Obhut begeben und sich von ihnen im Nebel in die Berge leiten lassen. Sie wollen auch andere zu den Höhen führen, ins Licht. Sie genießen nicht wie die Liebenden allein ein stilles Glück.

Ruhepole

Sie sehen Schwierigkeiten mit ganz anderen Augen. Ruhepole wissen aus langer Erfahrung, dass sich die täglichen kleinen Aufgeregtheiten meist von selbst regeln. Wut, Neid, Zorn, Aggression verfliegen schnell wieder. Es lohnt sich nicht, dauernd mit zu leiden. Große Schwierigkeiten sehen sie allerdings auch erst 5 vor 12. Wenn es jetzt wirklich nötig ist, handeln sie schnell und souverän. Kein Vergleich mit der Hektik derer, die viel schon für die Abwehr aller erdenklichen Unglücke tun, um nie einem solchen zu begegnen.

Ruhepole fliehen nicht vor der Sintflut, sie finden sich mit ihr ab. Sie liegen am Strand und leben vor sich hin. Wenn das Wasser steigt, ziehen sie ihre Liegedecke ein wenig zurück und haben wieder eine Weile Ruhe.

Alle anderen Menschen laufen aufgeregt um sie herum. Ruhepole wissen, dass sie stark sind in ihrer Ruhe. Sie werden zuletzt eine Lösung finden, ganz sicher. Ruhepole gliedern sich unauffällig in die Masse ein. Sie sind nicht so wie die Masse, sondern sie vermeiden offensichtliches Anderssein. Niemals erzeugen sie selbst bewusst Konflikte, sie sind ausgleichend und besänftigend. Sie können zwischen den Fronten stehen.

5 vor 12 ist immer noch Zeit genug. Wenn das Wasser steigt: Muss der Mensch gleich fortlaufen? Ruhepole sind absolut virtuos im Handeln, wenn es schon längst zu spät ist. Irgendwie schaffen sie es immer noch.

Wenn es zu spät ist, hilft nur noch große Ruhe. Die haben die anderen Menschen nie und erst recht nicht jetzt.

Schaffen es *noch:* Dieses „noch" stammt aus dem Gefühl der restlichen Menschen, die *nicht so viel Nerven haben,* wie sie es ausdrücken. Viele Menschen beneiden die Weltenbummler um ihre Leichtigkeit, und so beneiden sie die Ruhepole um deren Ruhe. Aber selbst so sein? Das würden sie nicht wagen! Auch nicht, wenn sie in den Sudelbüchern Georg Christoph Lichtenbergs lesen: „Für das Künftige sorgen, muss bei Geschöpfen, die das Künftige nicht kennen, sonderbare Einschränkungen leiden. Sich auf sehr viele Fälle schicken, wovon oft eine Art die andern zum Teil aufheben muss, kann von einer vernünftigen Gleichgültigkeit gegen das Zukünftige wenig unterschieden sein."

2. Realisten und Visionäre

Die Menschen benehmen sich gegen drohende Sintfluten ganz verschieden. Ganz grob kommen zwei typische Ausprägungen verstärkt heraus:

Ein Teil der Menschen verbessert das Bestehende und hilft sich mit pragmatischen Lösungen selbst. Dies sind die Realisten. Die anderen suchen nach weitreichenden, langfristigen Lösungsperspektiven. Dies sind die Visionäre oder Idealisten. Die Realisten verbessern noch das an der Welt, was aus irgendwelchen Gründen noch nicht vollkommen ist. Die Idealisten können sich das Vollkommene in der jetzigen Welt nicht einmal annähernd vorstellen: Denn diese Welt ist böse, schlecht, sündig, dumm, elend, roh, gemein usw.

Die Deichbauer perfektionieren das Bestehende. Die Guten Eminenzen sind mit dem Bestehenden zufrieden, wenn's denn die Menschen um sie herum sind. Die Individual-Lemminge konservieren das Bestehende, wenn es ihren Regeln zufrieden stellend genügt. Ruhepole streben keine großen Änderungen an. Sie alle sind vielfach pragmatische Realisten. Wenn Neues von ihnen verlangt wird, schauen sie die Gegenwart an, beseitigen Missstände, bügeln Schwächen aus, erweitern Engpässe: Schritt für Schritt wird die Welt maßvoll besseren Zuständen entgegengebracht. Das Bestehende beurteilen sie eher von seiner positiven Seite. Sie wissen, dass Neues auch seine Haken und Ösen hat. Natürlich sehen sie die Schwachstellen des Jetzt, aber ein Übergang zu *ganz* anderen Lösungen verursacht in ihnen tiefe Angst vor risikoreichen Verwicklungen, in denen sie nicht mehr Herr der Lage sein könnten. Die Realisten lieben es, die Dinge im Griff zu haben. Sie bewegen sich im Raume des Möglichen und erweitern ihn in zäher Arbeit. Sie erwerben langsam und sicher ihr Hab und Gut und fühlen sich geborgen in der Gemeinschaft.

Im Gegensatz zu den Realisten sehen die Visionäre in den Schwachstellen des Jetzt untrügliche Zeichen, dass ein radikaler Neubeginn nötig ist. Die Hügelstürmer suchen hochgelegene Wohnstätten, sie ziehen wirklich weit weg. Die Abenteurer und Gralsritter sehnen sich nach den absoluten Höhen der ewigen Sonne. Die Theoretiker sehen die Sonne in ihren Visionen vor sich. Sie wissen, dass es die Sonne gibt, dass irgendwo das gelobte Land ist – ganz ohne Fluten und Regen. Sie predigen, dorthin aufzubrechen. Die Weltenbummler ziehen umher und suchen angenehme Plätze. Die Liebenden werden emporgetragen von den Aussichten auf ihr Ideal. Sie alle sind vielfach Visionäre der Sonne. Sie wollen die radikale vollständige Lösung. Sie wollen die neue Welt. In der Regel bekommen sie sie nicht, weil Ideale nicht einfach zu haben sind. Die Visionäre müssen letztlich in derselben Welt leben wie die Realisten. Sie gehen nach und nach Kompromisse mit der Wirklichkeit ein. Sie erfahren, dass sie ihre Wünsche so weit zurückschrauben müssen, bis sie so viele Zugeständnisse gemacht haben, dass ein möglicher Weltzustand erreicht ist. In diesen „schicken sie sich".

3. Gemeinsam nach oben

Die Individual-Lemminge gehen nach langem Debattieren schließlich gemeinsam, die Hügelstürmer laufen vor ihnen her, die Ruhepole trotten mit. Die Fluten zwingen den ganzen Tross nach oben. Um den Tross trudeln die Weltenbummler wie Satelliten, die Theoretiker zockeln mit, hätten aber gerne einen besseren Weg gewählt. Niemand hörte auf sie. Die Guten Eminenzen trauern der Ruhe der Heimat nach, die Liebenden träumen von nie Dagewesenem. Die Deichbauer kommen spät nach. Sie gehen mit, wären gerne länger geblieben. Alle gemeinsam fliehen als Gesamtkomplex in diesem System vor der Sintflut. Um sie herum streifen einige Abenteurer und Goldsucher, die unabhängig von ihnen das Land durchforschen, aber sie entfernen sich nie zu weit; sie wären sonst ganz einsam. Die Abenteurer wissen oft die bequemsten Wege und die höchsten Berge. Die Menschen hören ihren Rat bald gläubig, bald zweifelnd. Irgendwie finden sie alle ihren Weg. Aber ist es wirklich der beste?

4. Ein Unternehmen führt Tourenoptimierung ein

Sintfluten und Umbrüche sehen im Leben wie folgt aus, betrachtet aus der Sicht von verschiedenen Menschen.

Anfang 1: „Chef, noch einmal: Ich habe das Gefühl, dass unsere Touren nicht optimal laufen. Ich verliere beim manuellen Disponieren den Überblick. Es kommen ungleichmäßige Beladungen heraus und wir haben immer wieder mit unvorhergesehenen Anrufen zu kämpfen. Irgendwer will wieder eine Extrawurst und ich muss manchmal einen eigenen LKW nur dafür einsetzen. Es werden von allen neuerdings so viele Forderungen gestellt und alle meckern mit dem Plan. Ich soll alle möglichen Kundenwünsche berücksichtigen, seit wir den BLITZ-NULL-FEHLER-SERVICE eingeführt haben. Ich schaff's nicht." – „Was wollen Sie denn überhaupt? Wahrscheinlich eine Gehaltserhöhung, weil Sie wegen der Überstunden sauer sind?" – „Nein, Chef, ich denke an ein Optimierungssystem. Ich habe gehört, Computer können mit neuen Methoden so was berechnen, und ich habe keine Arbeit mehr mit den vielen Anforderungen. Außerdem soll das viel Geld sparen." – „Das sind doch bestimmt Märchen. Als wir damals die Rechnungsschreibung auf Computer umgestellt haben, gab's auch nur Enttäuschungen. Bis das irgendwas getaugt hat! Mich graust's heute noch. Na ja, ich verstehe nichts davon. Jetzt haben wir's und es funktioniert. Aber an den Blutschweiß erinnere ich mich noch." – „Chef, ich schaff's nicht mehr." – „O.k., ich gebe Ihnen den nächsten Lehrling zum Helfen. Überhaupt, wie viel kostet so ein Programm?" – „Weiß nicht." – „Wo kann ich es kaufen?" – „Weiß nicht." – „Ja, bitte, und wie soll ich das entscheiden?"

Anfang 2: „Ich denke als innovativer Geschäftsmann, der ich nun einmal bin, dass wir immer auf dem neuesten technischen Stand sein sollten. Bei der Disposition haben Sie in der letzten Zeit nicht mehr den rechten Überblick, wie mir scheint. Ich werde Ihnen daher ein Tourenplanungssystem beschaffen. Das wird Ihnen sehr helfen, alles im Griff zu halten." – „Chef, bitte, zu dem Überblick: Dauernd will einer irgendwas Neues haben oder eine Extrawurst. Immerfort ändern und noch mal ändern. Wir werden verrückt gemacht. Ein Computer macht das bestimmt auch nicht mit. Ich habe mit jemandem aus Hamburg telefoniert, die stöhnen sehr unter ihrem System. Ob sie dabei Geld sparen, wissen sie gar nicht mehr so genau. Es ist ein Märchen, dass Computer so gut sein sollen wie wir. Wissen die denn, wann es morgens geschneit hat? Berücksichtigen die das bei der Disposition? Chef, das gibt Krieg mit den Fahrern. So ein System soll doch bestimmt Fahrer einsparen, oder was? Und was ist mit meinem Arbeitsplatz? Ich führe das ein, habe ein Jahr noch mehr am Hut und muss dann gehen?! Ich will Garantien!"

Anfang 3: „Leute, unser Geschäftsergebnis ist ziemlich mies. Ich fürchte, wir können die Firma bald dichtmachen. Wir hatten ein langes Meeting. Es kann höchstens daran liegen, dass wir noch keinen Tourenplanoptimierer haben wie die da gegenüber. Die flüstern von gewaltigen Einsparungen. Ich glaube das überhaupt nicht, verstehen Sie mich bitte nicht falsch. Es ist sicher gelogen. Aber müssen wir nicht alles versuchen? Ich meine, jeder von uns arbeitet so gut wie jeder andere auch. Die drüben sind doch nicht einfach besser als wir. Es muss also an etwas anderem liegen, oder?" – „Ich kann das nicht mehr hören. Sie sagen doch selbst, dass die drüben lügen. Natürlich gibt es noch Lösungen in unserer Lage. Was machen die denn beim Fußball, wenn sie unten sind in der Tabelle? Na? Den Trainer auswechseln. Ich habe es satt, immer mit Sprüchen über Verluste bedroht zu werden. Ich will abends einmal in Ruhe mein Bier trinken!"

Anfang 4: „Die Disposition wünscht einen Tourenoptimierer. Gut. Wir haben die nötigen Finanzmittel freigegeben. Wir von der Unternehmensleitung erhoffen uns allerdings einen Einspareffekt, der diese Investition rechtfertigt. Der wird von der Disposition in Aussicht gestellt und wir werden die Realisierung durchsetzen. Wir bitten alle um Unterstützung dieses ehrgeizigen und innovativen Projektes. Wir stehen am Neubeginn eines Abschnittes der Firmengeschichte." – Applaus.

Es gibt Tourenplanungssysteme. Es gibt viele Zeitungsartikel, in denen Firmen von erklecklichen Einsparungen durch Optimierung berichten. Wenn eine Firma computergestützt optimiert, ist dies aber wirklich eine Art Neubeginn. Soll ein Unternehmen nun diesen Einschnitt vornehmen? Einen großen Schritt in etwas Ungewisses tun? Im Kontext der Transportunternehmen ist die Wettbewerbssituation und das Kostengefüge eine Art Dunkle Wolke, der die Sintflut folgt. Das Wasser des Wettbewerbsdrucks steigt. Wir lesen gar zu oft in der Zeitung: Der Leidensdruck durch den Wettbewerb ist so hoch, dass wir nun alle den großen ungewissen Schritt in die Zukunft tun müssen. Leidensdruck, Konkurrenzdruck, steigende Löhne, wachsende Kundenansprüche. Wir müssen leistungsfähiger werden, die Billiglohnländer drücken in den Markt. Wir können uns nur durch überlegenen Service und Hochtechnologie retten.

Also gut, wann fangen wir damit an? Ist die Bedrohung schon so groß, dass wir handeln müssen? Ist der Computereinsatz vielleicht bloß eine Eintagsfliege, mit der sich vorpreschende Unternehmen einen dicken Verlust einfahren? Sollen wir nicht lieber warten, ob die ersten Abenteurer einen Flop landen? Der Druck des Marktes in jeder Form drängt hier im Beispiel die Transportunternehmen zu einer Stellungnahme. Die Dunkle Wolke ist da. Die Menschen stellen sich ihr oder sie bemerken sie nicht. Sie wollen fliehen oder sie halten sie nicht für das entscheidende Problem. Sie haben verschiedene persönliche Haltungen gegenüber einer Bedrohung. In den ersten drei Beispielen eines Anfanges sehen leider nicht alle Beteiligten die Bedrohung an derselben Stelle (wir unterstellen, dass sie bei der Tourenplanung ist). Sie reden noch über die Wolke. Sie haben sich noch lange nicht geeinigt, dass eine Bedrohung da ist. Im vierten Beispiel werden sofort Maßnahmen ergriffen und Gelder bereitgestellt. Das macht die Lage nicht besser. Viele Flop-Projekte fangen so schneidig an. In den ersten Beispielen verstehen die Leute das Problem noch nicht richtig. Im vierten handeln sie so schneidig, dass sie wahrscheinlich über den schon genehmigten Geldmitteln vergessen, das Problem zu verstehen.

5. Meinungssalate

Angenommen, es ist festgestellt worden, dass durch Optimierung der Touren etwa 20 Prozent der Fahrzeiten eingespart werden können.

Na und? Die Menschen haben ein Privatleben und Ängste!

Im Alltag ist es ein großes Problem, dass diese Haltungen selten offen geäußert oder beliebig kunstvoll verpackt werden. Viele Menschen mögen nicht auf negative Dinge hinweisen, viele können nicht NEIN! sagen usw. Ich zähle ein paar Haltungen auf, die aber – wie gesagt – größtenteils nur Freunden gegenüber ausgesprochen werden.

Verschiedene Disponenten: „Ich sage jedem, der es hören will, dass wir eine Optimierung brauchen. Die Einsparungen dabei sind mir egal. Das ist nicht mein Geld. Aber ich werde entlastet und habe den Kopf frei für das Wichtige." – „Optimierung! Wenn ich das höre! Ich glaube nicht an die Einsparungen. Ich kann das Wetter berücksichtigen, einigen Fahrern einen Gefallen tun und so. Der Computer wird etwas Schönes anrichten. Alle werden mir die schlechten Touren um die Ohren hauen. Der Boss spart dabei Geld, aber ich kann mir die ganze Kritik anhören. Schließlich werde ich noch gefeuert, weil ich die Schuld habe. Optimierung nicht mit mir." „Keine der Nachbarfirmen hat einen Computer dafür. Wie schaffen *die* es denn?" – „Sie sind wohl misstrauisch geworden. Ich habe nun 30 Jahre disponiert und jetzt wollen sie mir einen automatischen Disponierer aufdrücken. Ob sie mich loswerden wollen? Else rät mir auch zum Aufpassen. Da ist mehr dahinter, als sie sagen. Ich habe immer mein Bestes gegeben, ich weiß nicht, was der Chef damit will." – „Optimieren? Ist schon o.k. Ich mache, was die sagen. Ist mal was anderes bei der Arbeit. Wenn die Überstunden bei der Einführung bezahlt werden, meinetwegen." – „Ich werde mein Bestes bei der Einführung geben. Irgendwie sollte es drin sein, nach der vielen Geldersparnis dem Boss klar zu machen, dass ich jetzt eine höherwertige Arbeit mache. Da muss eine Stufe höher herausspringen. Hoffentlich gibt der Optimierer einiges her. Ich strenge mich jedenfalls an." – „Wir sind die erste Lokation, in der der Optimierer eingeführt wird. Wir werden es den anderen zeigen. Wir sind damit so etwas wie eine Kompetenzzentrale." – „Ich werde unbedingt aufpassen, dass ich eine Supersuperarbeitsumgebung im Zuge der Umstellung bekomme. Wenn schon eine Veränderung, dann eine zur Superklasse." – „Ich lehne das ab. Ich habe mich geweigert. Sollen die das erst in den anderen Lokationen einführen. Sollen die zeigen, dass so viel Geld gespart wird. Ich bin gut in der Disposition. Soll der Chef die Grünohren optimieren. Was soll das bei *mir?*"

Verschiedene Manager: „Warum müssen wir mit Optimierung anfangen? Keiner hat das hier im Ort." – „Ich werde das durchziehen. Wir sind dann ganz vorn. Es ist eine Chance für mich. Verbesserungen bekomme ich schon irgendwie heraus. Ich hasse diese Bedenkenträger hier überall!" – „Ich habe so viele Projekte. Nun wird mir dies auch noch aufgedrückt. Quasi als Strafe für gutes Arbeiten noch mehr Arbeit. Ich schaffe das nicht. Ich versuche es so nebenbei. Mehr ist nicht drin. Aber es ist doch bezeichnend, dass *ich* das machen soll. Sind die anderen so schlecht? Na ja, man weiß, was man an mir hat." – „Ich mache das. Was ist für mich persönlich drin?" – „Ein wenig Vernunft gibt es in der Firma doch. Ich freue mich wirklich, dass diese ganze Ineffizienz endlich beseitigt werden soll." – „Gut, dass ich die ganze Vollmacht über die Einführung habe. Jetzt kann ich einmal aufräumen, wie ich das meine. Ich werde diejenigen, die alles zerreden und verhindern, schon vorführen!" – „Es ist für mich faszinierend, dass durch wissenschaftliche Methoden die Tourenplanung so viel besser gemacht werden kann. Ich habe meinen Traumjob für das nächste halbe Jahr, denke ich." – „Tourenplanung, o.k. Ich? O.k. Bis wann? O.k." – „Die sind wohl verrückt geworden. Setzen die mich auf solch einen Schleudersessel! Wenn keine Einsparungen herauskommen, was dann! Dann bin ich abgesägt! Sollte das etwa der Hauptgrund für das Projekt sein? Dann werden die anderen Abteilungen mir das Projekt versauen wollen! Wie komme ich da ehrenhaft raus? Wie?" – „Wir müssen halt mitziehen. Bald haben alle Optimierer."

Verschiedene Fahrer: „Wenn die Fahrzeiten verkürzt sind, gibt das mehr Stress. Es wird natürlich auf meinem Rücken ausgetragen." – „Sie werden das Ding benutzen, um zu kontrollieren, wann wir Pinkelpause machen. Die ganze Arbeit wird vergällt. Sie werden sich welche zum Rausschmeißen ausgucken." – „Endlich geht die Fahrerei einmal geregelt ab. Mit richtigen Plänen und Fahrstreckenanweisungen. Nicht mehr so von der Hand in den Mund." – „Wenn dokumentiert ist, wie viel jeder getan hat, werden sie merken, wie unmenschlich ich mich anstrenge. Ich kann dann beweisen, was ich bin!" – „Ach, Junge, ich fahre schon seit 30 Jahren. Habe so viele Moden mitgemacht. Gut, jetzt bekomme ich einen Tourenplan morgens in die Hand gedrückt. Danke, sag ich da artig und fahre dann doch die *kürzeste* Strecke. Ich bin nämlich ein alter Hase." – „Trauen die einem nichts mehr zu? Ich kenne die Gegend! Da kommt der und sagt mir, wie ich zu fahren habe! Hier, dieses Autobahnstück mit Obergrenze 80 km/h! So langsam fährt doch keiner!" – „Halt doch die Klappe! Lass doch dein Fahrzeug mit 60 einplanen! Da fährst du 110 und hast Zeit, Mann." – „Ich bin schon zweimal wegen Pleite rausgeflogen. Ich weiß, was das heißt. Ich bin froh, dass der Chef was tut. Dem wird das Geld nicht geschenkt." – „Unsere Firma ist die Nr. 1 hier und sie sollte die Nr. 1 hier bleiben, sonst gibt es bald keinen Übertarif mehr." – „Wenn wir nicht mitziehen, sind wir bald tot."

Dies sind einige Stimmen von vielen, in verschiedenen Situationen. Wenn Sie die Argumente sortieren, so sehen Sie, dass eigentlich nicht über die Optimierung an sich gestritten wird, sondern dass sich das persönliche Innere zur Veränderung äußert. Die Argumente sind: Nr. 1 sein wollen. Mitziehen müssen. Alle machen es, ich gehe mit, na gut. Es wird nicht gut gehen, ich bekomme die Schuld. Ich habe die Chance zu etwas Tollem! Wir können auch dies versuchen, hoffentlich hilft es. Wenn es einen Vorteil dabei gibt? Ich will die Welt bewegen. Aus den Menschen strahlt bei diesen Argumentationen heraus, wie sie zu einer Notwendigkeit, zu einer Bedrohung stehen. Sie laufen los, sie warten, sie schließen sich an etc. Jede dieser Haltungen definiert andere Ziele.

Wir können also nicht einfach nur Kilometer einsparen, wir müssen auch den Ruhm mehren, Angst nehmen, zum Aufbruch ermuntern. Sie sehen, dass bei gleicher Sachlage die Menschen eine Situation, die objektiv festliegt, völlig anders bewerten und andere Handlungsnotwendigkeiten schlussfolgern. Was ist zu tun? Einigkeit über die Ziele ist herzustellen.

VI

Zur Beachtung! Wichtig!

1. Aus der Höhenberatung

Als die Menschen inmitten der Sintflut die Ernsthaftigkeit der Lage erkannt hatten, begannen sie, für sich Entschlüsse zu fassen. Es gab enorme Schwierigkeiten, wenn Menschen andersartige Ansichten hatten, wie zu verfahren sei. Die Gemeinschaft gründete Beratungsstellen, die sich um unschlüssige Menschen und uneinige Familien kümmerten. Ein Beispiel aus dieser Höhenberatung, eines für viele:

„Wir beide – das ist mein neuer Freund – haben uns gerade kennen gelernt. Wir sind einfach zu verschieden, glauben Sie mir. Ich bin von Natur aus ein Hügelstürmer, er aber ist ein Ruhepol – und was für einer. Sag' doch auch einmal etwas, du. Ich rede doch nicht allein, wir werden beide beraten. Also, ich bin mir ganz sicher, dass wir fortziehen sollten. Ich habe da ein bildschönes Hügelgrundstück im Auge, sehr hoch, über der Siedlung der Individual-Lemminge, schöner Blick auf diese Hüttenmasse. Er hier will sein Haus in Küstennähe nicht aufgeben. Das hat noch Zeit, sagt er." – „Hat es auch, es regnet derzeit nicht stark. Sie regt sich auf. Sie will nicht unterhalb der Individual-Lemminge wohnen, und ich soll nur deshalb meine Wohnung wechseln, da habe ich keine Lust. Es hat nichts mit dem Wasser zu tun, es geht um ihr Image. Du hast Glück, das du keins hast, sagt sie zu mir. Da hat sie zum Glück Recht."

„Ja, gut. Das ist kein ungewöhnlicher Zwist. Ich will Sie gerne weiterführen. Willkommen in der Höhenberatung. Hier ist eine Längsschnittabbildung durch unser Wohngebiet. Hier unten wohnen *Sie* sicher, nicht wahr? Hier ist der Streifen, wo die Individual-Lemminge wohnen. Hier der Hügel, an den *Sie* gedacht haben. Ich möchte Sie beide nun bitten, einzuzeichnen, wie sehr Sie jeweils in einer bestimmten Höhe wohnen möchten."

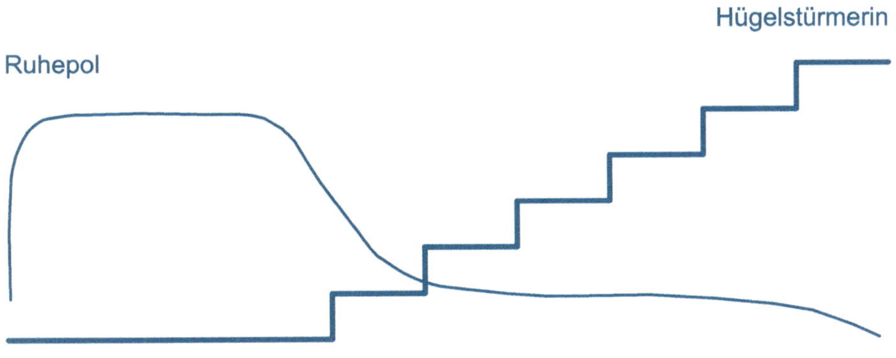

„Aha, danke für diese Angaben. Sie als Ruhepol würden also am liebsten bleiben, wo Sie jetzt wohnen. Immer höher hinauf dort gefällt es Ihnen offensichtlich immer weniger. Weil Sie nicht fort möchten. Ich weiß schon. Sie dagegen als Hügelstürmerin möchten recht weit nach oben, hier unten verursacht Ihnen das Bleiben offenbar heftigen Widerwillen. Sehen Sie die Kurven, die wir jetzt haben? Es ist nun mathematisch klar, dass Sie verschieden sind." Sie: „Tja, ist das schlimm? Ich meine, das sieht aussichtslos aus, nicht wahr? Wir haben ganz verschiedene Vorstellungen. Ein Kompromiss sieht unmöglich aus. Sag' doch auch etwas, sitz hier nicht so herum." Er: „Wir können mit der Entscheidung ja noch warten, bis der Regen stärker wird." – „Auf keinen Fall bleibe ich. Dann bleibt nur die Trennung." – „Reg' dich doch nicht auf ..."

Eine Stunde später. Die zweite Beraterin zur ersten: „Interessantes Paar da eben. Wer hat nachgegeben?" – „Die Frau." – „Was? Hätte ich nicht gedacht!" – „Er zieht mit auf den Hügel, aber noch weiter hinauf, als sie wollte, damit er nicht so oft umziehen muss." – „Ach, verstehe, sie müssen jetzt noch eine Weile sparen, für das teure Grundstück." – „Du sagst es."

Alternativlösung: „Wollen Sie denn nicht nachgeben? Einer von Ihnen?" – „Nein." – „Nein." – „Wollen wir es auslosen und beim nächsten Umziehen machen wir das dann schöööön andersherum, ja?" – „Nein." – „Nein." – „Hier habe ich ein neues Buch, damit haben schon viele Leute den allergrößten Erfolg gehabt und schwören darauf, das sage ich Ihnen." (Zweite Beraterin stöhnt leise „Das schon wieder!") „Es heißt ‚Auspendeln von schweren Entscheidungen in Partnerschafts- und Schicksalsfragen' und

kostet nur eine geringe Schutzgebühr. Sie nehmen es mit und erfassen Ihre Vorbestimmung. Glauben Sie mir, viele helfen sich so, deshalb ziehen ja so viele in diesem Monat um." – „Siehst du, es ziehen viele um. Das nehmen wir und pendeln ein paar Mal, damit wir sehen, was so herauskommen kann."

„Wenn ich sage, halte deine Zähne rein und spüle den Mund alle Morgen aus, das wird nicht so leicht gehalten, als wenn ich sage, nehme die beiden Mittelfinger dazu und zwar über das Kreuz. Des Menschen Hang zum Mystischen. Man nütze ihn." *(Georg Christoph Lichtenberg, Sudelbücher)*

Wenn wir also auf dem unbekannten Planeten Berggipfel suchen, wenn wir vor der Sintflut fliehen, benötigen wir einen Höhenmesser, der uns anzeigt, wie viel Meter über Meereshöhe wir uns befinden. Der Höhenmesser kann aber nicht nur zur Beurteilung von einzelnen Lösungen herangezogen werden. Er dient daneben als Kompass auf der Suche nach hohen Bergen: Hierher, kommt hierher, das Gelände steigt an!

Verschiedene Menschen werten anders. Sie haben jeweils andere Höhenmesser. Wenn Entscheidungen von vielen Menschen getroffen werden sollen, gibt es theoretisch ebenso viele verschiedene Höhenmesser einzubeziehen. Glücklicherweise haben jeweils Gruppen von Menschen ähnliche Maßstäbe und bilden Parteien. So wird das Entscheidungsproblem immer noch irgendwie übersichtlich bleiben können. Menschen haben oft Messverfahren („im Herzen", „aus dem Bauch heraus", „gefühlsmäßig", „aus Erfahrung", „instinktiv" usw.), die sich nicht numerisch fassen lassen. Menschen messen oft nach Kriterien wie Glück, Freiheit, Gerechtigkeit, Stressfreiheit, Machtgewinn, Vollkommenheitsgrad, Liebe. Diese Kriterien gehen, wie wir an Beispielen sahen, bis in die scheinbar messbarsten einfachen Entscheidungen hinein. Viele Menschen verstehen die Ziele anderer nicht und finden diese dann „irrational" oder „unlogisch". Manchen Menschen ist die eigene Zielsetzung nicht bewusst klar.

Im Ganzen gesehen ist das Höhenmessen von Alternativen sehr oft problematisch. Die so genannten objektiven Menschen sind meist nicht einmal entfernt „objektiv". Sie kämpfen mit scheinbar sachlichen Argumenten darum, allgemein durchzusetzen, dass alle anderen nur einen sehr bestimmten Höhenmesser benutzen! Nämlich den des Meinungssiegers!

Die meisten Menschen sehen in der eigentlichen Optimierung das Problem: Finde eine beste Alternative! Die Sieger wissen: Die Lösungen werden bei der Zieldiskussion fabriziert, nicht so sehr bei der Optimierung. Wer seine eigenen Ziele in die allgemeine Zielfunktion hineinbekommt, der siegt!

Für ein einziges Entscheidungsproblem sind in der Regel etliche Höhenmesser nötig. Entscheidungsprobleme sind meist multikriteriell, die Kriterien sind meist nicht explizit bekannt. Eine Priorisierung der Kriterien ist Teil der Lösung des Entscheidungsproblems. Wie sollen die Kriterien beziehungsweise die Messergebnisse der verschiedenen Höhenmesser gewichtet werden? Gibt es Rangordnungen in der Wichtigkeit der Kriterien?

2. Mauern überall: „Das geht so nicht."

Von allen möglichen Alternativen mag es nur wenige geben, die im *engeren* Sinne möglich sind. Viele Alternativen scheiden immer schon von vornherein aus. Wer vor der Sintflut flieht, muss nicht nur das Wasser meiden und an Meereshöhe gewinnen. Er sollte sich seine Wohnung auch nicht in Einöden oder Eiswüsten, in Sümpfen oder auf spitzen Felsen nehmen. Hier darf er zwar *im Prinzip* wohnen, aber es drohen Gefahren oder Risiken.

Im realen Leben sprechen wir von Nebenbedingungen, die eine Lösung erfüllen muss. Wir suchen die optimale Lösung, die alle an sie gestellten Bedingungen erfüllt. Diese Bedingungen schränken die Menge der wählbaren Alternativen ein.

Wenn Sie einen Stundenplan für ein Gymnasium erstellen, müssen die Stunden für die einzelnen Schüler eingehalten werden. Chemie muss im Chemieraum sein, Sport in der Halle oder auf dem Platz. Die Lehrer dürfen nur für Fächer eingeteilt werden, für die sie eine Lehrerlaubnis haben. Dies sind *harte* Nebenbedingungen an jede Lösung. Natürlich sollen die Schüler Unterricht am Stück haben, also keine Hohlstunden in denen sie nicht unterrichtet werden und warten müssten. Ein Stundenplan darf im Prinzip schon Hohlstunden enthalten, aber das wird unbedingt vermieden. Schließlich könnten wir Regeln aufstellen, die wir gerne realisiert sähen: Sportunterricht endet am Beginn einer großen Pause (umziehen!), Mathematik nicht in der letzten Stunde (konzentrieren!), Religion nur am Tagesbeginn oder -ende, damit Schüler ohne Religionsunterricht keine Hohlstunden haben. Die Lehrer wollen ebenfalls für sich keine Hohlstunden und auch einmal einen Tag frei ... Dies sind Wünsche an einen Plan, die möglichst zu erfüllen sind. Es sind *weiche* Nebenbedingungen.

Wenn Menschen vor dem Wasser fliehen, so retten sie sich vor dem Ertrinken. Dies ist die harte Bedingung. Nun sollten sie an ihrem neuen Wohnort gute Lebensbedingungen vorfinden. Das ist eine Bedingung, die nicht immer erfüllbar ist. In der jetzigen Wirtschaftssituation etwa kämpft ein Großteil der Unternehmen um das Überleben. Das Kostendrücken hat einen solchen Konkurrenzdruck ausgelöst, dass alle mitziehen müssen, wenn ihnen das Wasser nicht bis zum Hals steigen soll. Die Lösung, die die Unternehmen finden, mag sie bilanziell vielleicht retten, aber auf Kosten einer „schlechten Wohnstatt": Die Mitarbeiter sind demotiviert und fühlen sich gestresst, nirgendwo gibt es noch Kraftreserven.

Bei der Formulierung von Optimierungsaufgaben geht man meist so vor: Man sucht die beste Lösung unter all denen, die alle Nebenbedingungen erfüllen. Oft gibt es gar keine solche Lösung. Dann werden nacheinander Bedingungen fallen gelassen.

3. Die Sanduhr der Ungeduld: „Wir müssen etwas vorweisen!"

„Die Stunde der Entscheidung naht. Die Zeit ist reif. Wir können nicht länger warten. Selbst wenn sie falsch ist – ich brauche eine Lösung ***jetzt!****"*

„Gut' Ding will Weile haben. Eine Entscheidung braucht Zeit. Schnellschüsse dienen der Sache nicht."

In diesem Abschnitt soll über die angemessene Zeitdauer gesprochen werden, die eine Entscheidung erfordert. Daneben gibt es einen Zeitraum, der noch bis zur Entscheidung zur Verfügung steht. Diesen gilt es zum Treffen der Entscheidung zu nutzen.

Wenn wir vor der Sintflut in die Berge fliehen, um höhere Wohnorte, also bessere Lösungen zu suchen, so entspricht das Steigen des Wassers im täglichen Leben oft dem Verrinnen von Zeit. Die beste Lösung, die wir vor dem Ablauf der Zeit fanden, wird dann genommen.

Entscheidungen müssen irgendwann getroffen werden. Für viele haben wir fast beliebig viel Zeit. Wann gehe ich das erste Mal zur Krebsvorsorge?

Welchen Beruf wähle ich für mich? Wie viel spare ich für das Alter, und wann tue ich das?

Andere Entscheidungen sind mehr mittelfristiger Natur: Welchen Wintermantel kaufe ich? Wann gehe ich zum Zahnarzt mit der angebrochenen Plombe? Wann beginne ich ernsthaft mit der Diplomarbeit? Sollten wir nicht einmal das Dach neu decken, das Haus anstreichen?

Oft gibt es feste Termine: Weihnachtsgeschenk kaufen, Fliesen für den Neubau aussuchen.

Manches muss in den nächsten 5 Minuten erledigt werden: Der Kellner bittet Sie um die Bestellung Ihres Menüs. Als Professor sollen Sie nach einer mündlichen Prüfung eine Note geben. Der Personalbeauftragte hat ein paar Minuten Zeit, sich für einen der Bewerber zu entscheiden. Sie gehen zum Wahllokal, dort schauen Sie sich die Landtagskandidaten an. Namen? Nie gehört! Wen davon wählen Sie?

In allen diesen Fällen läuft die *Sanduhr der Ungeduld.* Manches Mal offen sichtbar und schmerzlich, wenn Sie sich entscheiden müssen, aber nicht recht können. Oft läuft sie leise und ungehört, ganz sacht; und wir sind plötzlich alt geworden und haben nichts zurückgelegt. Oder: „Warum kommen Sie erst jetzt?" fragt der Arzt.

In vielen Fällen können Sie die Uhr zurückstellen oder die Sanduhr noch einmal kippen. Sie können beschließen, den alten Wintermantel noch ein Jahr zu tragen. Sie bitten den Kellner, gleich noch einmal zu kommen. Den Abgeordneten aber müssen Sie wählen, wenn Wahl ist.

In wieder anderen Situationen stoppt die Uhr ganz plötzlich. Sie müssen dann vorher entschieden haben, die letzte Zigarette geraucht oder die letzte Sünde begangen zu haben. Sie sollten Ihre Bewährungschance im Beruf irgendwann nutzen oder vor dem Crash verkauft haben.

Entscheidungen werden oft kurzfristig erwartet oder erzwungen, manche lassen sich in aller Ruhe fällen. Wir haben Regeln oder ein Gefühl dafür, wann sie fallen sollen oder müssen. Ab dem Zeitpunkt, an dem die Notwendigkeit einer Entscheidung offenbar ist, läuft die Sanduhr der Ungeduld. Am Ende muss entschieden sein, oder die Uhr muss, oft unter größten Unannehmlichkeiten, zurückgestellt werden. *(Noch eine Gnadenfrist!)* Vor dem Ablaufen der Uhr können wir panikartig und damit nutzlos bemüht um Entscheidungen wie um Luft ringen.

Entscheidungen, die nicht unbedingt heute getroffen werden müssen, können täglich auf ein Morgen verschoben werden. Immer wieder, jeden Tag. Die Menschen ignorieren die Sanduhr oft, solange sie nur können. Sie werden schließlich zu etwas gezwungen. „Sie taten nichts; alles geschah.“

4. Der Risikofaktor: „Es darf nur gut ausgehen, wenn wir etwas wagen.“

Risiken wollen bei Entscheidungen gut geschätzt sein. In der Regel drücken sich viele Menschen in der Praxis davor, das wirklich zu tun. Es ist in vielerlei Hinsicht nicht so gut, sich überhaupt damit zu befassen. Wir sehen das später deutlicher. Wenn Manager neue Projekte „pushen“ wollen: Sollen sie da über Risiken reden? Das Projekt wird nicht genehmigt werden oder mindestens dramatisch verzögert. Viele haben einfach Angst, dem Risiko direkt in die Augen zu schauen. „Es macht mich krank, wenn ich die Probleme kenne. Ich muss doch ohnehin da durch. Also: Augen zu und los!“ Ich kenne einige Leute, die eine Krebsvorsorge ablehnen. Entweder man ist gesund, dann war die Untersuchung nutzlos. Oder man hat Krebs, dann ist es eh zu Ende, da will man den Befund lieber nicht kennen.

Was ist das, Risiko? Grob gesprochen: Es gibt in der Zukunft mehrere Ausgänge unseres Tuns; irgendwie geht die Sache aus, wir wissen nur nicht wie. Eine von etlichen möglichen Weltlagen entsteht. Welche? Wenn wir eine Aktie kaufen: Sie kann recht gut steigen, um einiges fallen, in etwa gleich bleiben. Eine von diesen Möglichkeiten tritt ein. Wenn sie steigt, kaufen wir uns etwas vom Gewinn oder freuen uns; wenn sie gleich bleibt: – na ja; wenn sie fällt, ärgern wir uns und begraben einen Traum. Wir können uns für gute Aktien entscheiden, aber das Grundrisiko des Marktes bleibt. Wir müssen unter *Unsicherheit* entscheiden. Eine Entscheidung ist sehr gut, wenn sie bei den vorhandenen Zukunftsmöglichkeiten im Schnitt gut abschneidet und die Häufigkeit zu großer Fehlschläge niedrig hält.

5. Der Unlustfaktor: „Etwas in mir hasst diese Arbeit und lähmt."

Wir lieben naturgemäß Entscheidungen, nach denen es „uns gut geht". Wenn im Beispiel der Höhenberatung sich der Ruhepol durchsetzt, wird die Hügelstürmerin die Folgen der gemeinsamen Entscheidung nur unwillig mittragen. Im anderen Falle wird der Ruhepol unwillig sein. Die Folgen von Entscheidungen können uns oft gegen den Strich gehen:

Hügelstürmer mögen nichts, was überhaupt keine Chance auf einen großen Erfolg enthält, Individual-Lemminge lieben keine Entscheidungen, die große Risiken mit sich bringen. Weltenbummler hassen es, wenn sie unter Druck oder Stress gesetzt werden. Deichbauern sind progressive Entscheidungen zur gesellschaftlichen Revolutionierung ein Schritt ins Dunkle usw.

Eine Entscheidung für eine bestimmte Alternative wird sehr dadurch abgewertet, dass sie von etlichen, die die Entscheidung mitzutragen haben, als schlecht empfunden wird. Diese Mitmenschen werden den gemeinsamen Weg nur widerwillig mitgehen.

Wenn uns selbst Entscheidungen drohen, die wir nicht mittragen wollen, werden wir versuchen, den Entscheidungsprozess zu behindern oder zu verzögern oder „ein wenig zu beeinflussen". Wenn eine für uns schreckliche Entscheidung gefallen ist, werden wir vielleicht die Umsetzung schweigend boykottieren und immer wieder bedenkenträgerisch Probleme und Risiken sehen, um die Entscheidung doch noch umzubiegen. Wenn wir dennoch „mitmüssen", erfordert die Arbeit unter der neuen Lage zu viele seelische Ressourcen von uns. Wir können vor Unwilligkeit neurotisch müde werden, wenn eine allseits als optimal geltende Entscheidung für uns persönlich nur verdrießlich ist.

Unter einem hohen Unlustfaktor arbeiten wir ineffizienter als sonst. Entscheidungsvorgänge dauern manchmal absurd lange. Dazu kommt, dass dem unwilligen Menschen die unwillig verbrachte Zeit um Größenordnungen länger erscheint, als sie im Endeffekt war.

(„Ich habe den ***ganzen*** Tag an so einem Mistbrief an die Versicherung geschrieben." Fünf Zeilen sind herausgekommen, dass ein Fahrrad gestohlen sei. Aber der Brief war beim Essen, bei der Gartenarbeit, am Abend immer im Kopf und sorgte für Unruhe. Wie schreibt man das? Was werden

„die“ antworten? Schicken „sie“ Geld? Werden „sie“ böse anrufen, dass man Geld von ihnen wolle? Ist die Polizei nötig? – Für hierin Erfahrene ist das ein Akt von ein paar Minuten, anderen verdirbt es einen *ganzen* Tag. Es scheint so, dass unlustig verbrachte Zeit im subjektiven Empfinden mit einem internen Unlustfaktor multipliziert wird.)

6. Im Cockpit des Entscheiders

Wir sitzen wie in einem Cockpit des Entscheiders und haben in unserem Alltag etliche Entscheidungen zu treffen. Ein Manager, der also berufsmäßig Entscheidungen trifft, hat unter Umständen gut 50 Vorgänge, die er nebeneinander verfolgen muss. Über den Ausgaben wachen, alle Projekte in Schuss halten, neue Kunden gewinnen, Werbemittel planen und erstellen, Vorträge konzipieren, das Personal führen und einsetzen. Überall will entschieden werden, es drohen massenhaft Termine, also Sintfluten. Im Englischen ist man ohnehin näher am Sintflutbegriff: Dort übersetzt man Endtermin mit Deadline. Dieses Wort drückt gut aus, wie wir uns manchmal fühlen: Wir müssen entscheiden, dead or alive.

Viele Entscheidungsvorgänge: Das sind viele *Höhenmesser.* Die Entscheidungen müssen auch die Ziele anderer Menschen berücksichtigen. Diese haben schon ohnehin meist andere Ziele, darüber hinaus sind sie als Menschen verschieden und handeln nach verschiedenen menschlichen Faktoren. Wir müssen diese Höhenmessungen der anderen Menschen bedenken, obwohl wir sie nur schätzungsweise kennen mögen.

Die Mengen der Möglichkeiten sind oft immens groß.

Mauern, Wüsten und Sümpfe überall: Es gibt harte Nebenbedingungen an Lösungen wie Gesetze, Geldmangel, Befehle „von ganz oben“ und dergleichen. Es gibt viele Mauern, die durch die verschiedenen Menschen gesetzt werden, die an einer Entscheidung beteiligt werden. (Was gibt es zu essen? „Ich esse kein Fleisch.“ – „Ich esse nur Biogemüse.“) Oft gibt es so viele Mauern, die durch Befürchtungen, Aversionen, Überzeugungen, Geschmäcker in einem Entscheidungsproblem auftauchen, dass es überhaupt keine Lösungen geben kann. Die Menschen kämpfen dann um das Verschieben von Mauern und das Aufweichen der Nebenbedingungen bzw. das Aufweichen der *Fronten,* wie wir in der Praxis sagen.

Die *Sanduhr der Ungeduld* läuft ab. Im Cockpit des Entscheiders stehen sehr viele davon, für jeden Entscheidungsprozess eine. Der Entscheider muss nicht nur darauf achten, dass er im Einzelnen gute Entscheidungen trifft, sondern er muss auch die Uhranzeigen beachten, um alle Entscheidungen zeitig zu treffen.

Neben allen Höhenmessern gibt es noch rote Blinkleuchten: *Risiko!* Die Leuchtanzeigen blinken, wenn bei Entscheidungen ein ungewünschter Ausgang möglich ist.

Außerdem gibt es da noch Blinklichter, Blinklichter der *Unwilligkeit.* Sie blinken giftig gelb, wenn einer der Höhenmesser einen inadäquaten Wert anzeigt. Wenn bei Entscheidungen mehrere Menschen betroffen sind, werden ihre Höhenmesser in unserem Cockpit sichtbar sein. Wenn es dort gelb blinkt, bedeutet dies, dass jemand die jetzt vermessene Alternative „unter aller Kanone“ empfindet.

Dieses ungeheure Universum von Messinstrumenten müssen wir beherrschen lernen. Nicht nur für einen Entscheidungsprozess, sondern für viele gleichzeitig.

Wir sehen uns inmitten von Mauern, Uhren, Höhenmessern. Alle Instrumente müssen gleichzeitig im Auge behalten werden. Die Messungen anderer Menschen müssen überprüft und beachtet werden. Wir haben ein endliches Spektrum an Zeit für alle diese Entscheidungen, wir haben zusammengenommen ein Quantum Mühe, das wir für alles verwenden dürfen. Aber die Zeit verrinnt in all den Sanduhren gleichzeitig. Immer müssen wir vor dem Ablaufen die Entscheidung getroffen haben. Wir müssen uns hüten, nicht in Hetze zu geraten.

Wenn wir in Hetze geraten, dann heißt das, dass zu viele Uhren sich der 5-vor-12-Marke nähern. Das Wasser steigt uns bis zum Hals, wir *müssen* entscheiden.

VII

Laufbahnen vor der Flut

1. Claims

Die Jahre vergingen, die Sintflut stieg weiterhin an. Es regnete unerbittlich, der Nebel behinderte die Sicht. Immer höher die Hügel hinauf entstanden Hütten und Häuser, während unten die ersten schon lange versunken waren. Eine stete Wanderungsbewegung von Untenlebenden setzte ein. Einstige Hügelstürmer lebten plötzlich auf durchschnittlichem Niveau. In einiger Entfernung schien es ein größeres Hügelmassiv zu geben, das auf längere Zeit Sicherheit zu bieten schien. Abenteurer hatten diese Kunde gebracht, viele Hügelstürmer waren hingezogen und schienen sehr zufrieden. Die Individual-Lemminge diskutierten wild kontrovers um ein gemeinsames Vorgehen. Die auf den höheren Hügeln neu lebenden Menschen kamen hinunter und erklärten, dass die gefundene Hügelregion nun ihnen als den Entdeckern gehöre. Sie deklarierten die neuen Hügel als ihren Claim, den sie für sich abgesteckt hätten. Sie hätten die Lasten der Suche getragen, hätten unermüdlich nach lebensrettenden Alternativen gesucht, und sie sähen es nun nicht ein, dass die ganze „Restsippschaft“ freudig anstrengungsloser Nutznießer sein solle. So fing es an.

Jahre später war es selbstverständlich, dass die Menschen sich nicht mehr so sehr vor der Flut fürchteten, sondern Vorsorge vor ihr trafen, indem sie sich Claims in höheren Bergen sicherten. So hatten sie im Ernstfall einen sicheren Hafen vor der Flut. Es wurde anerkannt, dass Entdecker eine bestimmte Größe von Land als ihr Claim registrieren lassen konnten. Dafür mussten sie an die Gemeinschaft natürlich Geld zahlen. Die Claims waren übertragbar, man durfte sie kaufen. Die Abenteurer zogen los und sammelten Claims, solange sie Geld hatten, um die Registrierung zu bezahlen. Die Gemeinschaft besaß Claims, um Menschen ohne Claim helfen zu können, die von der Flut bedroht waren. Es zeigte sich, dass Menschen, die der Flut weichen mussten, dennoch um keinen Preis hinaus in den Nebel wollten, um Land für sich zu entdecken. Sie hatten oft größte Angst, so weit fortzugehen. Die Wohnbezirke der Menschen waren bald von einer größeren Zone von Claims umschlossen, alles Land in der Umgebung war reserviert. Viele Menschen, die ungenügende Vorsorge getroffen hatten, drängten sich so am Meeresufer an unwirtlichen Stellen. Sie blieben in Entbehrung und Not in der Nähe der Flut und bezogen die Claims der Hügelstürmer, die schon beim Herannahen der Flut ihre Claims verließen und billig abgaben. Viele verschenkten sogar ihre bald versinkenden Claims an die Gemeinschaft.

2. Rettungsdienste für Wasserumschlossene

Ab und zu kam es vor, dass unvermittelt einige frühere Hügel zu Inseln wurden. Die Flut umschloss ganze Ortschaften, die vormals ganz sicher waren. Natürlich ließ sich noch lange Zeit auf den Inseln leben.

Aber die Not nahm natürlich mit der Zeit zu und die Menschen begannen nach und nach, die Inseln zu verlassen. Für solche Aktionen hatte die Gemeinschaft Boote und Schiffe vorgesehen, die von den Geldern aus der Claimregistratur unterhalten wurden. Die Gemeinschaft ermunterte auf Grund der großen Kosten von Rettungsaktionen unentwegt die Menschen, sich nicht von der Flut zu Inselbewohnern machen zu lassen. Immer wieder wurde gewarnt: „Ziehen Sie um auf Ihre Bergclaims! Bleiben Sie nicht hier.“ Wegen der trotzdem so großen Zahl Uneinsichtiger wurden die Kosten der Rettung den Betroffenen rigoros in Rechnung gestellt. In der Regel kostete eine Rettung mehr als der Wert der Claims des Geretteten. Von Inseln Geborgene mussten deshalb in der Regel nahe der Flutlinie an den schlechtesten und unsichersten Stellen des verbliebenen Festlandes wieder „Fuß fassen“. Die Kosten der Rettung hingen stark von der Insel-zu-Land-Entfernung ab. Eine Bergung wurde durch langes Verweilen auf den Inseln zum Teil aberwitzig aufwändig. Die reichsten Claimbesitzer, die immer gehofft hatten, in Wohlstand und Frieden zu sterben, verloren durch beharrenden Eigensinn oft all ihre Habe, wenn sie am Ende von einer Inselspitze abtransportiert und mittellos in einem Hafen des Festlandes „abgeladen“ wurden.

3. Der Weg ist das Ziel

Durch die Einführung der Claims und der teuren Rettungsdienste war das Überleben sehr schwierig geworden. In alter Zeit hatte sich jeder einen neuen Wohnplatz gesucht und eine neue Existenz gegründet. Nun aber war in gewisser Weise die nähere Zukunft, nämlich der absehbare Teil des Landes an der Flutlinie, immer schon verplant und verkauft. So kamen die Menschen wahrhaft dazu, für ihre Zukunft zu arbeiten und für sie dazusein. Es reichte nun nicht einfach die Berechnung von Theoretikern, dass es genügend hohe Berge noch für Jahrhunderte geben müsse, nein, man musste für den alle zehn/zwanzig Jahre anstehenden Umzug und Neubeginn schon ein Claim haben oder das Geld dafür. Das Ziel war nicht, für alle Menschen den höchsten und besten Überlebensraum zu finden.

Der Weg wurde das Ziel der Menschen: Sie mussten einige Male im Laufe ihres Lebens vor der Flut in eine neue Wohnung fliehen. Lebenslanges Aufsteigen war Pflicht. Der Weg aber durch die verschiedenen Claims war entscheidend. Nicht das Optimum im Sinne von Höhe war gefragt, sondern die *Fluchtbahn* über die verschiedenen eigenen Claims. Gute Fluchtbahnen nach oben nannte man anzüglich *Karriere*.

Es war nämlich so: Ganz sichere Claims ganz oben in den Bergen bezog ja niemand, da sie einsam weitab lagen. Sie waren noch nicht erschlossen. Außerdem waren sich die Suchenden in den Nebeln nie so ganz sicher, ob bei einem starken Ansteigen der Flut die hohen Bergclaims sich nicht auf einer Insel wieder finden würden! Und was wäre dann? Alles verloren. Die Claims auf den hohen Bergen hatten daher einen recht niedrigen Preis. Eine Karriere macht man über den meisten gewöhnlichen Menschen, ja, aber nicht zu weit über ihnen, sonst ist der Hohe ganz physisch ohne Untertan.

Es bildete sich eine Preiskurve: Inselclaims und Küstenclaims wurden fast verschenkt. Sie waren herrenloses Gut und Notquartier.

Ihre Besitzrechte wurden gar nicht recht anerkannt. Zwar stritten sich in der Nähe der Flutlinie viele Arme und Gerettete um die wenigen Quadratmeter. Sie drängten und schubsten sich. Ansprüche aber über solche Besitzrechte wurden nicht vor den Gerichten verhandelt, weil diese Landstücke ohnehin gerade versanken. An der Küste und auf Inseln herrschte claimmäßige Rechtlosigkeit. Man sprach von: SLUM. Weiter ins Landesinnere wurden die Claims teurer. Der Preis stieg stark an. An der Bewohnungsgrenze, wo die Besiedlung dünn wurde, wurden Neubauclaims zu ho-

hen Preisen gehandelt. Die Preise stiegen noch etwas an, je weiter man hinaufkam, dann aber begannen die Preise mit der Höhe langsam zu fallen. In weiten Entfernungen, wo man sich eine Besiedlung erst in Jahrhunderten vorstellen konnte, steckten Abenteurer beliebig viel Land ab. Die Gemeinschaft brauchte Geld und verlangte für sehr weit entfernte Claims nur eine geringe Registrierung.

Es stellte sich für die Menschen die Frage, wie sie immer recht sicher und gut wohnen könnten. Manche brachten es fertig, genau immer die Claims zu besitzen, die den höchsten Preis erzielen konnten. Der Gewinn aus solchen Geschäften reichte aus, ihnen stets eine der schöneren Wohnlagen zu sichern. Sie hatten quasi „ein Händchen". Sie kauften unbrauchbares Land auf einem Hügelgrat, über das aber bald alle nach oben fliehen mussten usw. Es kam darauf an, sich mit einer geschickten Strategie Claims zu sichern, auf die die Menschen nacheinander bei steigender Flut neue Häuser bauten.

Die Realisten sparten unentwegt Geld und legten es in Claims oberhalb der bewohnten Siedlungen an. Sie sorgten für die neue Wohnung und benutzten ihren Claim bei steigender Flut selbst. Die Visionäre stellten immerfort spekulative Überlegungen an, wie sie ein Schnäppchen machen könnten. Sie kauften billig unwegsames Land oder ganz hohe isolierte Bergspitzen, wie sie von Deichbauern für ihre Überlebensburgen bevorzugt wurden. Hier konnte man eine Inselbildung oft bis zum eigenen Tode überdauern, ohne weiteren Umzug. Wichtig war vor allem das Vorland der jeweils nächst höheren Gebirgsmassive, wo der Siedlungsstrom einmal durchmusste. Es kam darauf an, Claims so zu kaufen, dass sie möglichst alle und rasch in der Hochpreiszone lagen. Viele Visionäre verloren alles Vermögen, wenn sie zwar hochgelegene Claims gekauft hatten, die Menschen aber in ihrer Flucht in einer anderen Richtung weiterzogen, weil sie an der zuerst geplanten Stelle wohl eine Inselbildung fürchteten. Die Visionäre sicherten sich nicht so sehr Claims für sich selbst; sie sorgten sich unermüdlich um die beste langfristige Zukunft. Es ging ihnen um die frühzeitige Planung ihrer *Fluchtbahn* – so wurde die Abfolge der verschiedenen Hausbauten eines Individuums genannt. Die Realisten, vor allem die Individual-Lemminge, hatten ein gewichtiges Wort bei der Wertentwicklung der Claims. Wenn die Individual-Lemminge gemeinsam beschlossen, alle zusammen an einen neuen Berghang zu ziehen, dann wurden die Abenteurer, Theoretiker und Hügelstürmer reich, die dort ihre Claims hatten. Die Hügelstürmer und die Abenteurer verkauften stets sofort und zogen weiter an günstigere Stellen. Die Theoretiker blieben meist da, waren aber natürlich sehr stolz, die richtige Fluchtbahn gesehen zu haben. Die Individual-Lemminge zogen oft gemeinsam an so unvorhergesehene Orte, dass die Prognosen über Claimpreise zum Glücksspiel wurden. Die Visionäre konnten sich auf nichts richtig verlassen, was sie aber an weiteren Vorhersagen nicht hinderte.

Der so genannte Claimcrash im Jahr des Sumpfes hatte lange einen nachhaltigen Einfluss auf die Fluchtbahnplanungen der Menschen. Es schien nach langen Jahrzehnten wieder einmal kurz die Sonne. Es gab vage Anzeichen über eine Abschwächung des Regens. „Nie mehr Umziehen! Ein Ende dem Leiden!“ riefen bald die Realisten und tanzten vor Freude. „Ein Ende des Regen-Bubble! Die Claimpreise verfallen!“ Die Visionäre hatten gar zu viel Geld für Claims in den Höhen eingesetzt und waren recht verzweifelt über das scheinbare Ende der Katastrophe. Sie babbelten wie ein Wasserfall auf die Realisten ein, die Vorsichtsmaßnahmen nicht einzustellen. Es würde bald wieder weiterregnen! Es regnete dann weiter, zum Glück. Das ganze Claimwertesystem wäre an Sonnenschein zerbrochen, kaum auszudenken, der Schaden für die Menschheit, wenn die Sintflut ein Ende gehabt hätte!

4. Überleben leicht gemacht

Viele Menschen konnten die vielfältigen Strategien und die Weiterzugsprognosen kaum noch übersehen. Die Profis mit ihren Wasserstandsmessern und den Regenanalysen schienen normalen Flutzuschauern offenbar kaum Chancen zu lassen. Es wurden neue Unternehmen gegründet, die sonnig verkündeten: „Gegen eine geringe Gebühr machen wir die Sintflut zu *unserem* Problem." Per Dauerauftrag konnte jeder Beitretende ein kleines Quantum monatlich einzahlen; dafür wurde ihm bei jedem Versinken seines Anwesens ein neuer, „hochqualitativer" Claim „in hoch bevorzugter Lage" zur Verfügung gestellt. Für Geld konnten Menschen ihre Risiken abwälzen. *Keine Sorge vor der Flut, hab' zum Zahlen nur den Mut!* So warb das führende Unternehmen um Beitritt zum Hochsicherheitsprogramm **DRY.** Mit DRY war das Überleben gesichert, die Fluchtbahn lag klar vor den Zahlungswilligen. DRY war eine Variante des Problem-Outsourcing, wie man sagte. Die Gebildeten sprachen auch von Claim-on-Demand. Das waren meist Realisten, die Risiken für sich scheuten. Die Visionäre glaubten meist, mit eigenem Spürsinn weiterzukommen. Es gab nach vielen Jahren DRY-Zufriedenheit eine Katastrophe, die lange Zeit völlige Uneinigkeit in der Bewertung von Flutrisiken brachte und das Preisgefüge fast noch mehr umstülpte als der einstige Claimcrash: Ein riesiges Berggelände des DRY wurde von weit her durch Wasser umschlossen und damit ganz unvorhergesehen zu einer Insel! DRY konnte nur durch Übernahme in die Hände der Gemeinschaft gerettet werden, die Zahler an DRY verloren praktisch alle ihre Rechte an einer würdigen Zukunft. Die Visionäre, die fast allein die Folgen des Claimcrashs nach dem Sonnenschein zu tragen gehabt hatten, frohlockten über die ach so schlauen Realisten, die offenbar an kollektive Wunder glaubten und sich nicht auf sich selbst verlassen wollten.

5. Unsere Fluchtbahn: Ein Einwurf

Wir verfolgen jeder unsere Fluchtbahn. Wir erwerben Claims. Zeugnisse. Orden. Rentenansprüche. Wir sehen zu, dass wir nach oben kommen und das Beste aus unserem Leben machen. Das mag auf Anhieb glücken oder wir versuchen es mit unseren Kindern als unseren Stellvertretern noch einmal. Bevorzugte Wohnlagen, gefragte Berufe, wachsender Wohlstand ziehen uns hinan, höher hinauf, zur Sonne. Dort werden wir glücklich sein, irgendwann.

„Sie leben nicht, sie wollen nur leben – alles schieben sie auf." (Seneca)

Wir sparen und versichern: Sparen ist verschobenes Glück, Versichern erkaufte Stetigkeit.

Jeder von uns zieht seine Bahn nach „oben". Jeder auf seine Art.

Das schreibe ich jetzt etwas zu negativistisch?! Wir kennen ja auch eher das folgende Zitat:

„Wer immer strebend sich bemüht, den wollen wir erlösen." (Goethe)

In den vorhergehenden Kapiteln habe ich ausführlich über die Grundlagen der Entscheidungen referiert und hoffentlich klar machen können, dass viele, viele verschiedene Dinge großen Einfluss auf eine Entscheidung haben. Die Lage bei schwierigen Entscheidungen ist so komplex, dass man eigentlich von Glück sagen, wenn eine gute Entscheidung schnell getroffen werden kann.

Im nächsten Kapitel stelle ich dar, wie mathematische Algorithmen in einem Computer tatsächlich zu wesentlichen Fortschritten führen können. Bisher habe ich in diesem Buch fortdauernd die Frage besprochen, was Menschen oder Unternehmen tun mögen, wenn sie auf eine Sintflut reagieren müssen. Und was dabei herauskommt – oder auch leider nicht.

Jetzt simuliere ich das Ganze einmal auf einem Computer: Findet der den Mount Everest?

Kein Witz: Die Antwort ist JA.

VIII

Das Sintflutprinzip

1. Ein Wanderer in den Bergen

Abenteurer fanden in den Bergen einen einsamen Mann, der in einem Zelt wohnte. „Was tust du hier?“ fragten sie ihn erstaunt. „Ich entfliehe der Flut.“ – „Du bist weit fort von der Flut“, riefen die Abenteurer ihm zu, „hier ist das Wasser weit entfernt!“ Da sprach der Wanderer lächelnd: „Aber ja, ich entfliehe ihr ja.“ Die Abenteurer traten heran und fragten ihn, wie er es denn anstelle zu fliehen. Der Wanderer sagte: „Jeden Morgen wähle ich eine Richtung, indem ich mich mit geschlossenen Augen drehe und drehe, bis ich schwindlig bin. Dann bleibe ich stehen und schlage die Augen auf. Wohin sie schauen, wandere ich bis zum Abend. So entkomme ich der Flut.“

Da lachten die Abenteurer, denn sie wussten nun, dass er töricht war. „Und wenn deine lieben Augen auf das Wasser schauen?“ fragten sie höhnisch. Der Wanderer antwortete: „Dann gehe ich genau in die andere Richtung. Ich fliehe.“

2. Ein Steilkurs im Höhensuchen beginnt

In diesem Abschnitt wollen wir das „innere“ Optimierungsproblem anschauen – das, was mathematisch zu lösen ist. Nachdem wir diskutiert haben, ob eine Optimierung im Ganzen lohnt, wenn sie denn im Einzelnen wirklich zu besseren Strukturen durch Mathematik führen würde, so wollen wir nun sehen, wie das konkret gehen kann: *mathematisch* optimieren.

Ich versuche jetzt, Ihnen einen kleinen Kurs in Ideen der Optimierung zu geben. Er ist überhaupt nicht vollständig oder sehr wissenschaftlich oder systematisch. Er ist vor allem aus didaktischen Gründen auf *eine einzige* von mehreren möglichen Optimierungsmethoden ausgerichtet: Auf die Sintflutmethode. Für diese sollten Sie am Ende dieses Kapitels ein Gefühl haben. Es gibt zum Sintflutprinzip ein Video, in dem Tobias Scheuer und ich viele der folgenden Ideen visuell aufbereitet haben.

3. Wer ist der Größte in der Stadt?

Beginnen wir mit einer ganz einfachen Optimierungsaufgabe: Wer ist die größte Person in der Stadt? Wie kann das herausgefunden werden?

Ein paar Ideen, wie das gehen könnte:

Das Verfahren TOTAL: Wir laden alle Personen vor und messen nacheinander ihre Größe mit einem Instrument. Fertig.

Mit ein wenig Unsicherheit im Resultat könnten wir es uns erlauben, nur Personen über 14 Jahren zur Messung einzuladen. Das gäbe viel weniger Arbeit. Wir könnten die Arbeit stark vereinfachen, wenn wir aus jedem Haus nur den zweifelsfrei Größten einlüden.

Die meisten Messungen lassen sich einsparen, wenn wir vorab eine Riesenperson herausfinden und dann die anderen Menschen vorbeidefilieren lassen. Wir messen nur noch Personen in der Größe, die ähnlich groß sind wie die größte Person, die wir bisher fanden. Immer diejenige Person mit der bisherigen Rekordgröße bleibt zum Augenscheinvergleichen da. Die wirkliche Messlatte brauchen wir bei diesem Verfahren nur äußerst selten. Wir müssen hier allerdings jede Person anschauen, aber nur ganz wenige ganz genau.

4. Hochpunkte oder Maxima von Kurven – aus der Schule

In der Schule haben wir Graphen von Funktionen gezeichnet.

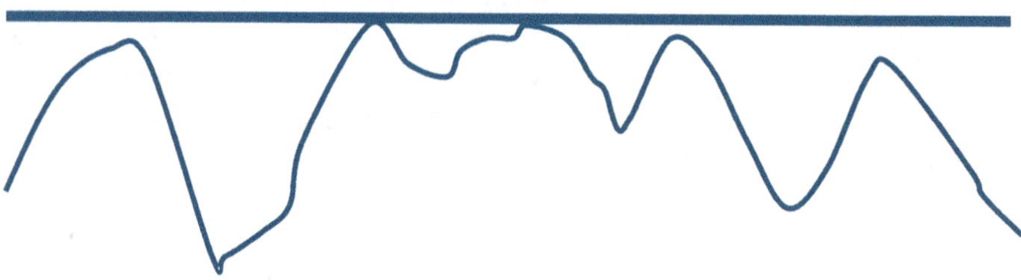

Wir haben im Kurs *Differentialrechnung* in der Oberstufe gelernt, wie wir alle lokalen Maxima und Minima von bestimmten Klassen solcher Kurven bestimmen können. Wenn Sie dies nicht mitmachen mussten oder schon vergessen haben sollten: Dies ist hier nicht der wichtige Punkt. Ich konstatiere nur: Mathematik erlaubt es uns manchmal (bei hinreichend einfachen Funktionen, wie sie in der Schule vorkommen), diejenigen Stellen einer Kurve zu finden, an denen sie lokale Minima oder Maxima aufweist, also Hügelspitzen oder Talsohlen. Nehmen wir also an, durch Mathematik herausgefunden zu haben, wo alle Talsohlen und alle Hügelspitzen der gegebenen Kurve liegen. Wenn wir dies wissen, müssen wir nur noch den *allerhöchsten* Gipfel finden. Wir schreiben dazu die Hügelgipfelhöhen der Reihe nach in einem Computer auf, drücken einen Knopf „der Größe nach sortieren" und haben die gesuchte Antwort: das globale Maximum oder (bei Maximierungsaufgaben) das globale Optimum. Die Mathematik findet also nur die Gipfel an sich heraus, *den größten davon müssen wir noch finden.* Damit bleibt uns nach der Gipfelfindung immer noch das Messproblem des vorigen Abschnittes: Den höchsten Gipfel finden unter vielen gegebenen ist das gleiche Problem wie das Herausfinden „des größten Menschen in der Stadt". Wir haben nur Bögen in Graphen der Höhe nach zu sortieren anstatt von Köpfen.

Bei den Problemen aber, die ich hier in diesem Buch bespreche, bei dem Finden kürzester Rundtouren etwa, gibt es leider im Normalfall in der Praxis 10^{100} und noch viel mehr verschiedene „Hügelspitzen". Wenn wir also irgendeine Mathematik kennen würden, die uns alle Hügelspitzen „herausgibt", dann nützt sie in diesem Fall nichts, da ein Computer sehr lange brauchen würde, die größte Zahl von 10^{100} verschiedenen Zahlen zu finden.

In diesem kleinen Abschnitt wollte ich recht rasch etwas herausarbeiten: Die Mathematik, die wir in der Schule lernten, löst unsere Optimierungsprobleme nicht. Sie sollten also nicht das Gefühl haben, „dass Tourenoptimierung nicht so schwer sein kann, Maxima haben wir ja in der Schule behandelt".

5. Ideen der linearen Optimierung

Eine andere Vorgehenstechnik ist die der linearen Optimierung. Ich stelle Ihnen die Grundidee vor und zeige Ihnen, dass wir bei den Tourenproblemen & Co. letztlich wiederum mit dem Höhenmessen vieler Alternativen stehen bleiben. Alle Erklärungen an einem Beispiel:

Ein Mathematiker kommt mit einem Handwagen an eine Tankstelle (Beladungsproblem eines LKWs). Er ist Vorsitzender des Festkomitees, das eine Vereinsfeier organisieren soll. Der Mathematiker soll die Getränke besorgen. „Was, bitte, wünschen Sie?“ – „Das ist ein Problem. Es ist mir auf dem Weg eingefallen“, holt der Mathematiker aus und erzählt, dass er Wein und Cola wolle, der Wagen aber nur 80 kg tragen dürfe, er nach dem Volumen nur 90 Einheiten laden könne und außerdem nur beschränkt viel Geld da sei. Der Verkäufer: „Der Wagen kann ruhig überladen werden. Schauen Sie, da steht zwar 80 kg drauf, aber wen schert das. Was ist denn eine Volumeneinheit?“ – „Das habe ich schon zu Hause nachgemessen. Eine Weinflasche zähle ich als *eine* Volumeneinheit und 1 kg, eine 1,5-Liter-Colaflasche hat *zwei* Volumeneinheiten und 1,5 kg. Es gehen 90 Einheiten auf den Wagen.“ – „Und obendrauf legen geht nicht?“ – „Hören Sie auf, das Problem anzugreifen! Sie wollen nur nicht an die Lösung heran. Wie können wir es lösen, wenn Sie die Eingangsdaten unentwegt hin und her diskutieren! Sie sind nur auf Profit aus, das merke ich doch! Überladen! Obendrauf!“

„Okay, also, wie viel Wein wollen Sie?“ – „Bitte geben Sie mir ein Blatt Papier, ich muss es ausrechnen.“ – „Können Sie so etwas nicht im Kopf, als Mathematiker? Und warum rechnen Sie das nicht zu Hause?“ – „Ich muss doch erst den Preis wissen! Wie kann ich sonst etwas ausrechnen? Wie viel kosten Cola und Wein?“ – „5 Euro der Wein, 3 Euro die Cola. Je Flasche.“ – „Aha. Ich verkaufe dann die Cola auf dem Fest für 10 Euro die eineinhalb Liter, den Wein auch für 10 Euro die Flasche. Dann muss ich also den Gewinn maximieren unter den Nebenbedingungen Volumen, Gewicht und Geld. Ich habe nur 375 Euro dabei.“ – „Ich gebe Ihnen Kredit.“ – „Nein, nein, ändern Sie nicht dauernd das gedankliche Problem. So kommen wir nie zu einer praktischen Lösung. Da. Ich habe es aufgeschrieben. Sehen Sie: Der Gewinn bei einer Cola ist 7 Euro, beim Wein 5 Euro, x ist die Anzahl der Colaflaschen, y die Anzahl der Weinflaschen.“ – „Wenn Sie richtig viel Gewinn machen wollen, sollten Sie das Zeug nicht hier an der Tankstelle kaufen. Nur mal so als Hinweis. An Tankstellen sind Wein und Cola sauteuer.“ – „Ist das so? Warum? Es ist mathematisch gesehen dieselbe Cola, oder?“ – „Sie haben wohl keine Ahnung von Tankstellen, was?“ – „Ich bin heute das erste Mal an einer Tankstelle. Ich habe kein Auto, aber ich kenne die chemischen Formeln für beliebige Oktanzahlen.“ – „Das ist wahnsinnig gut! Ich komme nur bis Shell Optimix.“ – „Was ist das?“ – „100.“ – „Was, hundert?“ – „Oktan?“ – Nein, ich meine Optimix, was bedeutet Optimix?“ – „Es ist die optimale Mischung. Mix! Verstehen Sie? Mix ist Mischung!“ – „Aha, dann habt ihr Ahnung von Mathematik?“ – „Aber klar, deshalb ist der Cola-Preis so hoch.“ – „Das finde ich gut. Ich mag dann gerne bei Leuten wie euch einkaufen. So, Menschenskind, das war ungefähr das längste Gespräch, das ich in den letzten zehn Jahren geführt habe, ohne dass ich dabei ein Problem gelöst habe. Wir müssen uns ranhalten. Ich schreibe mal auf, was der Gewinn ist: 7 für Cola, 5 für Wein.

maximiere $7\,x + 5\,y$ (Profit)

unter den Bedingungen:

$2\,x + y$ kleiner gleich 90 (Volumen)
$3\,x + 5\,y$ kleiner gleich 375 (Geld)
$1{,}5\,x + y$ kleiner gleich 80 (Gewicht)

Das müssen wir jetzt lösen. Ich habe kleiner gleich in Worten ausgeschrieben, damit Sie mich verstehen. Dann können Sie mitdenken. Es gibt mathematische Zeichen dafür, aber für Laien schreibe ich es aus."

Der Verkäufer zuckt sofort voller Freude: „Ich sehe etwas, schauen Sie, ich habe eine Idee. Wenn Sie 10 Flaschen Cola und 70 Flaschen Wein kaufen, dann ist $2\,x + y = 2$ mal $10 + 70$ gleich genau 90, dann ist der Wagen voll. Das tut es."

„Aber wir müssen doch noch die anderen Bedingungen prüfen! Außerdem ist das bloße Raten Quatsch und vor allem *unwürdig*. Aber bitte: 10 Flaschen Cola und 70 Flaschen Wein, das kostet 30 plus 350 Euro, also 380 Euro. Haha, geht nicht, ich habe nur 375 Euro! Das Gewicht ist 15 kg plus 70 kg, aha, das ist mehr als 80 kg. Also: Es geht nach Gewicht nicht auf den Wagen und es ist zu teuer. Abgelehnt."

Der Verkäufer der Tankstelle: „Ich habe eine neue Idee: Nehmen Sie 6 Flaschen Cola und 71 Flaschen Wein, da ist das Gewicht diesmal aber genau 80 kg!" Triumphierend. Der Mathematiker schüttelt sich: „Wir rechnen den Preis aus. 18 Euro für die Cola, 355 Euro für 71 Flaschen Wein, das macht 373 Euro. Das geht, kann ich bezahlen. Hm, das Volumen ist $12 + 71$, das ist deutlich unter 90. Das geht." „Und ich habe schon Ihren Profit ausgerechnet: 42 Euro für die Cola, 355 für den Wein, macht 397 Euro Profit. Soll ich Ihnen das liefern?"

„Das ist doch elend über den Daumen gerechnet und nur durch Probieren erzielt. Jetzt komme ich. Ich zeichne die Gerade $2x + y = 90$ in ein Koordinatensystem.

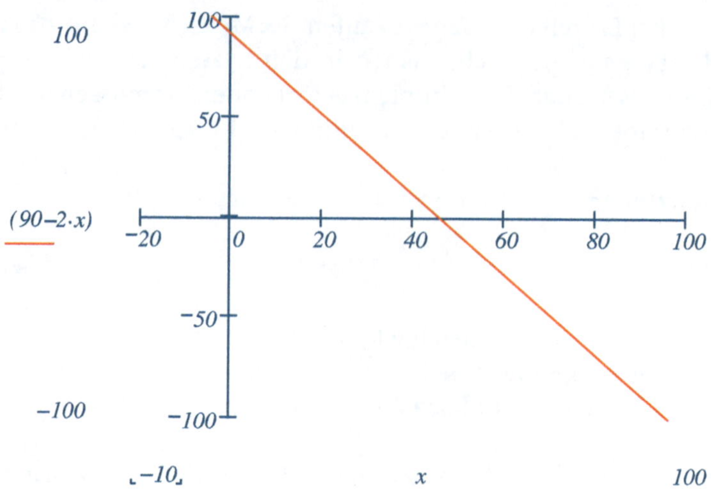

Alle (x,y)-Lösungen unter oder auf der Geraden erfüllen die Bedingung 2 x + y kleiner gleich 90, sie sind also volumenmäßig zulässig.

Jetzt zeichne ich zusätzlich die Geraden 3 x + 5 y = 375 und 1,5 x + y = 80 ein.

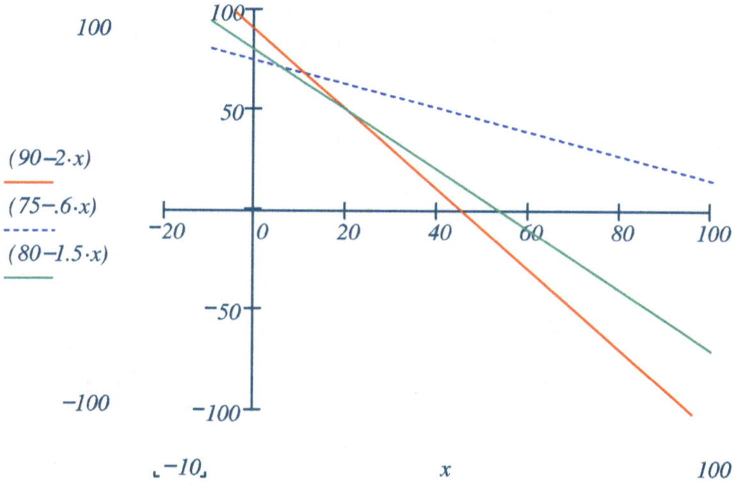

Alle Lösungen, die unter jeder der drei Geraden liegen oder drauf, erfüllen alle drei Bedingungen. Sie gehen auf den Wagen drauf und ich kann sie bezahlen. So, das wären die überhaupt möglichen Lösungen.

Nun müssen wir aus diesen Lösungen diejenige mit dem höchsten Profit auswählen. Dazu zeichne ich probehalber ein paar Geraden der Form 7 x + 5 y = 400, 450 und 500 in das Diagramm. Auf diesen Geraden ist der Profit gleich 400 Euro oder 450 Euro oder 500 Euro, das wäre schön, 500 Euro.“

Der Verkäufer sagt: „Nie! Nie 500 Euro! Wenn Sie 7 Euro an einer Flasche Cola verdienen, dann müssen Sie ja mindestens 70 Flaschen kaufen, die haben dann 140 Volumeneinheiten, wo nur 90 erlaubt sind. 500! So ein Quatsch!“

Der Mathematiker: „Sie raten wieder, mein Bester. Ich rechne das Beste aus. Sehen Sie die Geraden. Wenn Sie Recht haben, müsste ja die 500er-Gerade weit weg von den anderen sein. Hier, habe ich!“

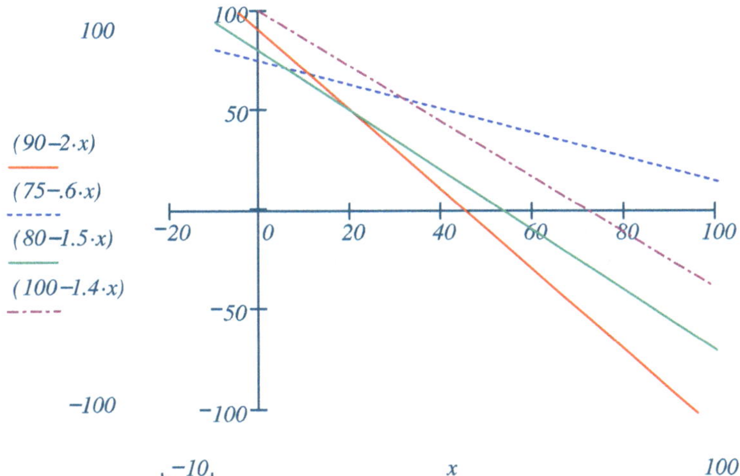

„Ich zeichne die Gerade lila in Punkt-Strich-Fom. Sie liegt auf jeden Fall über den anderen. Also erfüllt kein Punkt der neuen Geraden die gewünschte Bedingung, unter allen drei bisher eingezeichneten Geraden zu liegen. Daher ist ein Gewinn von 500 *unmöglich.*“

„Sage ich ja. Und zwar deutlich. Das hätte jeder Idiot gesehen.“

„Jeder Idiot *geraten!* An der Zeichnung aber *sieht* es jeder Idiot. Deshalb mache ich ja extra die Zeichnung. So, jetzt mache ich eine neue Zeichnung mit 400 Euro Profit. Das ist dann die Gerade 7x + 5 y = 400 oder y = 80 – 1.4 x. Aha.“

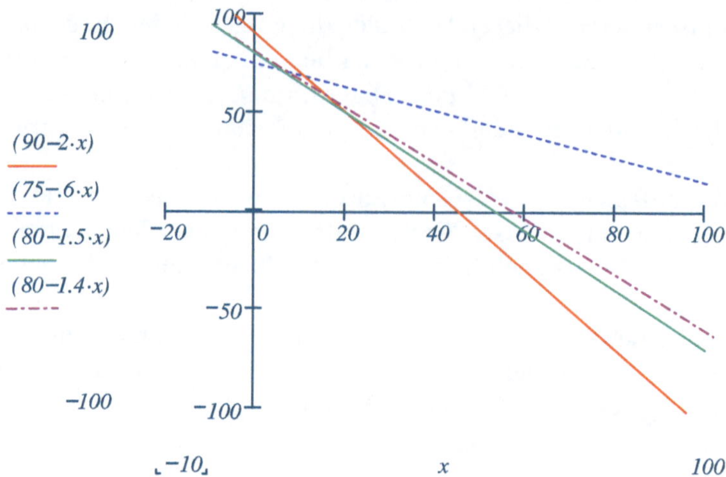

„Aha! Aha! Uiihh! Donnerwetter! Sehen Sie das? Die lila Punkt-Strich-Gerade für den Gewinn von 400 Euro liegt ein klitzeklitzekleines Stückchen über der grünen Geraden. Das heißt: 400 Euro Gewinn ist nicht möglich, aber wir kommen nahe dran! 400 Euro sollten fast erreichbar sein! Verstehen Sie! Wir sind ganz nahe dran!"

„Lieber Herr Professor der Mathematik. Ich hatte vorhin eine simple Lösung vorgeschlagen, die 397 Euro Profit bringt. Da hätten Sie sich die Rechnerei sparen können."

„Aber es hätte doch sein können, dass es auch Lösungen mit 450 Euro Profit gegeben hätte! Und dann? Jetzt aber sagt einfache Mathematik, es gibt keine Lösung mit 400 Euro Profit. Sie haben eine Lösung mit 397 geraten, pfui, aber immerhin, also ist die wahre Antwort dazwischen. Ich muss jetzt die Profitgerade gerade so nahe an die anderen drei Geraden bringen, dass es einen Schnittpunkt ergibt."

„Das sieht doch jeder Idiot, oder? Warum brauchen Sie dazu Mathematik, Sie Mathematiker? Schauen Sie einmal den Schnittpunkt zwischen der Pünktchen-Geraden und der grünen Geraden. Dieser Schnittpunkt liegt unter der roten Geraden. Er erfüllt also alle Bedingungen gleichzeitig. Er liegt auf oder unter allen drei Geraden. Gleichzeitig aber liegt er der Profitgeraden am nächsten. Also ist das das Optimum."

„Donnerwetter ja, wie haben Sie das gesehen?"

„Habe ich nicht gesehen. Nur geraten."

„Jetzt ist aber Schluss mit dem Raten, ich rechne einfach die x-y-Werte des von Ihnen genannten Schnittpunktes aus. Lassen Sie sehen. Jetzt! Ich habe es!"

Der Verkäufer, erleichtert: „Gut. Wie viel *kaufen* Sie jetzt?" – „Ich habe jetzt denjenigen Schnittpunkt der Geraden berechnet, der die optimale Lösung charakterisiert. So. Ich brauche 5,555 Flaschen Cola und 71,666 Flaschen Wein. Im Optimum ergibt das 397,222 Euro Profit." Schweigen. „Na gut, wir runden das ab. Ich kaufe 5 Flaschen Cola und 71 Flaschen Wein, das haben Sie ja wohl. Das ergibt 35 Euro Profit für die Cola und 355 Euro für den Wein, zusammen 390 Euro Profit." Der Verkäufer: „Sagen Sie einmal, Herr Mathematiker, könnte es nicht sein, dass ich sogar 6 Flaschen Cola vorschlug, wobei der Gewinn doch höher war? Nämlich 397 Euro? Na?" Betretenheit. „Ach ja, das ist mir peinlich, wir können ja eine Flaschenzahl abrunden und dafür die andere aufzurunden versuchen. Das haben Sie so gemacht. Stimmt."

Der Verkäufer: „Stimmt nicht. Ich habe weder gerundet noch gerechnet."

„Sie landen da einen Glückstreffer und plustern sich auf! Sie hätten genauso gut anders runden können, auf 5 Flaschen Cola und 72 Flaschen Wein. Das könnte ja auch gehen." Rechnet. „Das Gewicht ist dann okay, das Volumen auch, Geld, ja, das geht auch. Der Gewinn ist dafür 395 Euro." Der Verkäufer: „Also: Wie ich sagte, 6 und 71, nicht wahr?" – „Ja, gut, ja. Hören Sie auf, mich zu ärgern." Packt die Flaschen ein und bezahlt. Der Verkäufer: „Wozu rechnen Sie sich bei dieser Methode eigentlich halb verrückt und runden anschließend hin und her, wie es am besten passt? Was soll das? Da probieren Sie letztlich nur ein wenig genauer als ich. Oder? Haben Sie denn kein Verfahren, das einfach das Optimum ausgibt?" – „Die Methode funktioniert nur, wenn irgendwelche Zahlen herauskommen können, auch krumme. Wenn es aber *ganze* Zahlen sein müssen, wie bei Flaschen, geht das mathematisch nicht so einfach. Ich nehme dann trotzdem die Methode und runde anschließend so eine Zeit herum. Das geht gerade!"

„Geht gerade! Zehn Geraden zeichnen und dann wild und untauglich probieren! Vielleicht kaufen Sie doch je eine Flasche mehr und wir trinken so viel ab, dass es genau passt?" – „Oh, ja! Dann wäre es optimal und wir könnten etwas trinken." – „Gut, Sie nehmen die Colaflasche."

Der Verkäufer überlegt beim Weintrinken.

Er nimmt die Zeichnung mit der 500-Euro-Gewinngeraden. Er dreht sie so weit nach links herum, dass die lila gestrichelte Gewinngerade genau horizontal ist.

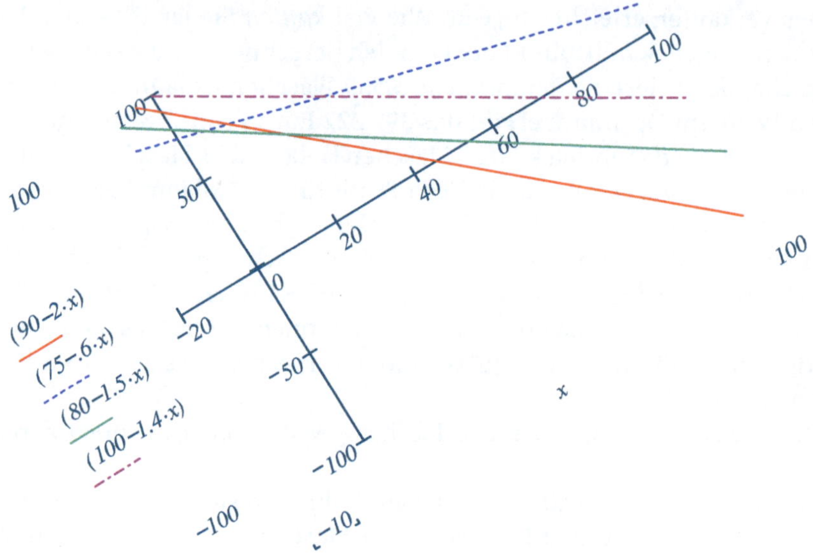

„Schauen Sie, was Sie gesagt haben, ist so: Wir senken diese lila Punkt-Strich-Gerade so lange, bis sie auf den Bereich der erlaubten Lösungen trifft. Runter, runter, runter, dann halt."

„Ja, genau, das ist das Prinzip der linearen Optimierung. Man schiebt die Gerade, an der der Gewinn gleich ist, so lange heran, bis man an den zulässigen Bereich kommt."

„Aber ich habe das Papier so gedreht, dass die Gerade parallel zur Erdoberfläche ist."

„Die Lösung ist dieselbe."

„Aber es bedeutet etwas, was mir wichtig ist. Wenn Sie es so herum gedreht sehen, macht der Mathematiker doch dasselbe wie jemand, der mit einem horizontalen Lineal nachmisst, wie groß ein Mensch ist, oder? Menschen misst man doch mit einem Lineal an der Wand? Ich stelle mir Ihre Methode so vor, nur dass man nicht Leute hat, sondern einen Bereich von zulässigen Lösungen, wo das Lineal schräg ist. So!"

„Tja, wenn Sie es verdreht sehen, ja dann ist es wie das Messen von Menschen, ja."

Der Verkäufer: „Wieso sehe *ich* es verdreht? Die *Mathematiker* sehen doch alles verdreht. Ich könnte mir vorstellen, dass die Studenten Mathematik ganz leicht lernen würden, wenn sie zum Erlernen nicht erst verdreht würde."

6. Ganzzahlige Optimierung

Der Verkäufer nimmt den letzten Schluck: „Sagen Sie, nur interessehalber: wenn ich von Ihnen nun verlangen würde, dass Sie die Cola nicht wie Mathematiker, sondern wie normale Menschen in Kästen zu 10 Flaschen kaufen? Den Wein dann in 12er Kartons?" – „Ach, das gibt mathematisch gesehen eine schöne Schweinerei. Das ist dann irre schwer zu berechnen. Die Mathematik ist einfach, wenn gebrochene Zahlen herauskommen dürfen. Sonst ist sie schwer."

Der Verkäufer: „Sie sagen also: Das, was ich mir als Depp noch als lineare Optimierung überlegen kann, ist gerade auch ungefähr der Horizont der Forschung?"

Der Mathematiker zuckt mit den Achseln. Er weiß: Ganzzahlige Optimierung ist so schwer wie das TSP. Das kann er einem Laien nicht erklären …

Der Mathematiker in der Geschichte hat Recht: Wenn ganze Zahlen herauskommen sollen, stehen wir vor einem schweren Problem, wenn wir ein echtes globales Optimum finden wollen. Stellen Sie sich dieselbe Aufgabe nicht mit Cola und Wein vor, sondern so ähnlich mit 50 Aktien. Sie sollen das Geld so in Aktien anlegen, dass Ihr Konto nicht überzogen ist, dass Aktien des Bankbereiches, des Technologiesektors etc. nur mit jeweils höchstens 15 Prozent im Depot enthalten sein dürfen. Sie schreiben das Problem wieder so wie oben in Ungleichungen hin und berechnen die optimale Lösung, dann kommt zum Beispiel folgendes heraus:

Kaufe 12,2 Unilever und 13,45 Philip Morris und 7,23 Siemens und 77,21 Nokia und 14,88 IBM und 102,76 Innodata und so weiter, insgesamt 50 verschiedene Aktienposten. Nun kann man an der Börse nur ganze Aktien kaufen. Wir versuchen also, wie oben im Beispiel zu runden. Alle aufrunden geht nicht; diese Lösung wäre unzulässig. Aber wir können alle abrunden. Oder Siemens und IBM aufrunden und den Rest abrunden. Oder, oder ... Bei jedem der 50 Aktienposten können wir entweder aufrunden oder abrunden. Das sind insgesamt 2 Möglichkeiten für Unilever, 2 für Philip Morris etc. Die gesamte Zahl der Rundungsmöglichkeiten ist 2^{50} (ca. 1 Billiarde), wovon nur eine (immer aufrunden) von vorneherein nicht geht. Und nun? Wir müssen prüfen, welche der Rundungsmöglichkeiten zu zulässigen Lösungen führen. Dann müssen wir die verbleibenden der Zielfunktion der „Höhe" nach vermessen und die beste heraussuchen. Schrecklich, nicht wahr? Und danach ist es überhaupt nicht gesagt, ob wir etwas Gutes erwischt haben. Wenn Sie noch länger nachdenken, wird es beliebig schwer.

Man glaubt heute, dass „die ganzzahlige Optimierung beliebig schwer ist". Um den richtigen Fachterminus zu benutzen: Das Problem der ganzzahligen Optimierung ist NP-vollständig. Insbesondere glaubt man (bewiesen ist es noch nicht), dass ein Computer exponentiell viele (ungeheuer viele, mehr als je Zeit ist oder sein wird) Rechenschritte zur Lösung braucht. Ich erkläre das im nächsten Abschnitt noch ein wenig genauer.

Leider sind sehr viele Optimierungsprobleme der Praxis ebenfalls NP-vollständig und damit „beliebig schwer": Rundreiseprobleme, Beladungsprobleme von LKW, Tourenplanung, Stundenplanoptimierung für Schulen, Bahnen, Flugzeuge oder Fließbänder, Optimierungen von Fernheizungsnetzen, Computerleitungen etc. Ich selbst habe immer Mühe, mir das vorzustellen. Ich male mir die Lösungslandschaften wie beim Messen von Milliarden Menschen aus oder ich stelle mir vor, ich sollte etwa die höchsten Punkte in dem „Lösungsgebirge" von Meereswellen oder Sanddünen suchen:

Es gibt hier sehr viele Hügel, die ordentlich hoch aussehen, aber das Problem, den *allerhöchsten* Hügel zu finden, ist ganz offenbar ungeheuer schwierig. Was sollen Sie da tun: *alle* Hügelspitzen messen? Eine Sisyphusarbeit, wie beim Runden der Aktienanteile. Im Aktienbeispiel sind die vielen durch Auf- und Abrunden entstehenden Lösungen auch gar nicht so unterschiedlich in der Zielfunktion (Rendite etwa), ich stelle mir daher die 2^{50} Rundungslösungen wie die Hügelpunkte auf endlosen Sanddünen vor, die alle fast gleich hoch sind.

7. Pragmatische Strategien zur Höhensuche

Die Menschen während der Flut wollten gar nicht den höchsten Punkt finden, wie wir sahen. Zuallererst wollten sie *überleben.* Im normalen Leben geht es in der Regel nicht um das exakte globale Optimum, sondern um sehr gute Lösungen. („Verschwenden Sie keine Zeit mit Rumpuzzeln, bis Sie etwas rausbekommen haben, ist die Firma tot!") Den höchsten Wellenkamm in einem stillstehenden Meer zu finden ist unendlich viel schwerer als einfach nur *einen anständig hohen* Wellenkamm zu finden, mit dem wir schließlich voll zufrieden sein könnten. In diesem Abschnitt wollen wir uns nun anschauen, wie gute Lösungen für Optimierungsprobleme gefunden werden können, wenn man nicht direkt darauf besteht, dass es die allerbeste Lösung sein muss. Wir suchen gute Daumenregeln oder so genannte Heuristiken, also vernünftige Vorgehensweisen.

Stellen Sie sich vor, Sie sind ein Theoretiker und möchten unter Annahme gleichmäßiger Regengeschwindigkeit das Ende der Welt abschätzen. Wie hoch sind die höchsten Berge? Gibt es bis dahin überhaupt noch Fluchtbahnen? Vielleicht führt der Weg über eine tiefe Ebene, für deren Durchschreiten so viel Zeit benötigt wird, dass die Sintflut Sie einholt? Ich mache es Ihnen leichter: Sie bekommen einen Apparat, in den Sie Erdkoordinaten eingeben können. Der Apparat sagt Ihnen die Meereshöhe oder die über dem Stand der Flut. Wie gehen wir vor? Welche Koordinaten geben wir ein?

Die Strategie HINAUF ist eine so genannte *gierige* Variante. Mit Hilfe des Apparates „gehen" wir immer bergan. Wir tippen immerzu Koordinaten von Erdpunkten ein, die in der Nähe der schon untersuchten liegen. Wir versuchen, immer höher zu kommen. Wenn es von dem bisher gefundenen höchsten Punkt keine noch höheren Punkte daneben gibt, haben wir einen Berghügelgipfel gefunden. Wir sind zufrieden und geben die Suche auf.

Fertig. Auf der Erde ist das eine völlig verrückte Strategie, das sehen Sie sicher gleich. *Auf der nächsten Hügelspitze schon aufgeben! Wer macht so etwas? Wer??* Persönlich glaube ich trotzdem, dass dieses Verfahren das meistgebrauchte ist. In unserem Leben versuchen wir doch eigentlich immer, alles *schrittweise* besser zu machen. Wenn es nach vielem Bessermachen nicht mehr besser geht, sagen wir: „Besser geht es nicht." Da verwechseln wir etwas, nicht wahr? Wir meinen: Von *hier aus* geht es in einem einzigen Schritt nicht besser, aber wir glauben eigentlich fälschlicherweise, es gehe *überhaupt* nicht mehr besser. Wer auf den nächsten Hügel gesprungen ist (durch fortwährendes Immerbessermachen), kann seinen Irrtum leicht erkennen, wenn er in die Ferne sieht: Dort sind noch mehr Hügelspitzen, viele sind darunter, die höher erscheinen. Im Leben sehen wir auf dem Hügel nicht in die Ferne, weil der Hügel bewaldet ist. Vor lauter Bäumen können wir daher das Bessere nicht wahrnehmen. Wir sind nach unserem Gefühl ganz oben.

VON HÜGEL ZU HÜGEL zu gehen ist sicher angebrachter. Wir kontrollieren die Güte unseres Fundes, indem wir Koordinaten von Punkten eingeben, die weiter weg sind. Von dort aus gehen wir wieder bergan bis auf die nächste Hügelspitze. Wir fangen gleich woanders an und versuchen so, eine Menge von Hügelspitzen zu erkunden. Diese Strategie klappt vielleicht besser, wenn wir den Apparat in die Tasche stecken und selbst zu Fuß loslaufen. Wir steigen auf einen Hügel, dort auf einen Baum, und schauen in die Ferne. Wenn dort höhere Hügel sind, gehen wir dorthin und machen so weiter. Wir brauchen für diese Strategie mehr Zeit oder viel mehr Messungen, aber der Aufwand wird sicherlich mit einem besseren Ergebnis belohnt, wenn Sie nicht zufällig gleich den höchsten Hügel weit und breit gefunden haben („Das habe ich gleich gewusst, dass hier die optimale Lösung liegt.").

Die Methode ZUFALL ist ebenso beliebt und einfach: Sie geben irgendwelche zufällig gewählten Koordinaten in den Apparat, messen damit die Höhe an dieser Stelle. Sie schreiben sich die Höhe nur dann auf, wenn Sie bisher noch keine bessere hatten. Sie notieren sich also nur immer den neu gefundenen Rekord. Sie hoffen dabei, irgendwann großes Glück zu haben und einen „Haupttreffer" zu landen.

Für Leute, die alle Zeit der Welt haben, bietet es sich an, einfach die Erde Schritt für Schritt systematisch auszumessen. Wenn Sie fertig sind, haben Sie die höchste Stelle mit Sicherheit gefunden. Wir nennen dies Verfahren TOTAL.

EXPERTENLÖSUNGEN benutzen mehr als die anderen Strategien den Verstand. Sie könnten am Meeresstrand entlang gehen und eine Flussmündung suchen. Die gehen Sie dann hinauf. Ist das gut? Manchmal vielleicht. Kommt auf den Fluss an. Ich könnte annehmen, dass hohe Stellen auf der Erde nicht wie Kirchturmspitzen aussehen. Sehr hohe Spitzen wären ja nicht stabil. Wir könnten überlegen, dass hohe Berge nur in großen und breiten Gebirgen zu finden sind. Wenn wir weitläufige Berglandschaften finden, sollten dort hohe Berge sein. Ich könnte physikalische Gegebenheiten der Erde untersuchen und feststellen, dass unsere Gravitation nur Berge bis 10.000 Meter hergibt. So haben wir wenigstens einen Anhaltspunkt, wie gut ein Berg ist, wenn ich einen gefunden habe. Es gibt dazu sehr viele und sehr gute mathematische so genannte „Abschätzungs"-Verfahren, und ich könnte viel berichten. Wie aber sagt ein Autor, der Sie hier nicht damit belasten will oder keine Lust hat, darüber zu schreiben, weil er sich nicht gut auskennt? „Es würde den Rahmen dieses schmalen Bändchens sprengen."

Wir haben uns schon seit dem Beginn des Buches mit der Sintflut befasst. Wir können diese Methode auch hier erörtern. Also: Sie laufen hier kreuz und quer auf der Erde herum, gehen aber nicht in das (immer weiter steigende) Wasser hinein. Wenn kein Punkt in Schrittweite mehr aus dem Wasser ragt, müssen Sie die Suche beenden und ertrinken.

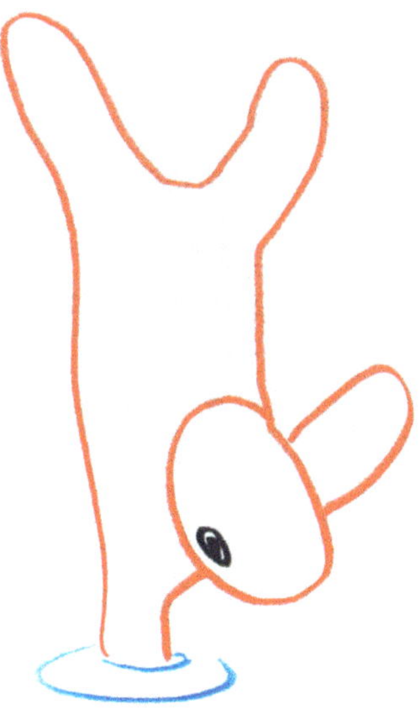

Dies ist das SINTFLUTVERFAHREN. Wir müssen noch die Richtung regeln, in die Sie gehen. Wir nehmen die Regel des Wanderers: Sie drehen sich mit geschlossenen Augen im Kreis; dann bleiben Sie irgendwann stehen und schlagen die Augen auf: Wohin Sie schauen, gehen Sie. Wenn Sie in eine Richtung schauen, in der nach einem Schritt schon Wasser steht, wiederholen Sie das Drehexperiment. So bewegen Sie sich über das verbliebene Land. Eine kurze Beschreibung wäre etwas lax gesprochen die: Sie laufen in wilder Panik hin und her, ohne Regel, ohne Richtung, Sie machen nur am Wasser kehrt.

8. Wir probieren TOTAL auf dem Computer

Welche Strategien sind die guten? Wir könnten das ja mit einem Computer nachprüfen. Wir bilden die ganze Erdkugel als Datensammlung im Computer ab und probieren es einfach aus?!

Ich stelle Ihnen einige Gedanken anhand des *Travelling Salesman Problem*, des TSP, vor. Es eignet sich einfach gut für Bücher, weil sich alles so gut anschauen lässt. Betrachten Sie also nochmals ein klassisches TSP:

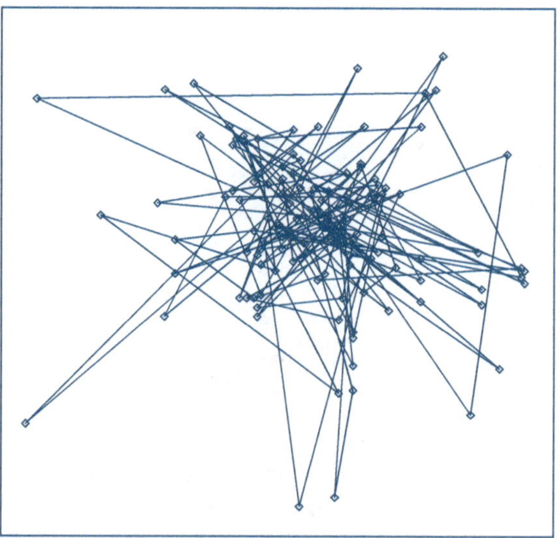

Erkennen Sie etwas? Nein, ich denke nicht, das können nur Insider. Die Punkte stellen die Erdkoordinaten aller 127 Biergärten bei Augsburg dar. Ein guter Bayer würfelt in jedem Lokal aus, wo er sein nächstes Weißbier schlucken möchte. Dann zieht er einmal überall herum.

Die Aufgabe bei diesem Problem besteht eigentlich darin, ohne jeden menschlichen Bierfaktor in einer möglichst kurzen Rundfahrt alle diese Lokale zu besuchen. Sie setzen sich also ins Auto, na, lieber aufs Fahrrad, nehmen eine Straßenkarte und planen die kürzeste Tour durch alle Punkte. Zum Schluss sollen Sie wieder an Ihrem Ausgangspunkt stehen. Das ist schon das ganze Problem. Bevor wir gute Rundtouren durch diese Biergärten erzeugen können, möchte ich Ihnen noch verdeutlichen, warum dieses Problem so berühmt ist und warum immer wieder darüber geschrieben wird.

Die Hauptfaszination an dieser Aufgabe rührt daher, dass sie so unendlich schwierig zu sein scheint und dass den Forschern keine wirklich befriedigende Lösung dazu einfallen will. Wie schon bei der ganzzahligen Optimierung gesagt: Die Wissenschaftler glauben heute allgemein (aus Frustration?), dass es keine vernünftig gute Lösung gibt. Mit einer „vernünftigen Lösung" meine ich ein Computerprogramm, das die Erdkoordinaten der verschiedenen Lokale aufnimmt und möglichst schnell, also bei einem guten Computer in null Komma nichts und im Handumdrehen eine allerkürzeste Rundtour (also ein globales Optimum) ausspuckt. Ich habe ja schon am Anfang des Buches erwähnt, dass die exakte Lösung des Deutschland-Dörfer-Problems Ihnen noch 2001 einen Platz in der wissenschaftlichen Hall of Fame gesichert hätte.

Wir brauchen aber solch ein Programm in der Wirtschaft absolut dringend. In der Produktionswelt geht es oft darum, viele verschiedene Arbeiten nacheinander auszuführen. Die Gesamtarbeitszeit ist je nach der gewählten Reihenfolge der Arbeitsschritte verschieden. Ich habe schon viele Beispiele gegeben. Man kann mathematisch beweisen, dass ein schnelles exakt lösendes Programm für die Handlungsreisendenaufgabe leicht in eines für die Produktion oder für Stundenplanung umzuändern ist. Wer also eine Lösung für das Travelling-Salesman-Problem besitzt, hat damit auch eine Lösung gefunden, die die besten Schulstundenpläne, Flugpläne, Müllabfuhrtouren oder die Abfall sparendsten Schnittmusterbögen errechnet. *Alle diese Probleme haben nämlich einen gemeinsamen Kern.* Wer *eines* dieser Probleme löst, etwa ein schnelles Programm für die ganzzahlige lineare Optimierung oder für das TSP findet, hat damit alle diese Probleme ebenfalls „im Sack". *Eine kurze und knappe Computerlösung für das TSP wäre für die Wirtschaft wie ein Ei des Kolumbus.*

Ich bekomme immer wieder Briefe, in denen mir der Schreiber versichert, nun das Programm gefunden zu haben, das die Antwort auf alle Fragen bietet. Meist wird darin die IBM gebeten, mehrere Millionen Euro bereitzustellen, um die Patentrechte an dieser sensationellen Erfindung erwerben zu können. Wenn die IBM nicht sofort Verhandlungen aufnehme, werde der Erfinder mit einer großen Firma S. aus München sprechen, die aber sicher auch schon so einen Brief hat. Leider ist bisher immer ein Fehler im Brief gewesen. Einmal hat ein Einsender geschrieben, er könne natürlich sein sensationelles Programm nicht zeigen (dann wüssten wir bei IBM ja alles) und die Idee nicht verraten. Er gebe uns aber die Koordinaten für ein großes TSP mit vielen Städten, für das heute noch keine kürzeste Tour bekannt sei. Für dieses Problem lege er eine Lösung und eine Zeichnung bei, die sein Programm errechnet habe. Wenn wir diese Lösung nachprüften, würden wir sehen, dass wir mit unseren Programmen Weicheier seien und dass wir sofort viele Millionen Euro ... etc. Wir haben die Koordinaten in unser Sintflutprogramm gesteckt, zwei Minuten rechnen lassen und hatten schon im ersten Versuch eine Rundtour berechnet, die 2 Prozent besser war als die des Einsenders! Das sagt natürlich nur etwas über den Einsender, aber wir fühlten uns an dem Tag wie Helden, auch, weil unser damaliger Chef schwerst beeindruckt war. Er musste sich im Antwortbrief nicht herausreden, sondern er konnte einmal so richtig auftrumpfen. Wir selbst sind aber nicht etwa schon mit unserem Programm Millionäre, aber im Wirtschaftsalltag hilft es ein ganzes Stück weiter. Und davon will ich Ihnen ja erzählen.

Also, jetzt ran an das TSP! Es ist jetzt wichtig, dass Sie sich diese Aufgabe im Zusammenhang mit den Suchstrategien auf der Erde vorstellen können. Beim TSP entspricht die Erdoberfläche der Menge der verschiedenen Rundtouren. Jede Rundtour bedeutet ein Punkt auf der „Erdoberfläche aller TSP-Rundtouren. Wenn wir eine Rundtour umändern, erzeugen wir aus einer Rundtour eine andere. Dies entspricht auf der Erde dem Sprung von einem Punkt zum andern. Dies soll jetzt präziser erklärt werden. Wir müssen uns in den nächsten paar Minuten zwei Dinge vorstellen können: die große Menge der verschiedenen möglichen Rundtouren und einen Schritt von einer Tour zu einer anderen.

In der folgenden Abbildung finden Sie die Punkte eines TSP.

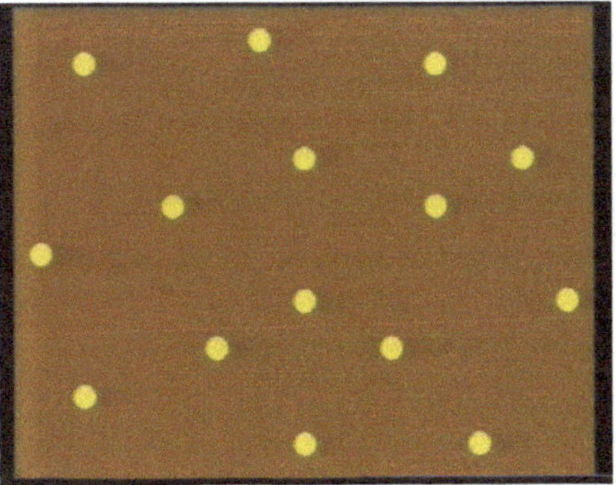

Wir betrachten eine Rundtour durch diese Städte, zum Beispiel:

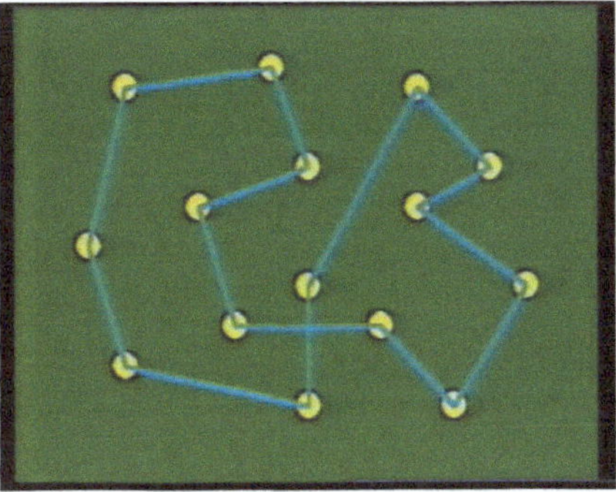

Wir wählen nun zwei verschiedene Kanten, wie der Mathematiker sagt, oder zwei Teilstücke der Tour aus. Etwa diese:

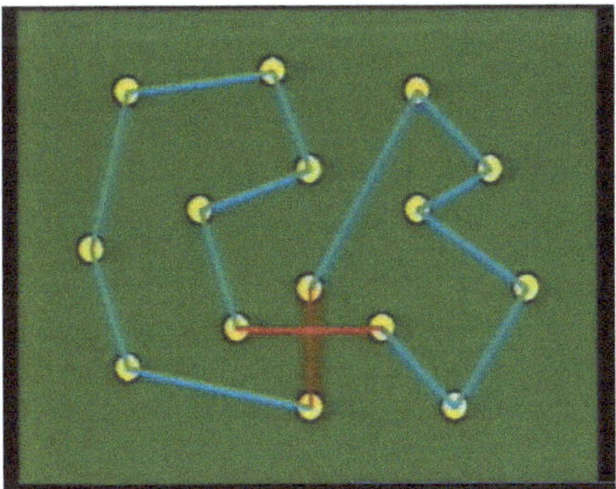

Diese Kanten streichen wir weg! Also:

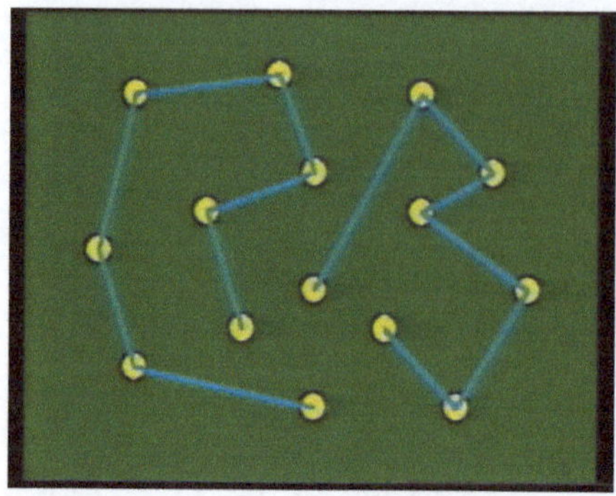

Jetzt vervollständigen wir dieses Fragment wieder zu einer Tour:

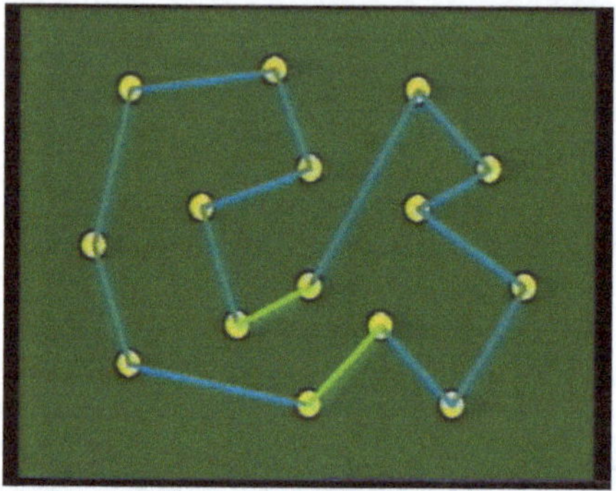

Jetzt haben wir eine neue Rundtour gewonnen. Sie ist sogar kürzer, weil keine Kreuzung drin ist. Vergleichen Sie bitte die Bilder? Es ist offenbar nicht bestmöglich, Kreuzungen in einer Rundfahrt zu haben. Wir haben die Tourlänge in diesem Schritt verbessert, also verkleinert. Beachten Sie bitte noch zusätzlich:

Wenn Sie eine Kreuzung herausnehmen (oder hinein), wenn Sie also eine Tour wie oben verändern, dann ändert sich der Durchlaufsinn eines Teils der Tour. Die Ausgangstour ist mehr wie eine liegende Acht, die neue Tour mehr kreisförmig. Gehen Sie bitte die beiden Rundtouren mit dem Finger nach. Sie sehen, dass durch eine Veränderung der Tour sich für einen Teil der Tour die Fahrtrichtung ändert! Wenn Sie die Fahrtrichtung ändern, bedeutet es, dass eine Stadt, die früher zuerst angefahren wurde, nun später drankommt. Das ist ein ganz schweres Problem, wenn wir nicht nur akademisch kürzeste Touren berechnen wollen, sondern zusätzlich noch irgendwelchen Kunden versprochen haben, „das Päckchen mit Sicherheit am Vormittag zu bringen". Merken Sie sich das für später?

Der oben beschriebene Veränderungsschritt stellt ein allgemeines Verfahren dar. Es heißt nach seinem Erfinder Lin das Lin-2-Opt-Verfahren. Es ist eine Regel, aus einer gegebenen Rundtour eine veränderte andere zu formen. Grob gesagt geht es so: „Man streiche zwei Kanten aus der Tour und setze sie neu (anders) wieder hinein." Also: Zwei Kanten auswählen!

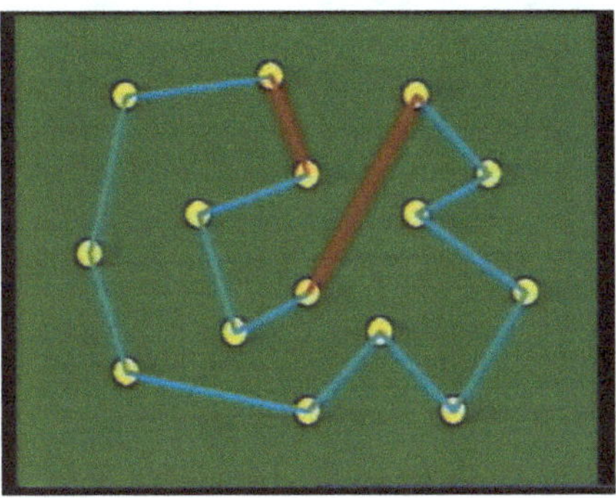

Dann streichen!

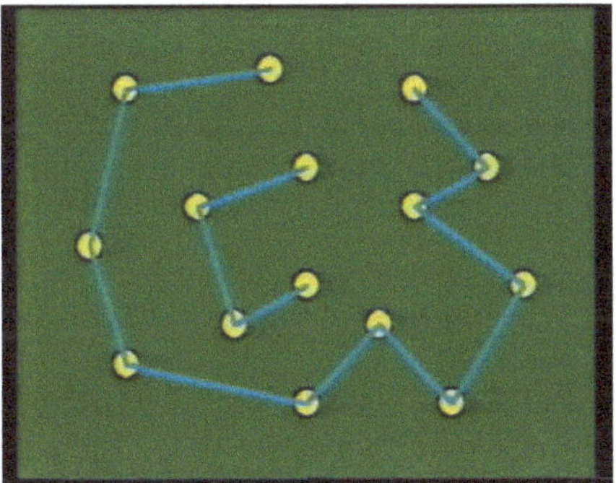

Dann neu verbinden!

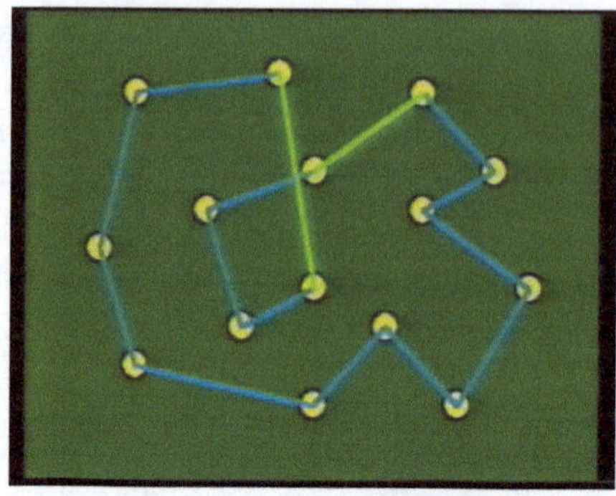

Nun ist leider die Tour länger geworden. Diese Lin-2-Opt-Veränderungen sind beim TSP genau die Schritte der Wanderer über die Erde.

Die Tour wird kürzer oder länger, je nachdem, welche Kanten Sie gestrichen haben. Wenn Sie sich wieder die ganze Welt aller Rundtouren wie eine „Erdoberfläche" vorstellen, dann wandern Sie in einem Lin-2-Opt-Schritt in der Höhe (Tourlänge) nach oben oder nach unten, je nachdem. Der Lin-2-Opt-Schritt ist also eine bestimmte, festgelegte Art, in dieser Welt der Rundtouren herumzuwandern.

Natürlich können Sie auch drei Kanten aus der Tour streichen und sie dann wieder gewunden zusammensetzen! Es gibt dann nicht nur eine einzige Möglichkeit, sondern mehrere. Es geht mit vier Kanten noch vielfältiger. Solche Schritte oder „moves", wie der Mathematiker sagt, sind „big moves" oder große Schritte. Die Mathematiker haben alle Programme mit allen möglichen Lin-15-Opts durchprobiert, um Rekordhalter beim TSP zu werden, das können Sie sich ja denken. Und wissen Sie was? Es bringt nicht so viel.

Der gute alte ehrliche einfache Lin-2-Opt ist richtig gut. Ganz generell sehen Sie bei den Algorithmen hier im Buch, dass sich ausufernde Intelligenz nicht wirklich auszahlt. Das gilt im übrigen Leben auch. Wenn Sie zum Beispiel genau nach Kants Philosophie leben wollen, brauchen Sie ja ein Jahrzehnt, um sie zu verstehen! Wenn Sie nur die Bergpredigt lesen, geht es fixer und Sie können gleich an die Umsetzung gehen, so dass Sie ein paar Jahre Vorsprung bekommen.

Wenn ich jetzt also vom Wandern in der Welt der Rundtouren spreche, meine ich, dass ich Lin-2-Opt-Schritt für Lin-2-Opt-Schritt in dieser Welt herumspaziere. Wenn durch einen Schritt die Tourgesamtlänge länger oder kürzer wird, so sagen wir, die Lösung ist schlechter oder besser geworden. Im Bergsteigerjargon: Es geht bergab oder bergauf.

Wie groß ist die Welt aller Rundtouren? Zum Beispiel bei 10 Städten? Die meisten Menschen haben das Gefühl, das seien gar nicht so viele. 10 Städte! „Das können wir doch durch Ausprobieren lösen!“, sagen wir ohne viel Nachdenken. Schauen wir einmal genauer hin. Ich habe 10 Möglichkeiten, mit meiner Tour zu beginnen. Wenn ich mich für eine dieser 10 Möglichkeiten entschieden habe, kann ich zwischen jeweils 9 noch nicht besuchten Städten eine aussuchen. Das macht insgesamt 10 mal 9 Möglichkeiten. Für die Auswahl der dritten Stadt, die ich besuchen will, habe ich in jedem der 90 Fälle 8 Möglichkeiten, dann jeweils 7 für die vierte Stadt usw. Die Anzahl der verschiedenen Touren ist demnach 10 mal 9 mal usw. mal 3 mal 2 mal 1. Die Mathematiker schreiben für dieses lange Produkt einfach 10! mit einem Ausrufezeichen. 10! spricht man so aus: „Zehn Fakultät.“ Wie facultas, facultatis, femininum, lateinisch, die Möglichkeit. 10! steht schon für eine stattliche Zahl, nämlich 3.628.800. Also sehen wir, dass selbst für so ein Miniproblem mit so wenigen Städten das Ausprobieren recht lange dauern wird. Wenn wir diese kleine Aufgabe einem Computer übergeben, sieht das anders aus. Drei Millionen Touren nachmessen, das geht mit einem Aldi-PC und ganz bestimmt mit meinem IBM Thinkpad in wenigen Sekunden. Alle ausprobieren und dann die kürzeste Tour ausspucken: Das ist das Programm TOTAL für den Computer.

Nehmen wir ein neues Beispiel: Ein Postbote soll des Morgens 71 Pakete ausfahren. Wie viele Touren gibt es? Wir wissen es schon: 71!. Nehmen Sie einen Taschenrechner zur Hand, auf dem ein „!“ eingegeben werden kann und tippen Sie 71!. Mein zehn Jahre alter Taschenrechner zeigt an: „ERROR“. Das bedeutet in diesem Fall, dass die von ihm verlangte Zahl größer ist als 10^{100}, und mehr kann er auf dem Display physikalisch nicht anzeigen. Wenn unser PC etwa 1 Sekunde braucht, um 1.000.000 Touren auszuprobieren und um sich die kürzeste zu merken, so braucht er für 10^{100} verschiedene Touren grob gesehen etwa 10^{100} geteilt durch 1 Million viele Sekunden, das sind also 10^{94} Sekunden. Die größte Zahl, die ich in der Schule gelernt habe, ist eine Dezillion, eine 1 mit 60 Nullen. Viel mehr als so viele Jahre rechnet ein Computer, wenn er partout TOTAL alles ausprobieren möchte. Da vielleicht die Computer alle drei Jahre etwa zehn Mal so schnell rechnen können wie vorher, so ist es viel schlauer, nicht etwa meinen jetzigen Computer 1 Dezillion Jahre rechnen zu lassen, sondern erst einmal zu warten. Alle drei Jahre zehn Mal schneller: Dann ist ein Computer in dreihundert Jahren genau 10^{100} mal schneller als ein heutiger. Dieser Computer braucht dann nur noch eine Sekunde für den Postboten! Gesamtzeit: Dreihundert Jahre plus eine Sekunde. Es gibt da eine kleine Geschichte von Stanislav Lem. Da wird ein allererstes intersolares Raumschiff erbaut, in dem sich Menschen schon in der x-ten Generation fortpflanzen oder tiefkühlen. Nach einer Flugdauer von etlichen Menschengenerationen wird es dann dauernd von Raumschiffen neuerer Bauart überholt wird. Das erste Raumschiff kommt an, wenn am Zielort die Planeten dicht besiedelt sind ... Und das alles können wir schon über ein Problem mit 71 Päckchen schreiben!

Verzeihen Sie kurz noch drei abschweifende Sätze: Ich habe schon Leute an Dissertationen arbeiten sehen, die vier Jahre Rechenzeit brauchten. Wenn diese Doktoranden doch einfach drei Jahre warten würden und sich auf die Bahamas legten! Dann kommen sie zurück und kaufen sich einen Billig-PC, stellen ihn an und sind viel schneller fertig! Zwischendurch könnte ja auch durch neuere Forschung ein schnelleres Programm gefunden werden?! (Das ist eine weltanschaulich schwer verdauliche Kost – ich weiß. Die Forschung gibt heute oft mit etwas an, was eigentlich durch Rechnergeschwindigkeit möglich wurde! „Ich konnte die Zahl Pi um eine Stelle genauer berechnen und muss in den Guinness!" Solche Leute haben oft nur neuere Computer.)

Schauen Sie auf die folgenden Punkte, an denen auf einer Leiterplatte Löcher gebohrt werden sollen.

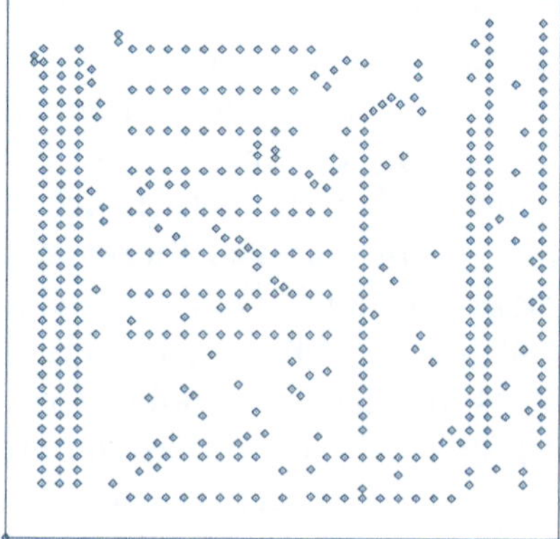

Das ist ein Optimierungsproblem für einen Handlungsreisenden aus der Praxis. Ein Bohrer soll viele Löcher in eine so genannte Leiterplatte hineinbohren. In Computerfabriken werden viele hundert bis tausend verschiedene solcher Leiterplatten gefertigt. Bei IBM brauchten wir damals (um 1990) tausende solcher Lösungen. Die gesamte Bohrzeit zerfällt grob in zwei Hälften: die Zeit für das eigentliche Bohren und die reine Fahrzeit des Bohrers von Loch zu Loch. Wer also den Bohrer so programmiert, dass er kurze Wege fährt, der spart sehr viel Zeit in der Gesamtproduktion und nutzt die Maschinen effizient. Das Verfahren TOTAL muss hier also insgesamt alle Rundwege durch 442 Löcher durchprüfen, das sind 442!. Wenn wir diese Zahl so einfach hinschreiben, hat sie über 1.000 Stellen:

109740011269607781772564966891782064101584677274068665361490 2
206295748196485389820107526374680827397299370189097195106389100
670695309470895037416110440392594202252045371528805995189989076
418453331738043504108764518422558000864376097009405983917516615
704380091549859483302290602727441046174386368058491377425003969
165944067581352541952954349664041008169604129438852431194170048
581642426519110865843202084566180001091199287891606755152177053
400783942243453589181278167715913896517343305647352627368494698
510075698005490044017100866473934536286481161189801045580169264
136038832387534545699145563453913304747347951288686840521606650
827934540661584139013227671661524547020333170710813575573930672
935231701120576329867561519091326291580578124869548071408450771
570481594519708884856524053954193722538399567140795020907496913
926996903028375935763623891356384708818768369239352934400000000
000000000000000000000000000000000000000000000000000000000000000
0000000000000000000000000000000000000

Dieses 442-Städte-Problem wurde 1984 von Martin Grötschel gestellt. Es war damals so schwierig, dass erst 1987 in einer eigens dafür geschriebenen Dissertation von Hans-Olaf Holland die exakt kürzeste Tour gefunden wurde. Mit dem Sintflutverfahren und einigen „Tricks" entdeckte Johannes Schneider 1994 noch etliche weitere Lösungen für dieses Problem, die anders aussehen, aber die gleiche kürzeste Länge haben. Das 442-Problem ist mein Lieblingsproblem, weil ich historisch im Jahre 1988 daran das Programmieren gelernt habe. Es kam dabei mein Sintflutalgorithmus heraus und erzielte bahnbrechend gute Resultate, so dass ich sehr schnell eine Optimierungsabteilung bei IBM gründete, um alle die anderen Probleme anzugehen und damit Kundengeschäft zu machen. Es war im Wesentlichen das einzige Programm, das ich geschrieben habe. Ich bin eben gleich Manager geworden. Johannes Schneider war irgendwann damals bei uns Werkstudent und konnte mir noch heute alle die Graphiken erzeugen, die Sie hier sehen. Heute habilitiert Johannes Schneider über solche Algorithmen wie diese hier. Natürlich über große Probleme, wie sie der Mathematiker oder besonders der Physiker liebt. (Schauen Sie sich ein paar im Internet an unter: http://www.math.princeton.edu/tsp/history.html. Dort finden Sie eine Pictorial History of the TSP.)

Als Kostprobe nur die schon früher erwähnte optimale Deutschlandtour:

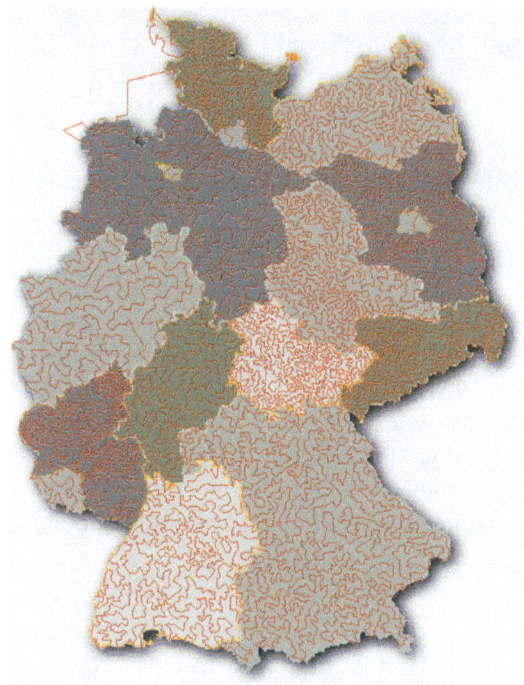

Wir werden also immer wieder in diesem Buch feststellen, dass Probleme, bei denen wir eine Reihenfolge festzulegen haben (etwa eine, in der wir arbeiten wollen), fast *unendlich* viele Möglichkeiten zulassen. Niemand, nicht einmal ein rasend schneller Computer, schafft es, alle Möglichkeiten anzuschauen. Die Strategie, *alles* zu durchsuchen, ist gerade noch für meine Frau beim Einkaufen von Möbeln denkbar, bei industriellen Entscheidungsproblemen und schon beim Postaustragen nicht mehr.

Was können wir tun, wenn wir dennoch das Beste wollen? Wir können mit etwas weniger zufrieden sein. Wir wollen uns anschauen, wie die anderen Strategien funktionieren, die wir oben als Ideen sahen. Diese Verfahren wollen vom Ansatz her gar nicht die genau beste Lösung finden, sondern nur etwas Hochvernünftiges und Gutes. Die Frage ist allerdings, ob die Vorgehensweisen, die wir uns oben überlegt haben, dazu führen.

9. ZUFALL auf dem Computer

Auf der Erde wollten wir einmal zufällig irgendwo mit dem Apparat die Höhe messen. Wir könnten doch einmal Glück haben und einen Volltreffer landen, das heißt einen hohen Berg treffen?!

Im Kontext des Travelling-Salesman-Problems entspricht einem hohen Berg eine Rundtour durch die gegebenen Städte, die sehr kurz ist. Zufällig irgendwo messen heißt hier: Wir wählen zufällig eine Rundtour heraus, eine aus dieser riesigen Menge von Rundtouren. Wir messen ihre Länge und hoffen, dass diese Länge kurz ist. Wie wählen wir zufällig eine Tour? Nehmen wir das Bohrlochproblem mit den 442 Löchern. Wir schreiben die Nummern 1, 2, 3, 4, ..., 441, 442 auf 442 Spielkarten. Dann mischen wir die Karten zufällig. Die nun erhaltene Reihenfolge fahren wir ab. Ich mache das jetzt einmal für Sie. Das Ergebnis sieht so aus:

731574.8

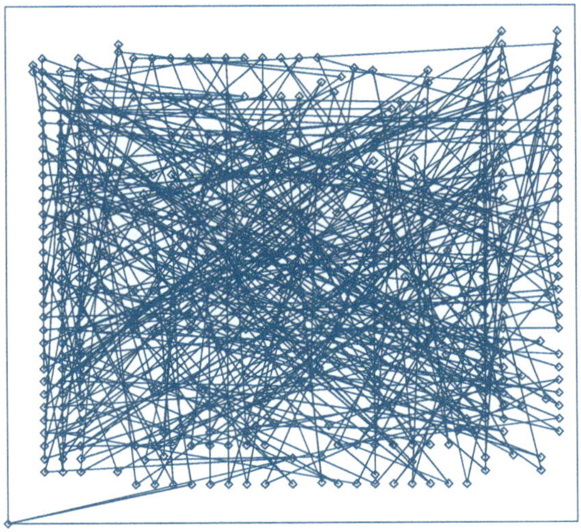

Das ist furchtbar schlecht, oder?

Über der Graphik steht die Länge dieser Tour: 731.574. Das Optimum liegt bei etwas über 50.000. Sie haben oben schon das Ergebnis mit den Biergärten gesehen. Das sieht genauso grauslich aus. Verstehen Sie? Es kommen bei großen Problemen und Zufallsauswahl nur schrecklich schlechte Lösungen heraus. Und Sie müssten jetzt fühlen, dass bei jeder ausgewürfelten Tour eben so scheußliche, über das ganze Bild kreuzende Kanten erzeugt werden. Um eine gute Tour beim Würfeln zu bekommen, müssten Sie praktisch ununterbrochen einen Haupttreffer ziehen, nämlich zu einer Stadt eine sehr eng in der Nähe liegende zu bekommen. Es sind 442 Städte, es mag so etwa zwanzig nächste Städte zu jeder Stadt geben, die „in der Umgebung" liegen. Wenn ich also eine Tour zufällig ziehe, Stadt für Stadt, dann kann eine richtig gute Tour nur herauskommen, wenn ich über 400 Mal immer eine nächste Stadt in der Nachbarschaft ziehe. Die Wahrscheinlichkeit, dass ich eine Stadt in der Nachbarschaft ziehe, bestimmt sich aus dem Verhältnis von 20 zu 442, was etwa 5 Prozent bedeutet. Eine gute Tour würde bedeuten: hunderte Male Treffer, die ungefähr 5 Prozent Wahrscheinlichkeit haben. Sie können das alles wieder mit dem Taschenrechner ausrechnen, aber der wird die Wahrscheinlichkeit auch nur einer ganz mäßigen Tour nicht anzeigen können, weil Taschenrechner nur bis 10^{-100} „können"!

Die Erkenntnis ist, dass zufällig gewählte Touren „immer" so aussehen wie diese beiden. Eine auch nur halbwegs ansprechende Rundtour findet man „nie". Es lässt sich nachrechnen, dass es im Durchschnitt fast genauso lange dauert, eine gute Tour zufällig zu finden, *wie alle auszuprobieren!!* Der relative Anteil der guten Touren an allen ist ganz *unvorstellbar klein.* Vielleicht leuchtet Ihnen ein anderes Beispiel besser ein: Sie schreiben die Namen aller Lehrer in der Schule auf Kärtchen, für jeden Lehrer so oft, wie er Stunden hat, etwa 24 (pro Woche). Dann mischen Sie alles durch und legen nacheinander die Kärtchen zu einem Schulstundenplan für das ganze große Gymnasium aus. Glauben Sie, dass sich daraus „irgendetwas" wie ein sinnvoller Stundenplan ergibt? „Niemals."

Auf der Erde mag man mit dem Messen noch einmal Glück haben, bei so schwierigen Problemen wie Arbeitsreihenfolgen ist das ganz ausgeschlossen.

10. HINAUF

Auf der Erde ist das Hinauflaufen nicht so gut. Betrachten wir das bei unserem Travelling-Salesman-Problem. Ich nehme einmal das Ergebnis vorweg: *Es ist viel besser, als Sie jetzt vielleicht denken.* Auf der Erde stoppt das Verfahren mit etwas Unglück schon dann, wenn Sie auf einem Maulwurfshügel stehen. Bei TSPs ist das anders. Zum Glück!

Zur Erklärung müssen wir uns eine Vorstellung machen, was das bedeutet: eine Hügel- oder Bergspitze im Raume der Rundtouren. Das ist eine Rundtour, die durch keinen Lin-2-Opt-Schritt besser gemacht werden kann. Um einen Lin-2-Opt-Schritt durchzuführen, streichen wir zwei Kanten in der Tour und setzen zwei neue ein. Bei dem 442-Löcher-Problem habe ich 442 Möglichkeiten, die erste Kante zu streichen, 439 Möglichkeiten, die zweite zu wählen. (Sie sollen ja die daneben *nicht* nehmen, also sind es nur 439 Möglichkeiten, nicht 441.) Ich will Sie hier nicht mit genauen Zählungen belasten, das Ergebnis ist: Es gibt etwa 100.000 verschiedene Lin-2-Opt-Schritte, die von einer einzigen Rundtour ausgehen. Wir können sagen, dass es von einer Rundtour aus im Raum aller Rundtouren etwa 100.000 *verschiedene Richtungen* gibt, in die man gehen kann. Eine Hügelspitze ist daher ein Punkt in diesem Raum, von dem aus die Touren in alle nur möglichen 100.000 Richtungen schlechter (also länger) werden. Sie sollten aus diesen Erwägungen heraus für Folgendes ein Gefühl bekommen: 1. Es ist ein abstrus unwahrscheinlicher Fall, dass es in alle 100.000 Richtungen plötzlich nur bergab gehen sollte. 2. Hügelspitzen sind selten. 3. Ein Aufstieg dauert seine Zeit. Es gibt einfach zu viele Richtungen, in die es bergauf gehen könnte.

Es kommt folgendes heraus: Rundtouren, die mit dem Verfahren HINAUF erzeugt werden, sind nur etwa 8 bis 15 Prozent schlechter als die allerkürzeste Rundtour. HINAUF bedeutet hier ganz genau: Sie erzeugen eine zufällige Rundtour und verbessern sie unentwegt durch Lin-2-Opt-Schritte, bis sie auf keine Weise mehr besser werden kann. In der Regel dauert das Verfahren wenige Male mehr als die Zahl aller möglichen Lin-2-Opt-Schritte. Bei dem 442-Problem müssen Sie etwa 400.000 Versuche einkalkulieren. Dann stoppt das Verfahren HINAUF, es geht nicht mehr weiter hoch!

11. Sintflut und Threshold Accepting (TA) und Simulated Annealing (SA)

Die Sintflutstrategie flieht dauernd vor dem Wasser, aber bei zufälliger Gangweise. Dies ist ein ganz wesentlicher Unterschied zur Strategie der Lemminge oder der 5-vor-12 Menschen etc. Diese schauen auf das Wasser und beziehen *relativ* zum derzeitigen Wasserspiegel oder *relativ* zu den anderen Menschen Position. Der Sintflutalgorithmus aber wählt die Laufrichtung für jeden Schritt zufällig, etwa durch Herumdrehen mit geschlossenen Augen wie in unserem Beispiel. Das bedeutet, dass der durch die Sintflut getriebene Computer zwar vor dem Wasser halt macht, aber sonst kreuz und quer durch das Land saust. Ganz hektisch, wie in Panik. Bergauf oder bergab – das ist völlig gleichgültig, Hauptsache nicht ins Wasser! Der wild hin und her streunende Computer achtet also überhaupt nicht auf die Höhe eines Punktes, er will nicht wissen, ob er nun hoch oder tief steht, ob der Punkt für lange Zeit sicher ist oder ob er gerade am Strand steht: Er läuft und läuft, aber nicht ins Wasser.

Das Problem mit dem Sintflutalgorithmus ist offenbar. Wenn der Sintflutalgorithmus in England startet, ist nicht viel zu erhoffen. Wenn es Landschaften mit sehr verschieden hohen Bergen oder Gebirgen gibt, wird der Sucher irgendwann einmal in einem dieser verschieden hohen Gebirge eingeschlossen bzw. von den anderen Gebirgen durch das steigende Wasser abgeschnitten. Wo er dann gerade ist, dort ereilt ihn das „Ende" durch Ertrinken.

Mehr oder weniger zufällig wird dem Sintflutwanderer also die Gnade eines hohen Gebirges zuteil oder nicht. Das Endergebnis ist entsprechend gut oder mager. Ein Sintflutalgorithmus mag schlecht sein, wenn die Gebirgshöhen sehr variieren.

Betrachten wir diese Verfahren im Computer, der auf diese Weise ein TSP lösen soll. Um das Ergebnis gleich vorwegzunehmen: *Der Sintflutalgorithmus findet ganz überraschend gute Lösungen!* Das ist hocherstaunlich, wenn man sich vorher in die geäußerten Zweifel hineindenkt. Ich habe schon so viele Vorträge darüber gehalten und jedes einzelne Mal, wirklich, werden Zweifel der Zuhörer an dieser Stelle laut. *Es kann gar nicht gehen!* Uns ist dieses Verfahren auch eher zufällig eingefallen. Bei einfachem Nachdenken hätte ich die Idee sicher als offensichtlich verrückt fallen gelassen.

Ich hatte zusammen mit Tobias Scheuer schon längere Zeit kompliziertere Verfahren erprobt. Wir haben dann die Verfahren auf unseren Maschinen durch langes Ausprobieren immer einfacher hinbekommen. Zum Schluss hatten wir experimentell eine einfache Regel erfunden, mit der sich prachtvoll optimieren ließ.

Die Regel funktionierte so: Wir wählten irgendeine positive Zahl T. Wir nannten sie den Threshold (die Schranke oder besser den Schwellenwert).

Dann befahlen wir dem Computer die *Threshold-Accepting*-Strategie (TA):

„Laufe ganz zufällig auf der Erde herum, aber du darfst niemals in einem Schritt um mehr als T Meter hinunter!“

Die meisten Menschen, die nach oben wollen, würden eine andere Regel vorziehen: „Versuche, in jedem Schritt mindestens um mehr als T nach oben zu kommen!“ Tja, so machen das gierige Menschen, die niemals über den Harz oder das Sauerland hinauskommen oder gar auf dem Komposthaufen vor dem Haus schon den höchsten Punkt ihrer Umwelt erreichen. Es ist doch klar, dass es auch einmal nach unten gehen muss! (Aber, bitte, erklären Sie das einem Manager oder einem Betriebswirtschaftler! Die werden sagen, dass sie nur mit Geld, aber nichts mit der Erde zu tun haben, wo es anders sein mag.) Nehmen wir als Threshold 10 Meter.

Laufen Sie los!

Sie sollen chaotisch hin und her laufen, aber niemals einen Schritt machen, bei dem Sie mehr als 10 Meter Höhe verlieren! So, jetzt laufen Sie.

Ich sehe Sie von hier hin und her hetzen. Bei jedem Schritt schauen Sie erst, ob es mehr als 10 Meter nach unten geht. Wusch, jetzt kommen Sie bei mir hier wieder vorbei und beklagen sich sofort:

„Gunter, es geht nirgendwo mehr als 10 Meter hinunter, diese Regel ist bescheuert." – Ich appelliere dann an Ihren langen Atem. Irgendwann kommen Sie ganz zufällig in den Alpen an. Hey, da kommt es vor, dass ein Schritt ziemlich tief führen könnte!

Ja, in den Gebirgen kommt das vor. Wenn Sie also dort zufällig herumlaufen, also mal hier, mal dort hin, dann ist so ein gewählter Schritt mit ein paar Prozent Wahrscheinlichkeit verboten, weil es mehr als 10 Meter nach unten geht. Deshalb gehen Sie jetzt nicht mehr ganz zufällig nach oben oder unten, sondern, so stellen Sie sich das bitte jetzt vor, mit 48 Prozent nach unten und mit 52 Prozent nach oben, weil jetzt öfter mal der Schritt nach unten verboten ist.

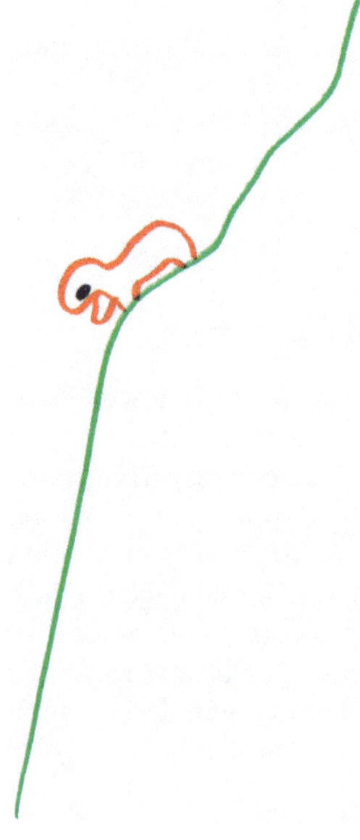

Sehen Sie, was jetzt passiert, wenn Sie tendenziell öfter nach oben als nach unten laufen?

Ja! Es bedeutet, dass Sie ganz langsam nach oben trudeln. Nicht sehr schnell, aber nachhaltig und dauerhaft. Das Gebirge zieht Sie wie ein schwacher Magnet langsam in seinen Bann. Fühlen Sie das? Das Gebirge lässt Sie nicht mehr so leicht los, wenn es rundum steil ist. Wenn es auf der Hinterseite falsch runtergeht, können Sie noch auskneifen, klar.

Das ist das Threshold-Accepting-Verfahren! Ein paar Zeilen Programm! Mit den 10 Metern geht es natürlich nicht endgültig gut. Sie finden mit der 10-Meter-Schranke zwar Gebirge, aber sie kommen nicht wirklich zur Spitze, wenn der Berg oben flacher ist, so wie ein Blumenkohl! Der Blumenkohl ist unten steil, aber oben drauf nicht!

Deshalb haben wir natürlich beim Laufen den Threshold ständig verkleinert: Lange gelaufen mit 10 Metern, bis es nicht mehr wirklich aufwärts ging, dann 9 Meter, dann 8 Meter und so weiter bis null. Wenn der Threshold null ist, darf man nur noch nach oben gehen! Dann laufen wir nach dem Algorithmus HINAUF. Und dann ist bald Schluss!

Dieses TA-Verfahren ist 1987 die eigentliche Erfindung von Tobias Scheuer und mir gewesen. Wir haben damit damals Forschungsweltrekorde erzielen können.

Zu Weihnachten 1988 war ich zu Hause bei meinen Eltern. Mein Vater wollte gerne wissen, was wir da so eigentlich machen. Ich hab' mein Bestes gegeben, die Feinheiten zu erklären, aber es sah nicht so gut aus, dass mein Vater diese genialen Gedanken wirklich würdigen konnte. Er ist Landwirt und nicht so mit Mathematik befasst, sondern mehr mit Sonne und Regen! Da hatte ich ganz plötzlich den Einfall mit der Sintflut: Wie es regnet und wie wir alle davonlaufen! Diese Version verstand mein Vater sofort, fand aber den Gedanken für einen Mathematikprofessor nicht so tiefsinnig. (Darf man Mathematik *gleich* verstehen? Auch schlecht, da steht man als Mathematiker wie im Regen.) Ich musste meinen Vater richtig beruhigen, dass ich einen geachteten Beruf habe.

Nach dem Feiertag am 6. Januar kamen wir bei IBM alle wieder zur Arbeit. Ich hatte beim Kaffee die Story von meinem Vater erzählt und dann sofort die Idee, dieses ganz einfache Sintflutverfahren schnell einmal zu programmieren und auszuprobieren. Das Programm: Einlesen der Daten (hatte ich). Einen Lin-2-Opt (hatte ich schon in der Maschine). Ich musste nur schauen, ob die Lösung zu schlecht ist bzw. unter Wasser liegt (eine Abfrage von einer Programmzeile) etc. Das Ganze war bis Mittag fertig. Es lief!! Das Sintflutprogramm lieferte sofort bei dem 442-Problem Lösungen, die etwa nur ein bis zwei Prozent vom Optimum entfernt waren! Wie gesagt, ich glaube nicht so richtig, dass ich ohne den Zufall mit meinem Vater jemals auf eine so verrückte Idee gekommen wäre. Nachdem das Programm so gut funktionierte, habe ich noch lange England oder Irland vor Augen gehabt: Warum funktioniert es überhaupt?

Tourenlandschaften wie eine Meeresoberfläche: Die Experimente erhärteten eine Erklärung, die ich schon in den Bildern oben verdeutlichen wollte. Wir haben unsere Rechner wochenendweise mit zweisekündigen Sintflutrechnungen beschäftigt und massenhaft Ergebnisdaten angeschaut. Bei dem 442-Problem kommen Ergebnisse heraus, die etwa 1,5 Prozent vom Optimum entfernt liegen, mal sind es nur 2 Promille, mal 3 Prozent. Mehr als 4 Prozent schlechter als das Optimum kommt so gut wie nie vor. Aus den vielen Ergebnissen kann ich nur den Schluss ziehen: *Die Gebirge im Raum der Rundtouren sind nicht sehr unterschiedlich hoch.* Wir haben darüber hinaus feststellen können, dass immer sehr verschiedene Touren herauskommen. Es gibt massenhaft verschiedene Touren, deren Länge nahe dem Optimum liegt. Ich denke, wir haben schon an die 2 Millionen von „Fast-Optimallösungen", die aber nicht völlig gleich aussehen, sondern immer noch etliche Unterschiede ausweisen. Es gibt also sogar viele Gebirge, deren höchste Gipfel die höchstmögliche Höhe haben. Experimentell konnten wir sehen: *Es gibt ungeheuer viele verschiedene sehr hohe Gebirge.* Ich stelle mir vor, dass im Raume der Rundtouren die Berge nicht so unregelmäßig wie auf der Erde verteilt sind. Sondern in diesen hochdimensionalen Räumen sind wahrscheinlich die Oberflächen so geformt wie die Wellen im Meer oder wie die feinen kleinen Sandwellen am Meeresstrand oder wie die Sanddünen in der Sahara. Dort sind viele, sehr viele Wellenberge, aber sie sind in etwa alle gleich hoch. Der Sintflutalgorithmus wird nach meiner Vorstellung auf so einen Berg getrieben, findet den Gipfel und hält schließlich wegen Überflutung an. Je nachdem, wo der Algorithmus im Meer ausgesetzt wird und wie er „sich zufällig dreht", also wie er umherläuft, findet er mal eine bessere, mal eine schlechtere Welle. Das Ergebnis ist dann ein halbes, ein, zwei oder drei Prozent vom Optimum weg, wie unsere Rechnungen ergaben. Der Sintflutalgorithmus erstaunt uns also zuerst, aber die Oberflächenstruktur der Alltagsprobleme ist nicht so wie die der Erde. Alltagsprobleme sind gutartiger.

Regen im Computer einstellen: Zuerst, als das Verfahren gerade programmiert war, habe ich mir lange Gedanken über die Geschwindigkeit gemacht, mit der es denn regnen solle. Wenn ich die Wasserschwelle ganz ganz langsam anhebe, dauert das Verfahren zum Bergsuchen natürlich sehr lange. Wenn ich den Regen nur so herunterplatschen lasse, also die Schwelle schnell anhebe, so muss der Computersucher praktisch vor dem Wasser hochspringen und das Verfahren ist fast dasselbe wie das Verfahren HINAUF. Die Wahrheit sollte wohl irgendwo in der Mitte liegen. Ich habe das lange ausprobiert. Die Wahrheit lag aber nicht so wirklich in der Mitte, sondern ich stellte mit immer längeren Tests und immer größerem Erstaunen fest, dass die Lösungsgüte (also die Kürze der erhaltenen 442-Tour über alle Löcher) *von der Regengeschwindigkeit kaum abhängt!* Ich hatte fast das Gefühl, man könne „irgendetwas" einstellen. Natürlich darf es nicht gar zu stark regnen, das würde wirklich schlecht ausgehen. Bei moderatem Regen gibt es gute Ergebnisse, deren Qualität aber bei noch schwächerem Regen nicht besser wird. Bei dem 442-Problem, das ich wochenlang probierte, reichen 2 bis 10 Sekunden auf einer Workstation für ein Ergebnis nahe (1 bis 2 Prozent) am Optimum. Wenn ich aber den Regen so langsam fallen lasse, dass der Rechner Stunden braucht, bis er nasse Füße bekommt? Ich war zuerst absolut euphorisch, bei solchen Superrechenzeiten noch viel näher an das Optimum zu kommen. Fehlanzeige. Die Ergebnisse waren genauso gut. *Nur* genauso gut! Was können wir daraus lernen? Die These von den vielen Wellen, die alle ziemlich gleich hoch sind, wird erneut gestützt. Der Algorithmus hüpft auf eine solche Welle hinauf, und es ist nicht so wichtig, wie viel Zeit er dafür bekommt.

Ich habe irgendwann, kurz nach ihrer Erfindung, „unsere" Algorithmen verschiedenen Physikern bei der IBM gezeigt, die sofort die Hände über den Kopf zusammenschlugen! Und ich hörte den Satz, den ein Wissenschaftler am meisten fürchtet. Er lautet:

„Das ist doch nicht neu!!"

Und ich erfuhr damals, dass es schon seit etwa zehn Jahren das so genannte Simulated Annealing gibt, mit dem also die ganze Welt schon lange Zeit erfolgreich experimentierte. Einer der Hauptvertreter des Simulated

Annealing, den wir eigentlich als den Erfinder des Verfahrens bezeichnen können, ist Scott Kirkpatrick, der mit seiner Gruppe einen richtigen Boom mit einem Artikel in der weit verbreiteten Zeitschrift Science ausgelöst hatte (S. Kirkpatrick, J. C. D. Gelatt and M. P. Vecchi, *Optimization by Simulated Annealing*, Science, 13, 220(4598), pp. 671–680, 1983).

Simulated Annealing (SA) beschreibt eine ähnliche Vorgehensweise wie der Sintflugalgorithmus. Bei SA wird der Threshold oder Schwellenwert, bei dem abgelehnt wird, bei jedem Schritt durch ein Zufallsexperiment neu gewählt. Das Zufallsexperiment ist so eingestellt, dass mit der Zeit die Schwelle immer weiter sinkt, bis sie langsam null erreicht. SA hat also keinen festen Threshold, sondern einen variablen. Der Threshold kann dadurch bei extremen Ausschlägen zum Beispiel auch mal wieder 10.000 Meter betragen, dann kann der Läufer sozusagen mit kleiner Wahrscheinlichkeit immer mal wieder aus kleinen Gebirgen entrinnen. SA ist so konstruiert worden, dass es möglichst immer das höchste Gebirge erreicht, wenn man nur beliebig lange rechnet. Hinter SA steht eine physikalische Vorstellung des Abkühlens. Physiker stellen sich das Optimieren nicht wie ich als Hügelsuche vor, sondern als physikalischen Prozess, der in einem Optimum eine Ruhe im Energiegleichgewicht findet. In einem physikalischen System springen Teilchen „unruhig" hin und her (das ist der Läufer bei mir im Modell). Die Teilchen werden immer ruhiger, wenn die Thresholds kleiner werden. Wenn Teilchen erst unruhig sind und dann ruhiger werden, dann stellt sich der Physiker Systeme vor, die erst warm sind (Teilchen hektisch) und dann abkühlen (Teilchen ruhiger) und schließlich fest erstarren (Teilchen bewegt sich nicht mehr, oder bei mir: Der Läufer stoppt.). Deshalb heißt das Optimierungsverfahren bei den Physikern „Simulierte Abkühlung" (SA).

Das TA-Verfahren sieht gegenüber dem älteren SA etwas plump aus. „Threshold wählen und los! Ob es nun das genau höchste Gebirge findet oder nicht – wen kümmert's!" Wir wollten ja nur gute Lösungen. Oder banaler: Ich wollte damals programmieren lernen, weil ich von der Hochschule zu IBM gewechselt war. Ich war zehn Jahre lang Forscher in der Nachrichtentechnik gewesen und hatte noch nie etwas mit Optimieren zu tun gehabt, so dass mir der TA sozusagen der erste vernünftige Gedanke in der Optimierung war. Ich hatte das TSP auch nur zum FORTRAN-Lernen benutzt.

„Das ist nicht neu!"

Das traf uns hart, aber nicht sehr unerwartet. Wir hatten ja „keine Ahnung". Und da ich auch, wie so viele Wissenschaftler, zu der Gattung „Besserwisser" gehöre, hat Tobias Scheuer das SA-Verfahren ebenfalls programmiert und wir haben die Algorithmen SA und TA in tagelangen Wettbewerben verglichen.

Ergebnis: TA ist am besten, SA kommt danach, Sintflut ist schwach schlechter. Wir schrieben also eine Arbeit, die im Titel im Wesentlichen behauptete: TA ist besser als SA. Das schlug ein, weil sich ja schon tausende Forscher mit SA befassten. Ich denke, man hat uns das bis heute allgemein nicht geglaubt. Wir waren damals unsicher. Ein Jahr später bekamen wir einen Brief von verschworenen SA-Anhängern und Buchautoren, dass bei TSPs TA wohl wirklich besser sei, aber sonst könne das wohl nicht sein.

Das war ein schöner Tag.

Es wurde später Mode, diese Algorithmen und noch andere zu vergleichen. Es gab viele Diplomarbeiten zum gleichen Thema, aber nie eine finale Aussage dazu.

Im Augenblick arbeiten Johannes Schneider und Scott Kirkpatrick (mein Ex-IBM-Kollege und der SA-Erfinder) an einem dicken Buch über heuristische Optimierungsalgorithmen, in dem alle verglichen werden. Das Buch wird wie dieses hier im Springer-Verlag erscheinen. Und darin wird stehen: TA ist besser als SA und diese sind etwas besser als Sintflut. Also, wenn Scott das unterschreibt ... dann bin ich froh! Richtig glücklich! Und dann denke ich gleich wieder, dass es ja egal ist, oder? So sind wir eben, wir Mathematiker.

Schauen wir uns noch eine Filmsequenz vom Optimierer an. Live auf dem Computer ist das wirklich spannend! Die Lösung flackert hin und her, wird besser und besser und steht! Rekord? Die Zahlen über den Bildern zeigen die Tourlänge an.

718821.7

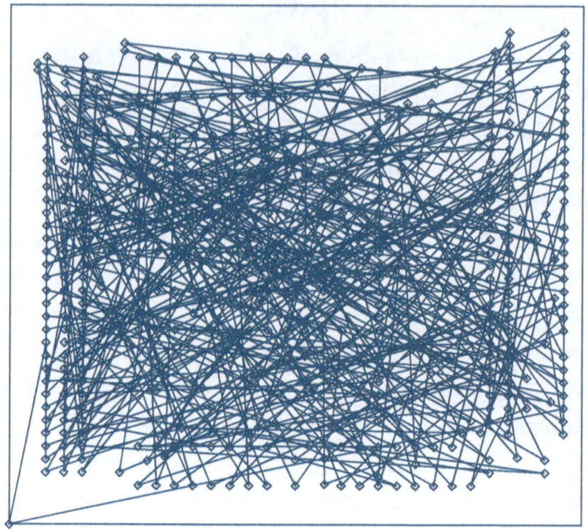

350535.3

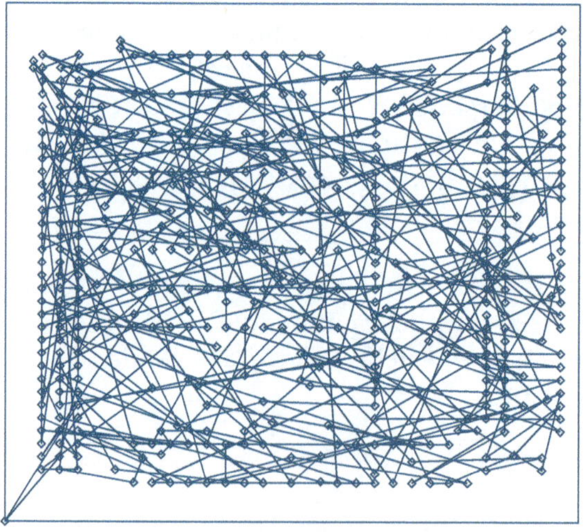

145862.9

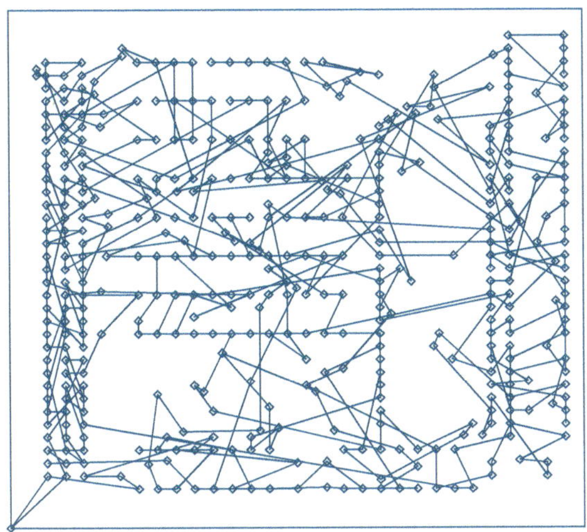

69287.11

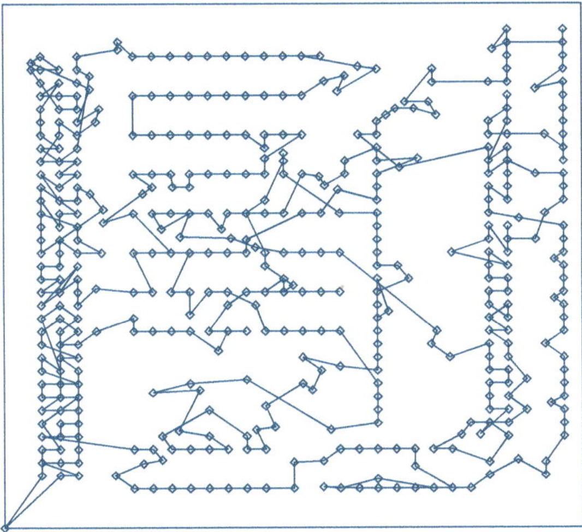

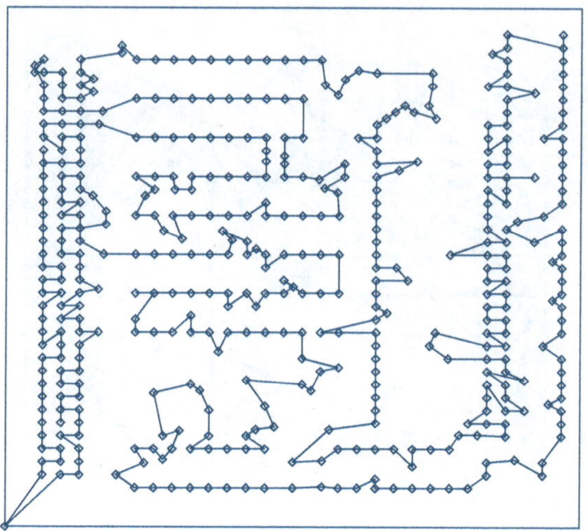
52705.39

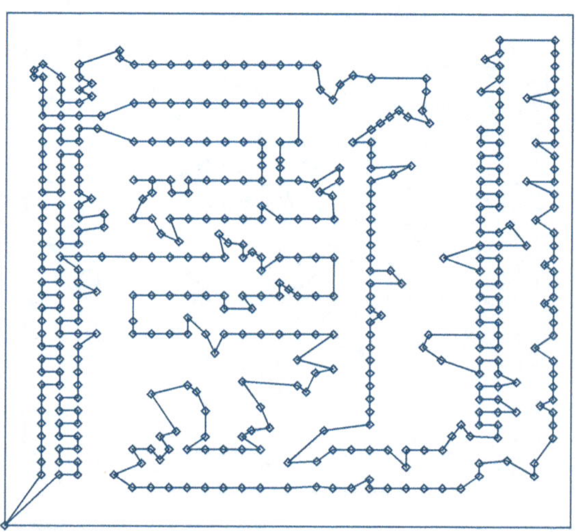
50918.89

50783.55

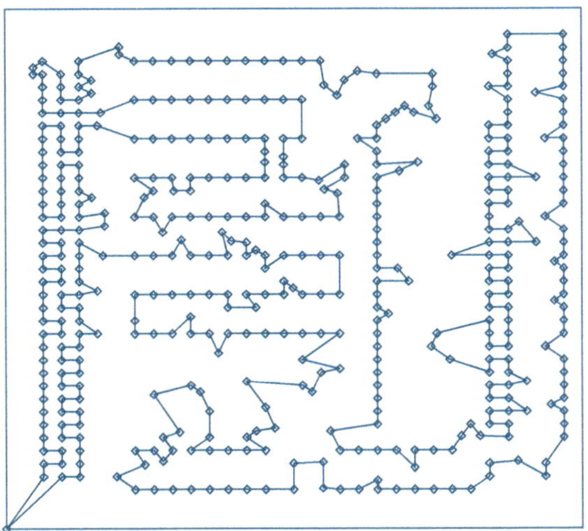

Das ist eine Sequenz, die einmal sogar glücklicherweise mit dem exakten Optimum endet. Das kommt ohne Tricks nicht so oft vor! Sehen Sie noch Unterschiede in den letzten beiden Bildern? Im vorletzten geht die Tour einmal hin und zurück, viel mehr kann ich an offenbar Schlechtem nicht erkennen.

Johannes Schneider hat, wie gesagt, eine Menge Touren erzeugt, die alle diese selbe Tourenlänge besitzen. Das sollte meine frühere Erklärung im Buch, dass es ungeheuer viele „fast optimale" Lösungen gibt, wieder unterstreichen.

So!

Wir haben in der Folge mit diesen Verfahren alle möglichen Probleme bearbeitet und fast immer Erfolg damit gehabt: Personaleinsatzpläne (wie Schulstundenpläne, aber für Supermarktmitarbeiter: Wer sitzt wann an der Kasse oder in der Leergutannahme?), Standortentscheidungen (Wo sollen die Lager hin oder wo die Schaltungen auf einem Chip?), Tourenpläne für Speditionen, Flugpläne, Konstruktionen von repräsentativen Stichproben für die Marktforschung usw. Sintflutalgorithmen erzielen hier Ergebnisse, die weit besser sind als solche, die Menschen durch Nachdenken erreichen können. Sehr oft ergeben sich Millioneneinsparungen durch eine solche Optimierung.

Es gibt allerdings auch einige Probleme, die sich nicht mit einem Sintflutverfahren lösen lassen: Das sind die so genannten *Golfplatzaufgaben:* Stellen Sie sich ein perfektes englisches Grün vor, also eine ganz ebene Grasfläche mit einem Loch in der Mitte. Der Computer wird mit einem Sintflutverfahren auf die Suche geschickt. Er soll die niedrigste Stelle in dieser Landschaft finden. Diese ist natürlich im Loch. Also: Der Computer geht Schritt für Schritt kreuz und quer auf dem Grün herum und misst die Höhe, also die Güte der Lösung. Da wir aber einen englischen Rasen haben, ist die Höhe überall genau gleich! Der Computer kann also mit der Zielfunktion nichts anfangen. Erst wenn er Glück hat und genau das Loch findet, weiß er Bescheid. In diesem Fall ist eine Suche also praktisch genauso gut wie der Algorithmus TOTAL. Man sucht und sucht, bis zufällig der Glückstreffer kommt. Mit einer Sintflut kann ich jetzt nicht bildlich kommen, da wir in diesem Beispiel ja den tiefsten Punkt suchen. Also ein neues Beispiel: Ein Maulwurf hat genau über dem Loch des Grüns einen Hügel gehäuft. Der Computer soll jetzt den höchsten Punkt suchen. Wir lassen es regnen. Der Computer irrt herum, es ist überall gleich hoch, das Wasser steigt unaufhörlich. In dem Augenblick, an dem der Wasserstand höher ist als die Höhe des Grüns, ist Schluss: Der Computer stoppt, wenn er nicht gerade schon den Hügel gefunden hat.

In der Technik gibt es einige „normal" aussehende Optimierungsprobleme, die in Wirklichkeit Golfplatzaufgaben sind. Zum Glück scheinen solche Aufgabenstellungen aber eher selten zu sein und vor allem in der betriebswirtschaftlichen Sphäre nicht vorzukommen.

IX

Über Entdecker, Erbauer und Manager

1. Fahnen, Papers, Glaube, Ruhm und Ehre

Die Flut stieg.

Unter dieser Drohung begannen viele Menschen, sich um die Welt als solche Gedanken zu machen.

Etliche Theoretiker dachten unaufhörlich nach, wie die Welt wohl „oben" aussähe. Sie quälten sich mit der Frage herum, wann die Welt stürbe.

Sie nannten sich Grundlagenforscher. Sie begegneten dem Vorwurf des unnützen Tuns zwischen Mahlzeiten und Mittagsschläfchen mit Unverständnis. Es sei für die Menschheit unerhört wichtig, ihre eigene Basis zu verstehen! Es reiche nicht, auf ein paar Anhöhen zu kraxeln, wie es einige praktische Personen physikalisch mit dem eigenen Körper täten. Grundlagendenken gehe über das bloße Physikalische hinaus! Es sinne ja nach, was jenseits des Physikalischen liege. Was sei die Existenz eines hohen vermessenen Berges gegen die Möglichkeit des kollektiven Endes in einigen Jahrhunderten? Nur sie würden die Grundlagen legen, durch die allein das Ende verstanden werden könne. Sie schufen den Ausdruck Metaware für das, was sie als Erkenntnisse gewannen. Das Praktische des Lebens bezeichneten sie mit Meterware – und das war verächtlich gemeint.

Viele Metaware-Entwickler dachten mit dem erklärten Ziel nach, rein argumentativ und logisch beweisen zu können, dass es unendlich hohe Berge geben würde. Wer dies beweisen könnte, hätte im selben Moment die ganze Welt gerettet, mit Pflanzen, Tieren und Menschen! Es gab nur wenige Menschen, die sich fähig fühlten, unendlich hohe Berge zu begründen. Diesen wenigen sah man die unermessliche Metaware-Klugheit unmittelbar an! Sie wirkten wie Priester der Höhe oder der Himmelsleiter. Da sie nicht recht vorankamen, begannen sie wenigstens, fest an unendliche Berge zu glauben. Sie bekämpften all jene, die darüber endliche Spitzen machten.

Die Praktischen dagegen suchten real existierende hohe Berge. Sie wollten die Welt kartografieren, damit sie Nutzen aus dem vollständigen Wissen ziehe. Am Ende werde die ganze Welt bekannt sein. Darüber waren sie sich ganz gewiss, obwohl sie schwer an der uneingestandenen Kränkung trugen, es könnte unendlich hohe Berge geben. Nein! Die Wissenschaft der Meterware werde siegen! Die Welt werde ganz sicher untergehen! Sie freuten sich schon über den Anblick der letzten Priester auf der letzten Spitze! Aber sie wussten, die Priester würden vor dem letzten Blubb noch triumphierend klagen, sie hätten leider nicht den höchsten Berg gefunden! Denn

es war ja klar, dass manche Berge, jedenfalls alle bekannten, nur endlich hoch waren. Das war ein Geblubber – noch lange, bevor es ernst werden konnte.

Die mehr praktischen Erkenntnistheoretiker gingen in die Wildnis, um die Berge zu entdecken.

Sie strebten zur Sonne und wollten das Paradies finden, ohne Nebel, ohne Nässe. Oft kamen sie wieder zu ihren Familien herunter und berichteten von hellem Land, von idyllischen Hügelspitzen im warmen Licht. „Das glauben wir nicht!", sagten meist die unten Wohnenden, die sich das Höhere nie recht vorzustellen vermochten.

Die Bergkundler zeigten ihnen Blütenblätter und Federn bunter Vögel, die aber unter dem wochenlangen Heimmarsch meist arg gelitten hatten. „Seht ihr, was ihr seht?", erbosten sich die Heimkehrer über das Desinteresse des niedrigen Volkes. Da erlaubte das Volk, dass die Entdecker eines Berges ihm auf der Karte der Welt einen Namen geben durften.

Seit dieser Zeit also trugen die Entdecker neue Namen in die Karte der Welt ein. Es zeigte sich, dass sie nun nicht mehr das Bedürfnis hatten, dem niedrig wohnenden Volk das Entdeckte mitzuteilen. Es stand ja auf der Karte der Welt! Seit also die Entdecker ihre Entdeckung publizieren konnten, mussten sie sie niemandem mehr erklären. Sie waren darüber sehr erleichtert und blieben seither mehr unter sich, um voreinander anzugeben. Während der Entdeckerarbeit aber blieben sie einsam. Denn wo Menschen waren, konnte ja kein neuer Landkarteneintrag gewonnen werden!

So sicherten die Entdecker immer den Fortbestand der Menschheit für die nächsten Jahre, während die Metaware-Entwickler noch immer auf die einmalige Entdeckung des Unendlichen hofften.

Die Menschen schätzten es hoch ein, dass zu ihrer Beruhigung so langsam eine Landkarte des Planeten entstand, die ihnen die Furcht nahm. Die Menschen hatten eine Einsicht mit der Ergebnisverliebtheit der professionellen Entdecker und erlaubten solchen, die ordentliche Berge entdeckt hatten, dass sie sich amtlich „Prof. Entdecker" nennen konnten. Es wurde Brauch, eine Fahne auf den Berg zu stecken und darauf den Namen des Berges zu schreiben. Dieser Name wurde mitsamt dem Berg in die Karte eingetragen und anschließend in einem Paper separat niedergelegt, zur Dokumentation. Die Prof. Entdecker dachten oft lange Zeit nach, wie sie ihren Bergen schöne Namen geben könnten, aber das war natürlich sehr schwer. Aus Verzweiflung gingen viele den einfachen Weg, Berge nach ihrem eigenen Namen zu benennen. „Prof. Entdecker G. Dueck-Berg" mochte auf der Karte stehen, und da die Berge oft nahe beieinander lagen, wurde es auf der Karte zu eng, so dass schließlich nur die Nachnamen eingetragen wurden. Da stritten die Prof. Entdecker, ob nicht sehr, sehr hohe Berge mit fetterer Schrift benannt werden sollten. Sie verlangten von der Allgemeinheit einen Fahnensold für die Entdeckertätigkeit für die Menschheit. Es gab schreckliche Geschichten von Bergsuchern, die beide mit ausgestreckter Fahne denselben Gipfel zu erstürmen suchten. Der Erste gewinnt alles! Manche einigten sich auf Doppelfahnen und gemeinsame Papers, und die Namen wurden sehr, sehr lang auf der Karte.

Dieser Streit war den anderen Menschen unverständlich, besonders denen, die lieber zu Hause eine Fahne hatten. Da kamen die Prof. Entdecker mit einer Entdeckung heim und erzählten inhaltlich von Glück und Sonne, aber sie standen anschließend vor der Kartenbibliothek und brüllten sich im Regen an! Denn mal wieder hatte jemand fremde Fahnen gegen eine eigene vertauscht und beanspruchte Berge für sich, auf denen schon Claims vergeben und abgesteckt waren! Skandal im Sperrbezirk – und keine rosigen Aussichten für Fahnenmeineidige.

Trotz alledem wurde es üblich, mit der Zahl der Papers schändlich anzugeben und die Höhe der entdeckten Berge zu übertreiben. Da sprach so mancher andere Mensch: „Wenn's lang genug regnet, finden wir die Hügel auch selbst! Kunststück, du bist frei und kannst den lieben langen Tag herumlaufen, während wir für die Abzahlung unseres Claims arbeiten!" – „Willst du nur wohnen oder irgendwann leben?", schrien andere, aber dieser Satz gehört wirklich anderswohin.

Prof. Entdecker wurden ungemein bewundert. Sie waren als Höherstehende geadelt, weil man wusste, dass sie immer sehr viel höher standen als fast alle anderen Menschen, außer, sie waren zu Hause. Dort waren sie unpraktisch, weil sie sich mit dem niedrigen Leben ja nicht auskannten.

2. In Nützlichkeitszustand gebracht

Die normalen Menschen hassten einsames Steineschleppen, weit weg von ihren Lieben, fort aus der Heimat. Da begannen einige der Menschen, gegen Bezahlung schon einmal Grundmauern oder gar Rohbauten in den Bergen zu fertigen. Wer dann später darin wohnen wollte, musste den Kauf eines Wohnpatentes tätigen oder eine Wohnlizenz nehmen. Ein Stück Berg, das von Steineschleppern „in Nützlichkeitszustand gebracht" worden war, trug ihnen nämlich ein solches Patentrecht ein. Diese Erbauer verdienten einen soliden Lebensunterhalt mit ihrem Patent. Sie erzählten aber auch stolz von ihren Taten, so und so viele Berge „i.N.g." zu haben, dass sie sich bald Ing. Erbauer nennen durften.

Die Prof. Entdecker schmähten die Ing. Erbauer, weil die Letzteren gutes Geld verdienten.

Die Ing. Erbauer fragten sich dagegen kopfschüttelnd, warum die Fahnen immer am obersten Gipfel gesetzt würden, dort, wo doch niemals jemand wohnen würde.

„Da ist kein Platz für ein Haus, auch nicht bei Sintflut! Wenn das Wasser vor dem Gipfel steht, muss doch ohnehin ein neues Gebirge aufgesucht werden! Man muss doch eh zeitig fliehen!", so argumentierten sie und hielten die Fahnensteckerei für eine recht theoretische, lebensfremde Sucht. „Die meisten Fahnen bekommt niemals jemand wieder zu Gesicht und in der Karte wird bald ohnehin dort MEER eingetragen!" – „Aber die Papers bleiben", freuten sich die Prof. Entdecker, „und wir können alte Karten aufheben, für die ewige Geschichte!"

Die Ing. Erbauer aber freuten sich, dass Menschen in ihren Grundmauern wohnten, auch wenn die Flut bald all diese Arbeit für immer zerstören würde. Sie arbeiteten erdgebunden an immer wieder neuen Generationen von Rohbauten, die stets weiter höher bergan entstanden.

Das niedrige Volk ehrte die Entdecker, weil diese ihnen Hoffnung gaben. Die Ing. Erbauer aber wurden eben nur „geschätzt" und *bezahlt!*

3. Nummer-1-AG

Die Ing.s bebauten also schöne Hochebenen und verdienten ihr Brot. Sie gingen oft von Baugeneration zu Baugeneration ihren Neuerungspfad bergan und kümmerten sich nicht sehr viel um die Fahnen links und rechts oben. (Manchmal war da sogar noch gar keine Fahne gesteckt und oft erwarb sich ein Ing. so nebenbei ein Paper!)

Wenn in manchen Monaten und Jahren der Regen nicht gar zu stark fiel oder wenn das Bergland ziemlich stark anstieg, dann mussten die Menschen nicht so entsetzlich schnell fliehen. Wenn allerdings das Gelände nur sanft anstieg, so mussten die Menschen auch bei schwächerem Regen hastig landeinwärts ziehen. So kam es, dass die Ing. Erbauer oft die Rohbauten nicht sofort an Menschen vermitteln konnten. Es wurde üblich, Besitzrechte auf die Rohbauten zu handeln, dies waren die sog. Shares oder Anteile. Menschen konnten Shares kaufen, ohne selbst in den Rohbau einziehen zu wollen. Sie taten es mit dem Hintergedanken, die Shares mit einem Gewinn weiterzuverkaufen.

Menschen, die sich mit Themen rund um die Shares hauptberuflich befassten, stellten ihrem Namen oft zur Berufsbezeichnung ein AG hintan („auf Geld"). Ein Mensch AG kaufte natürlich nicht einfach Shares von Rohbauten, sondern er musste sehen, dass der Rohbau im Wert stieg. Das war nicht leicht vorauszusehen und ein Unternehmer AG benötigte eine feine Nase dafür. Er musste ein Wagnis eingehen können. Die Ing.s liebten die AGs, weil sie ihnen die Risiken abnahmen. Sie verkauften Rohbauten einfach an die Menschen AG und die saßen dann auf den Shares und den Wagnissen. Die Unternehmer AG übernahmen die Risiken, weil sie dereinst viel Geld oder Verfügungsmacht haben wollten. Sie trugen das Risiko für diesen einen Traum, irgendwann die Nummer 1 AG zu sein.

So hatte jeder der Vorhutmenschen in den Bergen eine Funktion: Die Prof. Entdecker fanden denkbare Maximalziele. Die Ing. Erbauer realisierten deren machbar erscheinenden Teil. Die Unternehmer AG ermöglichten risikofreies Arbeiten der anderen.

Unternehmer AG wurden stark beneidet, wenn sie Geld machten. „Sie zocken uns ab!“ Wenn sie kein Geld machten, verhöhnte man sie als Versager der Berge.

X

Das Wesen einer Innovation

1. Naturpetersilie

In diesem Buch ist so viel vom Davonlaufen die Rede! Als ich klein war, fand ich zum Beispiel Petersilie zum Davonlaufen, wenn sie auf Salzkartoffeln lag. Ich setzte bei meiner auf Gesundheit bedachten Mutter durch, dass ich einen Teelöffel davon vor dem Essen schlucken durfte, worauf man erlaubte, dass ich mir nicht mehr das Mittagessen damit verderben musste. Ich war nämlich auf diese Weise schon vor dem Essen gesund. Jahrzehnte später wechselte auch meine Mutter selbst zu dieser Praxis. Wer wollte eigentlich die Petersilie? Mein Vater hatte einige Male in meinem Leben gesagt: „Schmeckt nicht, aber es ist gesund.“ Das ließ aufhorchen. Zurück zur Flut:

Wenn sie nicht gerade über ihre Fluchtbahnen nachdachten, so lebten die Menschen in schmucken Häusern und freuten sich des Lebens. Sonntags gab es das traditionelle Festessen aller Menschen, die Petersiliensuppe.

Die Menschen züchteten ihren Genussgrundstoff, die Petersilienpflanze, in Töpfen auf Fensterbänken, in Kübeln oder in Freilandbeeten. Es gab viele verschiedene Sorten, die jede ihre Anhänger hatten. Großmütterliche Rezepte und Zubereitungsgeheimnisse wurden herumgereicht. Profunde Kenntnisse in Petersilienkunde waren unerlässlich für einen gewissen gesellschaftlichen Status.

In der Zeit, von der ich berichte, wohnten die Menschen ein paar tausend Schritte unterhalb eines einzelnen kargen und felsigen Hügels, der unwirtlich war und keinerlei Ansiedlung nahe legte. Da in der Ferne sich ein Gebirge erhob, hatte auch noch niemand diesen Hügel als Claim registrieren lassen. Herrenlos lagen die Felsen oberhalb der Siedlungen. Wer dort hinspazieren wollte, musste überdies noch einige Bachläufe überspringen und durch Kiesbetten stolpern. Über Stock und Stein sah man nur jeden Sonntagmorgen einen alten Mann kraxeln. Nach einiger Zeit erfuhren die Menschen, was er dort tat: Er sammelte dort oben frei wachsende „Naturpetersilie“, wie sie der Alte stolz nannte. Er hatte den eigenen Anbau in seinem Garten völlig eingestellt. Über die Naturpetersilie gehe nichts und dabei sei sie völlig frei erhältlich, ohne jede Mühe und umständliche Zucht, ohne Kenntnisse über Anbauformen und Bodenbedingungen. „Es ist die optimale Lösung!“, freute er sich und war glücklich. Im Winter aß er keine Petersiliensuppe mehr, weil oben keine Naturpetersilie wuchs und weil er andere Suppe einfach nicht mehr essen wollte. Die anderen Menschen probierten auch einmal und stellten lediglich fest, dass die Naturpetersilie sehr streng schmeckte und sie der Suppe einen ungewohnt „aufdringlichen Charakter“ gab. Der Alte rechnete den anderen vor, wie billig seine Lösung sei. Die Menschen gaben zu bedenken, dass sein Wanderweg zum Pflücken vielfach größere Mühe bedeute als das Züchten im Garten. „Dafür schmeckt meine Suppe bestimmt 100 Prozent besser!“, rief der Alte entrüstet und redete unentwegt von seiner *optimalen* Lösung.

Lange Zeit sahen die Menschen belustigt zu, wie der Alte bei Wind und Wetter jeden Sonntagmorgen loszockelte, während sie noch in Schlafanzügen frühstückten. Nur wegen der Naturpetersilie! (Sie höhnten und sprachen Natuuuur mit Betonung auf dem uuuu.) Eines Tages hatte eine Familie Fremde zu Gast. Wie es zu der Idee kam? Es ist nicht mehr bekannt. Jedenfalls bat die Familie den Alten, ihnen ein kleines Sträußchen Naturpetersilie als lokale Spezialität mitzubringen. Das tat der gute Alte gern. Die Familie bewirtete den Fremden also des Sonntags mit einem besonderen zeremoniellen Gehabe, das ihnen passend zur völlig neuartigen Naturpetersilie schien. Der Fremde fühlte sich geehrt und lobte das Gericht über alle Maßen, obwohl ihm der Geschmack seltsam streng und etwas aufdringlich vorkam.

2. En vogue

Seit diesem Tag kamen des Öfteren Bittsteller zum Alten, die ihn darum baten, ihnen ein Sträußchen mitzubringen. Der Alte erfüllte freundlich alle Wünsche. Niemand aber wollte je selbst wegen so eines Sträußleins hinaufklettern. Der Alte tat es ja. Nach einiger Zeit nahmen die Wünsche zu, so dass es dem Alten beschwerlich wurde, so viel Naturpetersilie mitzubringen. Außerdem wollten die Menschen auch *unter der Woche* Naturpetersilie. Ob er einmal am Mittwoch hochkomme? Gelegentlich? Für einen Gast? Da nahm der Alte seinen Sohn mit, der sich zunächst sträubte, dann aber gerne mitkam, als ihm die Menschen etwas Geld für die Naturpetersilie zusteckten. Während der vielen Wege zur Petersilie räumte der Sohn die Steine beiseite, legte Bohlen über die Bäche. Ein besserer Weg entstand. Das Petersiliesuchen wurde langsam für beide bequemer, das Geschäft expandierte und wurde sehr einträglich. Bald ging die ganze Familie des Alten jeden Tag nach oben und pflückte, was sie tragen konnte. Naturpetersilie kam in Mode. Die Nachfrage stieg. Die gebotenen Preise stiegen. Die Familie des Alten baute den Weg nach oben so weit aus, dass sie Wagen nach oben ziehen konnte. Dies brachte für die Familie einen Geldsegen ohnegleichen. „Naturpetersilie ist die optimale Lösung", freute sich der Alte. Bisher hatten nur Sonderlinge, Hügelstürmer, Abenteurer und Weltenbummler die Naturpetersilie probiert.

Der echte Durchbruch kam, als die Naturpflanze bei den Individual-Lemmingen als „chic" zu gelten begann.

3. Das Naturpetersilien-Business

Nach einiger Zeit, als die Wege recht gut ausgebaut waren, zogen andere Menschen Wagen auf den Hügel und begannen, Naturpetersilie zu ernten und unten in der Siedlung zu verkaufen. Die Gründerfamilie war bitter erzürnt, dass die von ihr mit Blutschweiß ausgebauten Wege von anderen einfach so benutzt wurden. Es gab Klagen bei der Gemeinschaft. Es stellte sich heraus, dass jedermann Wege benutzen dürfte, die „nun einmal da seien". So argumentierten die nun in Scharen herbeiströmenden Unternehmer AG. Unter heftigen Streitigkeiten begann der Sturm auf den Hügel, die Naturpetersilienvorräte wurden bedenkenlos hingemordet, die Nachfrage aus allen umliegenden Siedlungen explodierte. Ing. Erbauer konstruierten Petersiliepflücksauger. Eine Businesswelle schwappte über den Hügel. Die Abenteurer und Hügelstürmer, die als Erste den fabelhaften Geschmack erkannt hatten, kamen nun als Erste zum Pflücken. Und wie!

Da die Naturpetersilie offenbar bald zur Neige gehen musste, ließen Unternehmer AG eine große Plantage in die Ebene bauen, in der sie Naturpetersilie unter allerstrengsten Naturbedingungen züchten ließen. Sie setzten in Reih und Glied kleine normierte Felsenstücke auf das Land und pflanzten die Naturpetersilie an. Die Gewinnspannen waren sehr auskömmlich. Die verschiedenen Anbieter stritten unaufhörlich über die Geschmacksfrage. Wilde Hügelpetersilie sei doch die wahrhaft echte! Plantagenpetersilie könne doch nur so gut wie die in den Hauskübeln sein! So sagten die Freisammler. Hügelware sei sehr unterschiedlich in der Qualität und leide unter dem geschmackschädigenden Holpertransport! So sagte der Pressesprecher der Plantage. Allein die Plantage garantiere der Petersilie eine voll biologische Aufzucht und schütze sie zärtlich gegen alle Unbill durch Insekten und Krankheiten.

Die Menschen aber beteiligten sich wenig an diesen Streitigkeiten, züchteten weiterhin ihre Petersilie zu Hause und kauften immer ein wenig öfter die Nobelnaturware, wenn sie sich das leisten konnten oder wollten.

4. Der Bergnaturpetersilientrust

Die Unternehmer AG aber hatte das Petersilienfieber erfasst. Sie registrierten eine große Fläche von Claims in den ferneren Gebirgen und arbeiteten an riesigen Gebirgspetersilienpflanzungen. Das Unternehmen erforderte viele Mitarbeiter, die, ohne dass die Flut es direkt erzwungen hätte, in das Gebirge zogen und bauen halfen. Es entstanden gigantische Anlagen, die Bergnaturpetersilie zum Spottpreis und in ungekannt gleich bleibender Qualität liefern konnten. „Goldsilie" wurde der Suppenschlager für die Menschen, ein Jahrhundertprodukt! Goldsilie war so gut und preiswert, dass die Menschen die eigene Züchtung aufgaben. Goldsilie wurde Sonntagspflicht. Goldsilie bewirkte, dass etliche Familien den Arbeitern vom Trust nachzogen, um im Gebirge zu wohnen und Goldsilie direkt vor der Haustür zu haben. Sie hatten dort Arbeit und Verdienst und alle Goldsilie immer frisch. Die Claimpreise um die Pflanzungen stiegen. Das Wohnen wurde dort schließlich unermesslich teuer, als sich die Individual-Lemminge für Umzüge in das Goldsilien-Gebirge zu interessieren begannen.

5. Was ist für Kunden optimal?

In der realen Welt ist es oft nicht leicht zu sagen, was eigentlich besser oder am besten ist. Ich könnte jetzt fast aus dem Stand ein eigenes Buch über das Thema schreiben: „Mein Kind, wir als deine Eltern wissen am allerbesten, was für dich am allerbesten ist." Anscheinend wissen nur manche Menschen, was das Beste ist. Manche wissen es gar nicht. Andere ändern ihre

Meinung fast ständig. Politiker wissen zum Beispiel, was das Beste für das Volk ist. Das sagen sie dem Volk im Fernsehen. Wenn das Volk nicht zustimmt, sagen die Politiker am besten ein paar Tage lang gar nichts weiter, weil sie ja jetzt überlegen müssen, was das Beste für sie selbst sein mag.

Wenn ich in meinem Leben zurückdenke, fallen mir viele Neuerungen wie Goldsilie ein, die sich nur sehr zäh oder gar nicht oder ganz plötzlich durchgesetzt haben.

Pizza zum Beispiel war wie eine Art Naturpetersilie, nicht wahr? Die Italiener aßen Pizza in rechteckigen Stücken vom Blech als Zwischenmahlzeit, wie man sagte, als es das Wort Snack noch nicht gab. „Eine Art warmes Wurstbrot mit Käse, also mit mehr als einem Belag", erklärte mir als Kind mein Vater, der es allerdings nur theoretisch wusste, bis er in hohem Alter eine selbst gebackene Pizza bei uns essen musste.

Seitdem ist die Pizza hochkultiviert worden und dann als Massenprodukt in Tiefkühltruhen verschwunden. Wir müssen jetzt Pizza nicht mehr selbst backen!

Wir stritten uns in meiner Kindheit, ob man mit Körben durch Läden wandern müsste, um *selbst* einzukaufen! „Da macht es sich der Herr Kaufmann aber sehr leicht! Statt uns zu bedienen, lässt er uns jetzt alle Arbeit allein machen! Dafür soll es angeblich billiger sein! Wie soll ich das wissen, wo ich mir die Preise nie gemerkt habe? Ich kaufe Mehl, Zucker und Salzheringe und bezahle, was es kostet. Es hat immer so viel gekostet. Und nun soll alles anders werden? Was anders wird, sehe ich: Ich soll selbst arbeiten."

„Da gibt es einen Laden, in dem es wirklich billiger sein soll. Sie haben mir den Zettel gezeigt. Es war um die Hälfte billiger. Der Laden heißt Aldi. Wir sind unauffällig hingeschlichen und haben im Vorübergehen, ganz zufällig, einen Blick rein geworfen. Das haben wir ein paar Mal gemacht, bis es dann jedem, der uns eventuell beobachtet hat, auffallen musste. Sie haben alles noch nicht ausgepackt. Alles steht in Kisten da, man muss es sich rausnehmen und wegschleppen. Es soll deshalb billiger sein. Aber gleich die Hälfte? Kann das sein? Unser Kaufmann hat uns verraten, dass es schlechte Qualität ist, sonst könnte es nicht mit rechten Dingen zugehen. Sie locken unwissende Kunden oder wahrscheinlich arme Schlucker in den Laden und drehen ihnen was an. Ich geh' da nicht freiwillig rein. Was ich gesehen habe, habe ich gesehen!" – Derselbe Mensch heute, wenn er noch lebt: „Ich sehe überhaupt nicht ein, warum ich woanders mehr zahlen soll. Aldi ist vom Preis und der Qualität her eine Art Referenzgeschäft für mich. Überhaupt parken dort sehr viele Leute mit einem Mercedes, weil sie wissen, dass sie dort so viel sparen können, dass so ein Auto drin ist. Ich selbst fahre einen Astra, aber sie können mir deshalb nicht verbieten, auch im Aldi einzukaufen. Das tut Aldi auch nicht, jedenfalls schaut mich keiner scheel an, wenn ich nicht den ganzen Wagen bis oben hin voll kaufe. Sie wissen ja alle, dass in den Astra nicht so viel hineingeht."

Noch 1980 oder später hätte man gesagt: „Wenn ich als Kunde in die Hauptverwaltung dieser Firma komme, bin ich ganz umschmeichelt von all der Pracht. Ich fühle mich geehrt und herausgehoben. Ich werde bewirtet, man kümmert sich um mich persönlich." Derselbe Kunde heute: „Sie haben noch immer diesen Prachtbau. Immer, wenn ich ihn betrete, quält mich der Gedanke, dass ich ihn selbst bezahle. Alle diese Leute, die sich so schmeichlerisch um mich bemühen und mich bedrängen, mir behilflich zu sein, alle diese bezahle ich, ohne sie bestellt zu haben." (Was ist also zu optimieren?)

Na ja, und bei der Petersilie ist Ihnen sicher auch die ganze Bio-Problematik ins Auge gesprungen. Wurmstichige Äpfel will ja keiner mehr, sie müssen mit Lack eingerieben werden, damit sie glänzen! Dann, mit der Biowelle, ändern wir wieder die Geschmacksrichtung: „Schau mal, die Eier haben noch Federn und Kot dran, wie echt sie wirken!" – „Der Bauer erzählte mir, dass sie Feder-Kot-Gemisch billig aus Laos importieren und über Batterieeier kippen. Sie werfen auch die Äpfel beim Verladen aus ziemlicher Höhe runter, damit sie Fallstellen bekommen. Alles sieht dann wie Bio aus." – „Du, das ist ja grauslich! Stimmt das?" – „War ein Witz, aber er könnte stimmen, nicht wahr?" – „Huuh, ich will das gar nicht hören. Ich mag nun mal Fallobst zum doppelten Preis lieber. Magst du noch etwas Brennnesselsud nachgeschenkt?" – „Ich weiß nicht so recht – ich denke oft, wenn man so lebt, müsste man ja auch bald als Mensch natürlich aussehen, Bio, meine ich …

Was also ist für Kunden besser? Bildtelefon? UMTS?

Haben Sie beim Lesen gemerkt, dass die Selbstbedienungsproblematik uns gerade wieder betrifft? („Buchen Sie Ihre Flüge direkt im Internet und Sie bekommen dafür in der Economy eine kostenfreie Jagdwurstsemmel, wie sie sonst nur privilegierte Fluggäste der Business Class genießen. Enthält Phosphat, und Farbstoff E ist drin.")

Der Weg von so genannten Innovationen ist sehr schwer vorherzusagen. Was kauft die Menschheit und was nicht? Warum geizen Menschen bei Mehl und Benzin? Warum hassen sie Billigautos oder Zweckeigenheime, die nicht ein lebenslanges Abzahlen abfordern? Bei Projekten, die mit der Einführung neuer Technologien zu tun haben, heißt es oft bedauernd: „Die Akzeptanz für das Neue war einfach nicht da. Wir haben hart gearbeitet, aber wir stießen immerfort auf Widerstände. Wir verstehen nicht, warum sie nicht optimieren wollen. Es hätte so viel Geld gespart. Aber alles scheitert, weil sie ein paar liebe Gewohnheiten aufgeben und ein paar Geschmacksnerven umstellen sollen. Sie taten es nicht."

XI

Der große Wurf – die Grundsatzentscheidung

1. Wohin, wenn Wege sich gabeln?

Nach vielen Jahren des Regens siedelten die meisten der Menschen auf einer Hochebene. Erkundungen hatten ergeben, dass auf der vom Wasser fern liegenden Seite sich zwei große Höhenkomplexe in verschiedene Richtungen verzweigten. Kluge Menschen hatten sich schon etliche Claims auf den Höhen gesichert, ganz kluge auf beiden. Als das Wasser langsam auch die Hochebene zu erfassen drohte, brach unter den Menschen ein erbitterter Streit aus. War der rechte Bergzug besser zum Ausweichen für einige Jahre? Oder der linke? Welcher bot die größeren Chancen, die leider unwägbar in fernem Nebel verborgen waren? Prof. Entdecker kamen von Erkundungen zurück. Aus beiden Richtungen berichteten leider jeweils verschiedene Fernwanderer von unglaublichen Höhen, die fast unbeschränkt weiter nach oben führen sollten. Man habe die sichere Hoffnung oder gar Aussicht, dort wieder zur Sonne zu gelangen. Mit demonstrativer Überzeugtheit ließen viele Unternehmer AG Claims in großem Stile registrieren.

Die Menschen mussten sich nun ein Urteil bilden. Rechts oder links? Sollten sie sich trennen? Im Prinzip war gegen eine Trennung der Menschheit nichts einzuwenden. Die Theoretiker gewannen dieser Lösung etwas ab: Es mache dann ja nichts, wenn die Hälfte der Menschheit stürbe, die andere sei ja noch da! Die Individual-Lemminge wollten aber nur gemeinsam gehen. Die meisten Familien auch, leider aber zogen sich die Meinungsfronten quer durch die kleinsten Familien und Freundesgemeinschaften. Ganz unselig wurde die Lage durch das Ausstreuen der Mittelthese durch einige Unlustige. Diese These besagte, dass es sich bei den beiden Bergmassiven in Wahrheit nur um Ausläufer des gleichen großen Gebirges handeln müsse. Es sei daher völlig gleichgültig, in welche Richtung man gehe. „Es kommt, wie in der Politik generell, alles auf das Gleiche heraus, egal, wohin sich das Volk wendet!"

Es wurden ununterbrochen Meinungen und Stimmungen geäußert, die bald für die eine, bald für die andere Richtung sprachen. Die Argumentationen waren keineswegs immer konsistent oder auch nur vernünftig. Es wurden so sehr viele Vor- und Nachteile vorgebracht, die sich wieder ineinander widersprachen, dass einem einzelnen Zuhörer ganz wirr werden konnte. Immer mehr Menschen wurden der Auseinandersetzung müde und überdrüssig. Sie konnten bald keine Argumente mehr hören. Erstaunlich häufig und hartnäckig hörte man bis zum Ende Schlussweisen, die längst widerlegt waren. Sie waren bald so müde vom Streiten …

Die Sintflut aber stieg und forderte immer dringlicher eine Entscheidung.

2. Die Claims der Wahrheit

Vielen Menschen war es nach der langen Diskussion in der reinen Sache bald völlig egal, wohin sie weiter zögen. Sie hatten allerdings verschiedene Vorsorge getroffen. Die Menschen, die in erster Begeisterung „Rechts" gemeint hatten, hatten vielleicht einen Großteil ihrer Habe in Claims auf dem rechten Höhenzug investiert: RECHTS. Diese etwa würden bei einer Entscheidung für LINKS sehr große Einbußen erleiden, die sie selbst dann vermeiden wollten, wenn das Gebirge RECHTS nun im Endeffekt sich nicht als ganz so hoch erweisen würde wie das linke. Argumente für LINKS mochten sie nicht hören. Nicht etwa, weil sie Angst vor der Wahrheit gehabt hätten, sondern Angst vor dem Verlust ihrer Claims. Menschen, die LINKS sagten (natürlich weil sie links Claims hatten), waren den Rechten völlig suspekt. Und umgekehrt. Niemand scherte sich wirklich um die Wahrheit oder trug selbst zur Aufklärung bei: Jeder sah in dem jeweiligen Gegner jemanden, der es auf das eigene Vermögen abgesehen hatte.

Die Regierung beschloss, die Entscheidung zu objektivieren. Sie ernannte verschiedene Prof. Entdecker zu Mitgliedern eines Rates der Weisen. Sie sollten die Regionen mit Höhenmessern besuchen und die Richtungsfrage zur Entscheidung treiben. Diese Kommission der Weisen konnte lange nicht besetzt werden, weil die Prof. Entdecker ja jeweils schon beruflich ihre Fahnen hier und dort gesteckt hatten, links oder rechts. Es gab keinen Prof. Entdecker, der auf beiden Seiten gewesen war, was diese Zunft als nicht objektiv empfunden hätte. Entdeckungen macht man im eigenen Gebiet, nicht auch woanders. Im eigenen Gebiet fühlten sie sich aber „bewandert", wie man damals sagte. Ein zweites Gebiet wäre „verstiegen", wie sie auch sagten. Die Regierung überlegte jahrelang, ob sie nicht eine gerade Anzahl von Prof. Entdeckern entsenden sollte. Wenn aber die Anzahl der Weisen gerade ist, gibt es nur eine logische Entscheidung: unentschieden.

Als die Kommission endlich zur Erkundung aufbrach, stellte sich die Frage, in welche Richtung sie sich zuerst wenden sollte. Man sah in der

Aufbruchsrichtung ein Präjudiz. Es folgte wieder eine lange Phase der Streitigkeiten, während die Flut stieg und manche Weisen schon wegen Todes ersetzt waren. Bald wurde die Zeit knapp.

Es blieb nur noch die Lösung, die Kommission in zwei Teilen gleichzeitig in die verschiedenen Richtungen auszusenden. Dazu musste sie nun doch in gerader Anzahl besetzt sein. Damit war es vor dem Aufbruch klar, dass es keine Entscheidung geben würde. Trotzdem wollte niemand weitere kostbare Zeit verlieren. Sie brachen auf.

Beide Kommissionshälften kamen mit etwa gleichen Ergebnissen an, behaupteten aber, wegen des Zeitdrucks nicht zu den wirklichen Höhen vorgestoßen zu sein. Beide behaupteten, dass es in ihrer Richtung nachhaltig sanft hinaufgehe, so dass der Aufstieg bequem und sicher werde. Die Parteien stellten in der nächsten Diskussionsrunde Kriterien auf, nach denen eine Entscheidung fallen sollte. Es wurden 42 zulässige Kriterien festgehalten. Die linke Seite stellte fest, dass in 31 der Kriterien LINKS besser sei, die rechte Seite kam nach eingehender Prüfung auf das Ergebnis, dass sie in 29 der Kriterien überlegen wäre. „Dann sind wir also besser!", riefen die Linken außer sich vor Glück.

Bei der rechten Partei wurde die ganze Parteispitze ausgewechselt, weil diese sich bei der Prüfung verrechnet hatte. Deshalb wurden nun nochmals alle Kriterien streng nachkontrolliert und ein revidiertes Ergebnis angekündigt. Die linke Seite fand plötzlich ebenfalls Berechnungsfehler und schritt zur Neuberechnung. Nun stellte sich heraus, dass die rechte Seite in 48 Kriterien besser war, die linke in 47 Kriterien. Sofort wurde die Führungsspitze der Linken ausgetauscht.

Im Volk fand man, dass diese Entscheidung zu knapp sei oder im Wesentlichen unentschieden. Intellektuelle wiesen darauf hin, dass es nur 42 Kriterien gab. Weil sich aber beide Seiten nicht an diese Obergrenze gehalten hatten, sah man allgemein kein Problem darin. Hauptsache, die Objektivität sei gewahrt. Man fand, dass bei einer fairen Diskussion jede beliebige Meinung das Recht hätte, in den meisten Kriterien gut zu sein. Das sei das Wesen der Demokratie.

„Wenn aber nun ein Gebirge viel, viel höher ist, dann ist das so, und wir ziehen *dahin*", schrien außer sich vor Wut die intellektuellen Theoretiker, aber die meisten Menschen glaubten ihnen nicht und hörten auch nicht zu. Wenn nämlich jeweils etwa die Hälfte der Menschen für jeweils eine Alternative sei, dann könnten die Gebirge nicht unterschiedlich hoch sein!

3. Die Minderheitenentschädigung

Es ging natürlich nicht um die Wahrheit: Recht und Vermögen zu erhalten galt es. Da die Sintflut gefährlich stieg, musste aber bald etwas Konkretes geschehen. Es kam bald die Idee auf, dass die großen Claimbesitzer der unterliegenden Richtung von der Allgemeinheit entschädigt werden sollten. Viele Prof. Entdecker hatten ja die Erkundungen im Dienste der Allgemeinheit unter ihrer eigenen Gefahr vorangetrieben, um die Menschen zu retten und Fahnen zu stecken. Nun dürften sie nicht alle ihre Registraturgebühren verfallen sehen.

Jetzt gab es ungeheuer viele Anfragen von Unternehmer AG mit ausgedehnten Gipfelclaims, ob sie zu der unterliegenden Partei gehören könnten. Die Menschen forderten, alle, auch die kleinen Familienunternehmer AG, zu entschädigen. Es gab lange Verhandlungen. Die Unternehmer AG wurden ungeduldig. Solange nicht die Gabelungsfrage entschieden war, konnten sie kaum wagen, weitere Claims noch weiter oben zu erkunden. Das Risiko war den meisten zu hoch. Sie wollten erst wieder in den Nebel hinaus, wenn die Richtung der Menschen klar wäre. Sie hofften bald auf stärkeren Regen. Der aber fiel ganz gleichmäßig trübe. Jede Sekunde wurde den Unternehmer AG kostbar.

4. Wanderhaie

Die Menschen entschieden sich schließlich, nach RECHTS zu gehen. Es ging alles sehr schnell. Warum sie nach rechts gingen, war später nie nachzuvollziehen. Es wollte auch niemand so genau wissen. Es war ihnen lieber, im Bewusstsein einer guten Entscheidung weiterzuleben. Man erzählte sich unter der Hand, dass eine Notiz in einer Zeitung den Ausschlag gegeben habe. Dort wurde die unglaubliche Geschichte kolportiert, dass aus dem Meer heraus plötzlich Haie gestiegen seien – Haie mit sehr kurzen Beinen, die etwa so kurz wie die Beine der Lügen waren. Diese hätten sich in eine Siedlung geschlichen, in der meist Ruhepole lebten, und ein paar Claimlose erwischt, worauf selbst die Ruhepole die Panik ergriff. Eine größere Gruppe sei in wilder Panik in ihren höher gelegenen Claimbereich gerannt, am Berg. Sie zogen nach RECHTS. Der Schrecken zog einen ganzen Stadtbereich von Lemmingen mit in die RECHTE Richtung: Das aber war letztlich schon die Entscheidung, weil es in allen Dingen entscheidend war, was die Individual-Lemminge taten.

Ich berichte die folgenden Gerüchte nur, weil es diese Gerüchte gab. Man sagt auch, dass die beiden Hauptkontrahenten der RECHTS- und LINKS-Linie (die sich immer schon geduzt hatten) von einem Straßencafe aus den Haiflüchtlingen zugesehen hatten und um die Richtung wetteten. Als der Rechte triumphierte und eine große Wettsumme einstrich, soll der Linke gelacht haben: „Das bezahle ich gerne, aus meiner Entschädigungskasse."

Das andere Gerücht war kein Gerücht, mehr so ein Gefühl, das viele beschlich. Gleich nach der Wendung der Menschen nach RECHTS wurde bekannt, dass sehr große unwirtliche Gebirgsclaims auf der RECHTEN Seite für einen einzigen Großclaimbesitzer reserviert seien. Unleugbar waren schon einen Monat später Bautrupps unterwegs, eine neue Bergnaturpetersilienfabrik zu bauen. Sie legten den Grundstein der später ungeheuer berühmten Naturfelsplantage, die zur Referenzinstallation für die heute noch verkaufte H-Goldsilie aufstieg, die in einem sensationellen Gefriertrocknungsverfahren hergestellt wurde. „Einmal monatlich eine Naturpackung H-Goldsilie kaufen, täglich Natur genießen." Dieser sofortige Aufbruch erstaunte viele nicht wenig, da (im Nachhinein überraschenderweise, muss man sagen) bei der ganzen Diskussion über RECHTS oder LINKS *niemals* die *Goldsilientauglichkeit* der beiden Gebirgsgelände als Kriterium aufgetaucht war.

5. Die große Lösung für alles

„Sehen Sie, Herr Dueck, wir optimieren jetzt noch nicht. Natürlich könnten wir einen isolierten Vorstoß im Unternehmen versuchen, um schnell Geld zu sparen. Aber wir denken nun schon seit einigen Jahren darüber nach, eine Radikalerneuerung unserer Unternehmenssoftware vorzunehmen. Der Beschluss als solcher ist schon lange gefasst. Wir stehen fest zu ihm. Was noch immer aussteht, ist eine klare Richtungsentscheidung unserer Unternehmensführung. Seit Jahren arbeiten mehrere Unternehmensberatungen an verschiedenen Konzepten, wie sich unser Unternehmen in Zukunft gestalten könnte. Eine neue Grundsoftware zur Unternehmenssteuerung will wohlüberlegt sein. Deshalb bezahlen wir auch horrende Summen für Profis, also prof. [= professionelle, Anmerkung von mir] Produktkenner, die durch eine überaus sorgfältige Auswahl der neuen Unternehmensrichtung unser Traditionsunternehmen zu neuen Höhen führen sollen.

Eine isolierte und separate Optimierung in der jetzigen Phase würde möglicherweise ein Präjudiz für eine der gerade unter hohen Kosten untersuchten Richtungen schaffen. Wir wollen aber den prof. Beratern keinerlei subjektiven Wink während ihrer herausfordernden Aufgabe zukommen lassen. So Leid mir das für das hier vorgeschlagene Erfolgsprojekt tut: Wir können jetzt nicht in den laufenden Prozess eingreifen. Wir müssen auf die endgültige Entscheidung warten, die ungefähr am nächsten Dienstag während einer Vorstandssitzung fallen soll.

Es ist aber nicht klar, ob schon entschieden werden kann, weil einer der Protagonisten für die von uns allen heimlich favorisierte Lösung in dieser Woche zu einer größeren Reise aufgebrochen ist, die Werke der Konkurrenzlösungen zu besichtigen. Dadurch werden nach unserer Erfahrung wieder neue Gesichtspunkte in den Entscheidungsprozess einfließen, die das Bild wieder verändern. Eine ähnliche Lage hatten wir schon einmal vor 13 Jahren und kürzlich vor 17 Monaten. Gleichwohl kann ich sagen, dass es durchaus schon am Dienstag zu einer Entscheidung kommen kann.

Es ist außerordentlich schwierig, ein Unternehmen zu führen, das sich nun seit mehr als einem Jahrzehnt in einer solchen außergewöhnlichen Schwebelage befindet und auf die Entscheidung warten muss. Es ist ein Wunder, dass unser Unternehmen noch funktioniert, weil wir seitdem buchstäblich nichts entscheiden können. Es wäre im Übrigen viel besser, wir könnten die CeBIT-Messe in Hannover für vielleicht zehn oder zwanzig Jahre aussetzen, weil von dort immer neues Störfeuer in Form neuer Möglichkeiten kommt. Besser, wir hätten gar keine Möglichkeiten. Dann müssten wir überhaupt nichts entscheiden und hätten somit fast keine Arbeit mehr."

„Dieses Reformstückwerk ist ein Verbesserungsflickenteppich, der seinen Namen Reförmchen nicht verdient. Die Regierung hat abgewirtschaftet. Sie hat keine Kraft für eine große Veränderung in unserem Land, die jetzt bitter nötig wäre. Unser Land bleibt im Konzert der Nationen unten. Wir brauchen eine große Anstrengung über die Parteien hinweg, um unserer Gesellschaft ein neues Fundament zu geben. Stattdessen wird herumgepuzzelt und gefuzzelt, um Pseudoaktivitäten vorzutäuschen. Alle arbeiten nur noch in Untersuchungsausschüssen, um Lobbyisten zu hören, die nur ihre eigenen Interessen ausbreiten. Lobbyisten haben keinerlei Interesse an unserem Vaterland. Nach uns die Sintflut, sagen die doch alle!"

Alle warten.
„Wer zu spät kommt, den erfasst die Flut.“

XII

Mehr über die Komplexität realer Probleme

1. Wie reale Optimierungsprobleme aussehen

Nehmen wir das Beispiel der Tourenplanung. Wir wollen in diesem Kapitel die volle Problematik durchgehen, bis die Fahrer tatsächlich nach einem optimierten Plan am Morgen losfahren. Danach bespreche ich mit Ihnen die Netzoptimierung, die „ganz ohne Menschen“ gemacht wird und einen ganz anderen Charakter bei der Realisierung hat.

Beispiel: Ein Pressegrossist liefert jeden Morgen Zeitungen an 1.000 Kioske und setzt dafür ca. 35 LKW ein. Jeden Morgen wird der gleiche Umlauf gefahren. Der Grossist sieht Einsparungspotenzial. Montags sind die Zeitungen dünner als Freitags, aber Montag ist Spiegel-Tag und am Donnerstag kommen die Programmzeitschriften heraus, was richtig viel Fracht ergibt. Die Touren könnten vielleicht ohnehin besser geplant werden und sie könnten jeden Tag anders verlaufen, damit an manchen Tagen eventuell weniger LKW die Arbeit schaffen. Der Grossist ruft ein Unternehmen an, das Tourenplanungen verkauft. Was tut man? Die erste Lösung: Für über fünfzigtausend Euro wird ein neuer Computer angeschafft. Dann muss wohl jemand damit umgehen lernen, alle Daten in den Optimierer eingeben (wo nimmt man die her?) und neue Touren errechnen. Der Computer, eigens mit der Tourenplanung bestückt, wartet danach lange Zeit auf seinen nächsten Einsatz, da die Touren ja immer dieselben bleiben. Ist das sinnvoll? Zweite Möglichkeit: Die Touren von dem Tourenplanungsunternehmen optimal berechnen lassen. Da die erstmalige Dateneingabe richtig viel Arbeit ist und viele Iterationen und Rückfragen und Diskussionen („Ist es jetzt praxisgerecht?“) nötig sind, kostet auch diese Lösung einige zehntausend Euro. Der Grossist fragt: „Wird sich das lohnen?“ Das weiß man leider erst, wenn der Optimierer gelaufen ist. „Kann ich eine Rechenprobe, eine Probeoptimierung, sehen? Wenn es gut wird, kaufe ich die Tourenplanungssoftware.“ Das geht nicht richtig, einmal, weil die Probe schon die ganze Arbeit ist, und zweitens, weil das Zeigen der „Probe“ ja „schon alles verrät“. „O.k., Sie können ja nur einen Lauf ohne viel Nachdenken machen und ihn mir zeigen.“ – „Dann kommen zum Teil unsinnige Lösungen heraus, weil wir etwas noch nicht richtig eingestellt haben, außerdem sind die Einsparprozente noch nicht die endgültigen. Werden Sie uns schließlich glauben, dass es gut wird?“ – „Weiß nicht, vielleicht nicht.“ Beiderseitige Ratlosigkeit folgt. Nach einigen Telefonaten passiert nichts mehr. Später wird ein anderer Grossist, der gerne die Nr. 1 sein möchte, eine Optimierung einfach ohne Rückfragen bestellen. Er trägt das Risiko. Nach einem Erfolg wird er auf Fachtagungen von den großen Einsparungen berichten. Nach und nach folgen schließlich die anderen Unternehmen, über die Jahre.

Beispiel: (Den Text für dieses Beispiel habe ich, wie gesagt, im Jahre 1995 geschrieben. Dieser Abschnitt endet mit einer Frage, die Sie sich heute schon beantworten können! Ich ändere hier einmal nichts am historischen Text.) Eine Bank hat einige hundert Zweigstellen. Am Abend werden die Kontoauszüge zentral gedruckt und in der Nacht von Kurieren an die Zweigstellen verteilt. Große Kurierfahrzeuge bringen große Posten an Sammelpunkte, wo Lokalkuriere warten, die Drucksachen übernehmen und zu den Zweigstellen bringen. Die Optimierungsaufgabe: Wahl der optimalen Sammelpunkte und Berechnung der besten Tourenführung für alle Großkuriere und alle Lokalkuriere. Die Optimierung erfolgt mit der Zielfunktion Zeitminimierung. *Angenommen,* das Unternehmen erhält die optimalen Touren. Und nun? An den Sammelstellen sind Garagen gemietet, in denen die Druckwerke umgeschlagen werden und kurz auf die Ankunft verspäteter Lokalkuriere gewartet werden kann. Die Mietverträge sind langfristig. Wenn nun die Sammelstellen verlagert werden, wird's teuer. An den neu errechneten Sammelpunkten müssen erst Garagen gefunden werden. Die Lokalkuriere haben Verträge, die mit neuen Touren geändert werden müssen. Die Kuriere werden pauschal einzeln nach der Tour bezahlt, was einmal verhandelt wird. Die Kuriere werden also eher nach „Dienstalter", Pünktlichkeit o. Ä. bezahlt als nach Zeit oder km. Sind kürzere Touren und günstigere Sammelstellen also besser? Langfristig schon, aber wie kommt man von der alten zu der neuen Lösung? Kann man nicht die Auszüge per Datenleitung an die Zweigstellen schicken und dort drucken? Gibt es vielleicht bald überall Kontoauszugsdrucker? Entfällt also das Problem bald auf die eine oder andere Weise? *Optimieren wir jetzt oder lassen wir's sein?*

Beispiel: Ein Baumarktzulieferservice hat sein Servicegebiet in Parzellen aufgeteilt. Jeder Parzelle sind Wochentage zugeteilt, an denen geliefert wird. An diesen Tagen fährt ein LKW in diese Parzelle und liefert alle Bestellungen aus. Er beliefert alle Kunden, die etwas bestellt haben. Das sind etwa die Hälfte aller Kunden, was aber nicht sicher ist. Der LKW hält sich bei der Tour an eine Rahmenrundtour und weicht jeden Tag geeignet davon ab, je nachdem, welche Kunden in der Parzelle gerade heute beliefert werden müssen oder nicht. Eine Optimierung könnte die Parzellenbindung auflösen und ganz ohne Bezirksgrenzen optimieren. Der Optimierungserfolg wäre noch größer, wenn auch die Liefertage zur Disposition gestellt werden. *Angenommen,* wir optimieren. Die LKW fahren dann jeden Morgen nach einer berechneten Tour. Optimal. 30 Prozent weniger km. Der Optimierer jubelt. Wie kommen wir zu der neuen Lösung? Alle Fahrer müssen nun alle Straßen kennen, nicht nur ihre Parzelle. Alle Kunden müssen getröstet werden, dass sie ab jetzt ganz unregelmäßig beliefert werden und von wechselnden Fahrern. Die Fahrer kennen sich nicht in allen Baumärkten aus, müssen die Rampen, das Annahmepersonal usw. kennen lernen. Die Fahrer sind fest angestellt und erhalten ein festes Gehalt, was bedeutet, dass die km-Einsparungen sich nicht unmittelbar in Geld auszahlen. Etliche Mitarbeiter der Firma kommissionieren die Sendungen, d.h., sie stellen die Lieferungen an einen Kunden aus dem Lager zusammen. Früher war es so, dass alle Lieferungen an Kunde X in Parzelle Y einfach an die LKW-Rampe Y gestellt wurden. Dort wartete der Fahrer und belud. Nun muss die Kommission für Kunde X jeden Tag an eine andere Rampe gestellt werden, je nachdem, wie der Tourenoptimierer entscheidet. Die Buchhaltung hat früher nach Parzellen die Kosten kontrolliert. Die Rechnungen wurden bisher nach den Parzellen tarifiert. Stadtparzellen wurden mit weniger Transportkosten belastet, weil dort die Baumärkte dicht an dicht liegen. Das muss alles umgestellt werden. *Optimieren wir jetzt oder lassen wir's sein?* Der Unternehmer: „Soll ich denn mein ganzes Unternehmen auf den Kopf stellen? Das kostet mich mit Sicherheit ein gutes Stück Geld und viel Ärger. Und wenn es dann nichts bringt? Selbst wenn Sie mir garantieren, dass ich 30 Prozent der km einspare, was ich nicht glauben kann, mein Disponent ist doch nicht derartig blöd, er arbeitet seit 20 Jahren damit – garantieren Sie mir, dass nicht noch irgendein Haken in den Abläufen ist, den wir bis jetzt nicht sahen? Und dann? Wer nimmt mir dieses Risiko ab? Wer bringt die Daten in den Computer? Wer in meinem Unternehmen soll die Optimierung vornehmen, wo es doch zurzeit niemand kann? Soll ich dafür extra jemanden einstellen?" „Am besten." – „Aha, und was sonst noch?"

Es ist immer dasselbe, beim Optimieren wie generell beim Etwas-besser-Machen-als-bisher: Das Rezept ist einfach, aber dann kommen die vielen Feinheiten, also Dinge, die wir anfangs nicht bedachten, also schließlich doch nicht nur Feinheiten. Auf diesem Weg wird klar, dass zwischen dem Stecken von Fahnen und dem Errichten wenigstens eines Rohbaues ein weiter Weg liegt, der mit erheblichem „Steineschleppen" zurückgelegt werden muss.

Angenommen, wir können tatsächlich mit wirklichen LKW, mit Fahrern und allem Drum und Dran optimieren. Angenommen, der Rohbau steht. *Werden wir es wirklich tun?* Von Technologiestufe zu Technologiestufe müssen Unternehmer quasi in ein neues Heim umziehen, weil der Wettbewerbsdruck das verlangt. Es ist jedes Mal schwer zu beurteilen, wann so ein Schritt getan werden soll. Es ist vorher nie so ganz klar, wie die Sache ausgeht. Lohnt es sich wirklich, das Umziehen in eine neue Welt?

Ja, es muss doch Beispiele geben, so sagen Sie sich sicherlich, wo ein Unternehmen so groß ist und so hohe Transportkosten trägt, dass 15 Prozent Einsparung jede Anstrengung lohnen muss. Leider sind die Kommissionierung und die Faktura und die Hotline für Reklamationen usw. dort wegen der Firmengröße noch stärker mit der Tourenplanung verwoben, da schon alles computerisiert ist. Natürlich spart in einem Großunternehmen Optimierung viel mehr ein, aber auch das „Umstellungsabenteuer“ ist größer. In Großunternehmen ist es überdies unglaublich viel schwieriger, Änderungen in den Abläufen durchzusetzen, die viele verschiedene Abteilungen betreffen. Und zuletzt: Wenn Optimierung so furchtbar einfach wäre, würden alle Unternehmen sofort auf der Stelle optimieren und alle im Gleichschritt die Kosten senken. Das Resultat davon: Die Transportraten verfallen, aller Wettbewerbsdruck ist der gleiche und ein Gewinn hat auch nicht herausgeschaut. Es ist wirklich wie bei der Sintflut: Die Unternehmen fliehen vor dem Druck und führen eine Optimierung ein. Aber der Druck holt sie alle wieder ein. Auf zur nächsten Optimierung oder Technologiestufe!

In den folgenden Abschnitten gehe ich mit Ihnen die verschiedenen Schritte durch, wie wir von der Mathematik bis zu der realen Optimierung kommen. Erst werden wir gleich merken, dass die Mathematik schnell an Grenzen stoßen kann (nämlich an elend viele Nebenbedingungen der Praxis), dann muss die Mathematik zu einem Tourenplanungs-Softwarepaket entwickelt werden, was eine Heidenarbeit ist (mehr als die Arbeit mit der Mathematik, viel, viel mehr!). Wenn wir schließlich ein funktionstüchtiges Paket haben: Wie sieht die tägliche Verwendung aus? Wie kommen die Daten in den Optimierer? Welche Betriebsabläufe werden geändert? Was kommt zum Schluss bei der Optimierung heraus? Wirklich heraus? Die 15 Prozent weniger Tourlänge bekommt man schon, da kann man beruhigt sein, aber ich meine: Wie geht das Ganze aus?

Wir beginnen mit den mathematischen Problemen.

2. Sintflutalgorithmen für die Tourenplanung

Mit den so genannten *Zeitfenstern* der Tourenplanung fangen die mathematischen Schwierigkeiten so richtig an. Zeitfenster nennt man die erlaubten Lieferzeiträume für Güter. Beispiele: Tageszeitungen müssen vom Grosso jeder Verkaufsstelle bis zur Öffnung geliefert werden. Die Kaufhäuser öffnen um 9 Uhr, Kioske vielleicht um 6.30 Uhr, Regionalbahnhöfe verkaufen Bild-Zeitungen am besten ab vier Uhr, aber danach, wenn alle zur Arbeit in die Stadt gefahren sind, verkaufen sie bestimmt nicht mehr viele davon. Möbellieferanten werden von ledigen Arbeitenden meist gebeten, ab 17 Uhr zu kommen. Baumärkte haben oft auch zur Anlieferung zwischen 13 Uhr und 15 Uhr geschlossen. (Historische Bemerkung: Bankzweigstellen müssen die Kontoauszüge vor Beginn des Geschäftes haben; die Auszüge müssen dann eigentlich schon einsortiert sein. Bei zentraleren Sparkassen holen Leiter von Minizweigstellen die Auszüge morgens bei einer größeren Stelle ab. Oft ist es zwar nicht unbedingt nötig, gleich morgens beliefert zu werden, aber schöner wäre es schon. Dann werden „gute" Kunden darauf pochen, in Vorrechten respektiert zu werden.) Etc. Ein Zeitfenster bedeutet: Von diesem Zeitpunkt bis zu jenem Zeitpunkt muss geliefert werden.

Wir nehmen uns vor, ein normales Tourenplanungsproblem mit solchen Zeitbedingungen mit dem Sintflutalgorithmus zu lösen. Wir müssen also definieren, was in der Landschaft der Tourenpläne ein Schritt von Tourenplan zu Tourenplan ist. In den folgenden Bildern will ich Ihnen das nahe bringen.

Ein Tourenplan besteht aus der Angabe, welches Paket von welchem LKW ausgefahren wird. Dazu gibt es für jeden LKW einen Zeitplan, in welcher Reihenfolge der Fahrer die Pakete an die Kunden auszuliefern hat. Die geplanten Ablieferungspunkte bei den Kunden müssen innerhalb der zulässigen Zeitbandbreite liegen. Wir sagen, alle Zeitfensterbedingungen müssen eingehalten werden. Oft ist es nicht möglich, alle Pakete auszuliefern. Zum Beispiel kann das Fassungsvermögen aller LKW zusammen kleiner sein als die gesamte Lademasse. Zu einem Tourenplan gehört also auch noch eine Liste mit den nicht verplanbaren Ladeeinheiten.

Bei Tourenplänen gibt es etliche verschiedene Veränderungsmöglichkeiten. Wir können ein Paket, das noch nicht verplant ist, einem LKW zuordnen. Wir können ein Paket von einem LKW „wegnehmen" und es einem anderen

LKW zuordnen. Wir können für zwei Pakete, die verschiedenen LKW zugeordnet sind, die Zuordnung vertauschen. Wir können ein schon verplantes Paket von einem LKW nehmen und es zu den noch nicht verplanten Paketen legen. Dies sind Änderungen in einem Tourenplan, die die Zuordnungen verändern. Natürlich sind dies nur die einfachsten. Ich könnte zum Beispiel auch zwei kleine Pakete von einem LKW nehmen und ein einziges größeres wieder darauf legen usw.

Jetzt können wir natürlich auch Planänderungen innerhalb einer LKW-Tour vornehmen. Wir können die Reihenfolge der Ablieferungszeitpunkte etwa durch unseren schon erklärten LIN-2-OPT-Schritt aus dem vorigen Kapitel verändern. Sie erinnern sich?

Zwei Kanten werden aus der Tour entfernt. Das verbliebene Gebilde wird durch Einfügen zweier anderer Kanten wieder zu einer neuen Tour zusammengefügt. Der Umlaufsinn eines Teils der Tour verändert sich! Ein Teil der Ablieferungstour wird also in umgekehrter Reihenfolge durchfahren, wenn wir einen solchen Tourplanveränderungsschritt vornehmen.

Und nun kommt das Problem: Die verschiedenen Veränderungsschritte führen leider ganz oft zu Tourenplänen, die gar nicht erlaubt sind, weil die Zeitfensterrestriktionen oder die Beladungskapazitäten nicht eingehalten sind!

Sehen Sie sich nochmals den Lin-2-Opt-Schritt für Touren an. Denken Sie an meine damalige Bemerkung: Ein Teil der Tour wird nach der Lin-2-Opt-Veränderung in *umgekehrter* Reihenfolge durchlaufen. Deshalb kann der ganze schöne Terminplan vollkommen hinfällig sein. Wenn Sie also vorher schon einen Plan haben, der alle Termine von Kunden und alle Lageröffnungszeiten erfüllt, so steht hinterher möglicherweise nichts am richtigen Platz!

Nehmen wir den Schritt des Einplanens eines noch nicht verplanten Paketes auf einen LKW. Ein LKW soll also auf seiner Tour ein weiteres Paket mitführen, das zum Beispiel genau zwischen 9 und 10 Uhr bei einem Kunden abgeliefert werden soll. Es liegt nun nahe, dieses Paket nach „minimal insertion“ einzufügen, also so, dass sich die Tour nur minimal in der Länge verändert. Leider muss das nicht zulässig sein, da der LKW eben nicht zwischen 9 und 10 Uhr in der Nähe ist. Es kann sogar sein, dass dieser LKW fünf Pakete genau zur selben Zeit ganz woanders abliefern muss, so dass es überhaupt keine Möglichkeit gibt, dieses Paket unter Einhaltung aller Bedingungen abzuliefern.

Es kann sein, dass mit der Hinzunahme des Paketes der LKW überladen ist, nach Gewicht oder Volumen! Also würde diese Veränderung ebenfalls nicht zulässig sein. Immer bekommen wir Probleme mit Unzulässigkeiten, und die meisten und schwierigsten wegen der Zeitfenster. Wenn zu viele Zeitbedingungen gegeben sind, kann man graue Haare bekommen, bis man überhaupt eine zulässige Lösung findet. Der Sintflutalgorithmus würde also so verlaufen: Beginne mit einem Ausgangsplan. Am besten beginnt man mit dem einfachsten Plan, bei dem nämlich noch alle Pakete auf dem Haufen der unverplanten Pakete liegen. Dann legen wir in den ersten Veränderungsschritten nach und nach Pakete auf die LKW-Touren, was am Anfang auch mit den Zeitrestriktionen gut geht. Und dann! Nach einer kurzen einfachen Zeit meldet der Prüfalgorithmus immer wieder: Der geplante Veränderungsschritt geht gar nicht. Zeitfensterüberschreitung! Zeitfensterüberschreitung! Alles abgelehnt. Immer wieder. Der Algorithmus findet nichts, weil er keinen Platz zum „Laufen" in der Tourenplanungslandschaft hat.

Um Ihnen jetzt ein wenig mehr Intuition zu vermitteln, möchte ich Sie wieder in unsere Bergwelt versetzen, in der die Menschen vor der Flut fliehen. Stellen Sie sich vor, Sie sollen einen hohen Punkt auf einem Berg finden, der ***nicht grasbewachsen*** und auch ***nicht asphaltiert*** ist. Das sind die Bedingungen, die ich Ihnen zur Übung stelle. Würden Sie dann schon während der Suche niemals eine Wiese betreten oder eine Straße überqueren? Jeder Punkt auf einer Wiese oder einer Straße ist natürlich unzulässig. Sie können einen solchen Punkt betreten, aber die Endlösung darf eben kein solcher Punkt sein. Wie stehen Sie also zu der Forderung, auf der Suche nur zulässige Punkte zu betreten? „Unmöglich!", werden Sie rufen, „unter solchen Bedingungen finden wir nie einen Berg". So aber verhält sich das Tourenplanungsproblem. Fast alle Tourenpläne sind nicht erlaubt. Da das so ist, können wir in der Menge der ***zulässigen*** Tourenpläne nicht richtig annehmbar herumwandern, so wie wir kaum vorwärts kommen können, wenn wir nicht auf der Erde auf Gras oder Asphalt treten dürften.

Nun sehen Sie aber auch gleich ein, dass auf den hohen Bergen gewöhnlich keine Straßen sind und dass auf den wirklich hohen Bergen kein Gras wächst. Es wäre also nicht besonders intelligent, niemals Gras oder Asphalt zu betreten, wenn Sie eigentlich nach Punkten suchen, wo beide nicht vorkommen. Auf der Erde würden wir deshalb bei der Suche beherzt über Wiese und Straße stapfen, in der ruhigen Sicherheit, dadurch bei der Bergsuche keinen Schaden zu erleiden.

So. Wenn wir uns das Problem so vorstellen, scheint es zwei Auswege zu geben. Wir können ganz große Schritte machen und „über Straßen und Wiesen springen“, sie aber niemals betreten, oder wir können die Lösung in der Zielfunktion viel schlechter bewerten, wenn sie unzulässig ist.

Das Springen behandele ich im nächsten Kapitel. Hier möchte ich mit Ihnen das Einführen von Straffunktionen beim Optimieren besprechen.

Wir verfolgen den Ansatz, Tourenpläne mit Unzulässigkeiten beim Wandern durch den Lösungsraum zwar als möglich zu akzeptieren, aber wir setzen dafür den Zielfunktionswert dieses Tourenplanes herauf.

Das kann so geschehen: Angenommen, wir optimieren die Zielfunktion

f_{opt}(Tourenplan) = gefahrene Gesamtkilometer des Tourenplanes.

Dann müssen wir einen Tourenplan mit Zeitfensterüberschreitungen oder Ladeunzulässigkeit schlechter bewerten. Ich schreibe einfach einmal einen Vorschlag hin: Wir optimieren nach meinem Vorschlag nicht die eigentliche Zielfunktion f_{opt}, sondern

$g_{“opt“}$ (Tourenplan) = Gesamtkilometer
+ Ladeüberschreitung in kg
+ Ladeüberschreitung in m^3
+ Zeitfensterverletzung in Minuten

Wenn ich den Kunden also 2 Stunden später oder früher beliefere, als ich darf, so wächst die modifizierte Zielfunktion um 120 Einheiten. Der Tourenplan wird wie einer bewertet, der eine um 120 km längere Fahrstrecke hat. Wenn wir *zulässige* Tourenpläne mit der modifizierten Funktion $g_{“opt“}$ bewerten, kommt dasselbe wie bei der Bewertung durch f_{opt} heraus. Wir können also so tun, als sei die Zielfunktion durch g gegeben. Wir finden unter der Zielfunktion $g_{“opt“}$ einen minimal bewerteten Tourenplan und schauen ihn an: Hoffentlich ist er ***gut*** (wenig km) ***und zulässig!***

In unserem Beispiel mit Straßen und Gras auf der Erde bedeutet das Modifizieren der Zielfunktion, dass wir uns zum Beispiel alle Straßen und Grasflächen wie Bombentrichter oder Marskanäle abgesenkt vorstellen. Wir dürfen da zwar im Zuge der Suche unten herumlaufen, aber das steigende Wasser vertreibt uns schnell da heraus. Da in diesem Beispiel „ganz“ Gras und Asphalt nicht vorkommen, sieht das Verfahren mit der modifizierten Zielfunktion gut an dieser Stelle aus. Aber noch einmal: Ist das bei Tourenplänen auch so? „Dort ist bestimmt auch oben Gras, oder?“ Es sieht wohl so aus. Ich versuche, Ihnen das an einem weiteren Gedankengang zu verdeutlichen.

Lassen Sie uns in der Definition der modifizierten Zielfunktion die Zeitverletzung nicht in Minuten addieren, sondern in Sekunden oder in Jahren. Was passiert dann?

Wenn eine Zeitverletzung von einem Jahr „nur wie ein km länger" bewertet wird, na, dann wird sich der Algorithmus um so einen Kleinkram nicht kümmern und beherzt im Raum der zeitfensterverletzenden Lösungen ***bleiben.*** Die Höhe der Zielfunktionsstrafe ist nicht hoch genug. Wird dagegen der sog. Strafterm der Zielfunktion in Sekunden bemessen, so erscheint auch ein geringfügig zeitfensterverletzender Tourenplan als furchtbar schlecht. Der Algorithmus wird also genau so wenig wandern, als wenn er gezwungen wäre, nur über zulässige Tourenpläne zu laufen. Er bewegt sich daher fast nur in der Menge der zulässigen Tourenpläne und die gibt es kaum. In diesem Fall bleibt der Suchalgorithmus praktisch von Anfang an gefangen stehen.

Es ist wie bei der Erziehung: Sind die Strafen zu klein, so „tun die Kinder alles, was sie wollen", sind die Strafen beliebig hoch, „sitzen sie angsterstarrt da". In der Erziehung kennen Sie sich aus: Sie wissen, dass dieses Problem nicht einfach zu lösen ist, da es auf einen winzig kleinen guten mittleren Grad ankommt, der alles erfolgreich macht. Genauso ist das mit den Tourenplänen: Das Strafmaß in der Definition der modifizierten Zielfunktion $g_{\text{“opt“}}$ will gut erwogen sein. Es gibt sonst entweder schrecklich unzulässige oder schrecklich schlechte (in km) Lösungen.

Mit dieser Betrachtung geht die Mathematik des Sintflutverfahrens leider in Kunst, in Erfahrung oder in langes Ausprobieren über. Bei „leichten" Tourenplanungen mit nicht zu scharfen Zeitfenstern optimiert sich's wie von selbst, aber es gibt harte Fälle, bei denen mit den Parametern der modifizierten Zielfunktion experimentiert werden muss.

3. Jetzt noch mehr Schwierigkeiten, immer mehr

Wenn Sie mit einem zulässigen Tourenplan im obigen Sinne etwa Fahrern zumuten wollten, nach diesem Plan zu fahren, so würden Ihnen „alle ins Gesicht springen". Es gibt nämlich noch viel mehr Nebenbedingungen, die im Sintflutalgorithmus abzubilden sind, und zwar so viele, dass jetzt aller Spaß an wissenschaftlicher Arbeit aufhört. „Tierische Programmierarbeit" ist angesagt. Ich zähle einmal Bedingungen an Tourenplänen auf. Sie sollten diese nicht einfach mit „aha, so viele“ überlesen. Hier liegt ja ein Grund, dass mathematische Verfahren so zögerlich eingesetzt werden.

Es gibt Bedingungen unter anderem an das Fahrpersonal, an den Fuhrpark, an das „Paket“, an den Kunden.

Welche Fahrzeuge kann der Fahrer steuern, welche Ausbildung hat er (bei Krankenwagen)? Wohnt er in der Nähe eines Kunden, so dass er Ware schon nach Hause mitnehmen kann? Welche Arbeitszeit ist vereinbart? Welchen gesetzlichen Bestimmungen unterliegt er? (Ich schreibe immer „er“, Entschuldigung, das fiel mir gerade ein, weil es ja Schwangerschaftsbedingungen bei der Arbeitszeit gibt. Ich lasse es der Kürze wegen so.) Fahrer können für manche Aufgaben zu wenig Kraft haben (Bierfässer), mit Hebebühnen nicht umgehen können oder sie mögen bei manchen Kunden Hausverbot haben, das gibt es auch. Kosten des Fahrers, sein Lohn?

Die LKW können verschiedene Größen oder Ladevolumina haben. Man kann vielleicht nur hinten abladen oder auch von der Seite (gut bei Getränkekisten). Hebebühne? Reichweite? Kosten pro km?

Der Kunde hat Öffnungszeiten. Es gibt Warenhäuser in der Innenstadt, wo die Länge der Wartezeit an der Warenannahme zu bestimmten Tageszeiten bekannt ist (und lang). Die Kunden können in der Fußgängerzone wohnen. Also muss vormittags geliefert werden und in kleinen Fahrzeugen, weil große nicht hineindürfen. Viele Kunde geben ihrem Fahrer des Vertrauens einen Schlüssel. Das macht das Zeitfensterproblem leichter, da geliefert werden kann, wenn's passt. Es darf aber nur dieser Fahrer liefern, aber das ist ebenfalls einfach zu optimieren. Kunden können kleine Toreinfahrten haben. Es gibt verwinkelte Berg- und Moseldörfer, in die man besser nicht mit größeren LKW zu liefern versucht.

Die Ware kann bestimmte Dringlichkeiten haben. Es kann so zum Beispiel Tourenpläne geben, bei denen ein Express-Paket zu Kunde A gebracht wird, bis 9 Uhr früh, dann schnell eines zu Kunde B usw., und zum Mittag kommt derselbe LKW noch einmal und entlädt etwas, was längere Zeit braucht. Waren können sehr sperrig sein, sehr empfindlich (Computer) oder extrem wertvoll (ein Kilogramm Haftschalen für einen Großoptiker). Dies eignet sich nicht für jeden Fahrer.

Es gibt Rücknahmeproblematiken: Zeitungen beispielsweise, die nicht verkauft wurden, werden remittiert und vernichtet, ausgenommen sind davon fast nur Stickhefte und Donald Duck zum Weiterverkauf. Leere Pfandflaschen müssen zurück, die sich nicht von hinten auf den LKW stellen lassen, weil der Fahrer sonst nach einer Stunde nicht mehr an die vollen herankommt (von der Seite abladen ist besser!). Die Großmärkte bekommen oft viel mehr Flaschen leer zurück, als sie voll verkaufen, weil Leute wie ich Milch beim Brötchenholen mitbringen und dann viel später Großposten an leeren Milchflaschen an einer günstigen Stelle deponieren ... Da stehen dann keine leeren Kästen, ich wundere mich über diesen Großmarkt!

Das für's Erste. Sie denken vielleicht, dass dies übertrieben sei und nicht in dieser Häufung vorkomme: Nein, es ist so kompliziert, und das fast in ***jedem*** Fall. In weiteren Kapiteln mehr dazu.

4. Wir bauen einen Tourenoptimierer

Im letzten Abschnitt wollte ich deutlich machen, wie viel Arbeit droht, wenn wir aus einem wissenschaftlichen „Spielprogramm" wie dem für das TSP aus dem letzten Kapitel ein praxistaugliches „Tool", wie man neudeutsch sagt, implementieren wollen. Es gibt massenweise Nebenbedingungen an die Tourenpläne mit ebenso vielen Straftermen in der modifizierten Straffunktion. Es ist für einen Mathematiker nicht leicht, alle die Strafterme in der modifizierten Zielfunktion zu beherrschen.

Nehmen wir einmal an, wir sind über diesen Punkt hinweg. Was ist zu tun, um wirklich zu optimieren? Wir müssen sehr viel Geld für eine digitale Straßenkarte ausgeben. Der Optimierer muss ja berechnen können, wie weit es von Kunde A zu Kunde B ist und wie lange das dauert. In einer guten digitalen Straßenkarte steht verzeichnet, ob diese Strecke Staugefahren birgt oder ob dies eine Einbahnstraße ist. Darf diese Straße befahren werden (Fußgängerzone)? Darf das Fahrzeug über diese Brücke (zum Beispiel Panzer, kommt nicht so oft vor)? Ist dies eine erlaubte Strecke für Gefahrgut? So darf etwa ein LKW voller Airbags, unterwegs zu einem Autowerk, keine Autobahn benutzen. Es ist abhängig vom Problem, wie fein die Karte für den Rechner sein muss. Es wird bald Karten geben, in denen die Fahrtzeiten tageszeitabhängig oder wetterabhängig verzeichnet sind.

Im Prinzip kann das Optimieren jetzt losgehen. Wir müssen natürlich lange arbeiten, um alle diese Einzelheiten in ein Programm zu gießen. Wir müssen eine Datenbank anlegen, in der alle Daten der Fahrer, des Fuhrparks, der Kunden, der Waren (Volumen, Gewicht) usw. hinterlegt sind. Die optimierten Touren müssen auf dem Bildschirm graphisch angezeigt werden können. Es muss möglich sein, die Tourenlisten auszudrucken, um sie den Fahrern zu geben. Alles, was optimiert werden soll oder kann, muss sich auch per Hand ändern lassen. „Ich bin krank und muss mittags zum Arzt!“ Da muss eine Tour manuell veränderbar sein.

Die Straßenkarte muss stets auf dem neuesten Stand sein. Im Osten Deutschlands etwa ändert sich alles sehr schnell. Manche Kunden sind nicht auf der Landkarte zu finden, Bauernhöfe mit einer stattlichen Privatallee zum Beispiel. Alle anderen Daten müssen ebenfalls immer stimmen.

Wie gesagt, im Prinzip kann es jetzt losgehen. Es gibt immer wieder Diskussionen unter Mathematikern, wo denn die wissenschaftliche Arbeit aufhöre. Nach dem Design eines Algorithmus, der im Prinzip optimiert? Muss ein Wissenschaftler es so weit treiben, dass er eine digitale Straßenkarte beschafft und integriert? Irgendwo hört das „Fahnenstecken“ der „Prof. Entdecker“ sicher auf. Hier? Oder schon früher?

5. Wir geben die Daten in den Optimierer ein

Ein Belieferer von Baumärkten mag etwa 40.000 Artikel liefern. Er muss nun die Volumina und die Gewichte aller Artikel einlesen. Problem: Er hat diese Daten nicht. Wie soll er sie beschaffen? 40.000? Ein Pressegrossist soll das Gewicht der Zeitungen angeben, die aber am Freitag dick sind und am Montag dünn. Die Banken drucken die Kontoauszüge vor allem am Monatsende, da hier am meisten Zahlungen anfallen. Das Druckzentrum braucht also länger am Abend. Dafür müssen die Kuriere mehr ausfahren. Und nun?

Fangen wir systematisch an. Zuerst werden die zu beliefernden Kunden in der digitalen Straßenkarte eingetragen. Im Prinzip muss der Computer den Breiten- und Längengrad der Adresse wissen, er bekommt aber nur den nächsten Straßenkreuzungspunkt der digitalen Straßenkarte. Das ist echte Arbeit! Es gibt automatische so genannte Geocodierprogramme, die Adressen in Kartenpunkte umrechnen. Wehe, eine Adresse ist falsch! Wehe, ich schreibe in meiner Adresse „Waldhilsbach“, wo das doch eigentlich ein Ortsteil von Neckargemünd ist! (Ich schreibe halt gerne Waldhilsbach, der Postbote weiß das schon, und hoffentlich, hoffentlich, die Straßenkarte auch.) Ich glaube nicht, dass ich Ihnen mit dürren Worten die vielen kleinen Problemchen klar machen kann, die hier auftreten können. Wenn Menschen noch alte Postleitzahlen haben etc. etc.

Der Baumarktzulieferer hat nun etliche Handwerksmeister zu beliefern, die etwa ein ganzes Badezimmer für einen ihrer Kunden bestellt haben. Der LKW soll natürlich die Badezimmerartikel nicht beim Handwerksmeister, sondern an der Baustelle abliefern. Also muss der Tourendisponent unserem Optimierer jeden Morgen neue Lieferadressen beibringen! Wenn die Volumendaten fehlen, hilft nicht viel mehr als Grobschätzungen einzugeben: Ein LKW fasst so und so viele große Teile, die kleinen werden nicht mitgezählt, weil „sie schon noch mit draufpassen“ oder „nach unseren Erfahrungen immer mit draufpassten“.

Wie kommen die immer wieder als Beispiel genannten morgendlichen 1.000 Aufträge in den Optimierer? Hoffentlich von einem anderen Rechner, den die Firma schon hat. Diese Daten sind nun leider nicht so, wie der Optimierer sie braucht. Es muss eine Schnitt- oder Übergabestelle zwischen den Computern programmiert werden, die die Daten umformatiert. Leider hat der andere Rechner ein anderes Betriebssystem und die Programmierer können nicht in beiden programmieren. Usw. usw., ich will Sie nicht langweilen. Es muss aber alles gemacht werden.

Im Prinzip kann jetzt optimiert werden.

6. Optimize!

Optimize. Ich will Sie wirklich nicht langweilen, aber jetzt müssen noch die Parameter des Algorithmus ein wenig umgestellt werden, viele Datenfehler fallen auf und werden bereinigt, die Ergebnisse sind lange nicht brauchbar, weil der Optimierer von einer 36-Stundenwoche ausging und von Überstunden nicht informiert worden war ...

Irgendwann kommt etwas heraus. Das Ergebnis in km ist meist viel besser als gedacht. Das ist den meisten Disponenten nicht recht. Sie hätten lieber, wenn ihre eigenen Touren genauso gut wären. Der Computer ist „leider“ im Schnitt 15 Prozent besser. Es gibt aber Ärger: Die Fahrer kommen eben nicht mehr mittags an „Rosis Frikadellenschmiede“ vorbei und sie fühlen sich eingeengt und bewacht. Ihre km-Leistungen sind nun im Computer abrufbar. Die Fahrzeiten sind offen gelegt. Ich selbst habe die Erfahrung gewonnen, dass sehr viele Manager glauben, die Fahrer führen so, dass sie „Zeiten herausholen, um Pause zu machen“. Stimmt wohl nicht, sie fahren eher noch Überstunden, um einem Kunden einen Gefallen zu tun. Die Fahrer glauben, jede Art von Computerdaten werde von bösen Managern durchgesehen, um „etwas zu finden". Stimmt meist auch nicht, dazu hat ein Manager sicherlich keine Zeit, er weiß (hoffentlich) auch so, wie gut jemand arbeitet.

Es gibt dennoch einige Spannungen, die sich aber legen. Optimieren bedeutet immer einen gewissen Eingriff in die Abläufe und alle müssen sich daran gewöhnen.

Es hat einmal ein Unternehmen geschafft, es bis zu OPTIMIZE! und guten Touren zu bringen. Die Einsparungen sahen sehr gut aus. Man beschloss, in der nächsten Woche diese Touren einmal wirklich zu fahren. 1.000 Aufträge wurden optimiert auf die 50 LKW, alles bestens. Um ein Uhr in der Nacht war die Optimierungslösung fertig, um fünf Uhr sollte alles losgehen.

Vorher war das so: Nach Stadt X fuhr immer nur Lastwagen X. Alle Güter nach X wurden an die Rampe X gestellt, wo LKW X wartete und auflud und dann nach X fuhr. Nun aber warf der Optimierer alle Städte durcheinander, natürlich. Das war klar, aber er druckte die Lieferpapiere in einer optimierten Reihenfolge! Man wusste nicht, an welche Rampe die Güter gestellt werden sollten, bis die Papiere da waren. Warten, auf den Drucker! Wenn bei einem großen Transportunternehmen alles sich um eine Stunde verzögert: Können Sie sich vorstellen, was mit den optimierten Zeitfenstern geschieht? Sie können vielleicht die Hälfte der Güter nicht liefern, weil die Zeitfenster nicht mehr passen. Hunderte Reklamationen, vielleicht Kosten von einem ganzen Firmenarbeitstag für alle. Das kann ein halbes Prozent vom Jahresumsatz kosten! Man konnte nun auch nicht LKW X einfach wieder wie vorher nach X schicken, weil die Lieferpapiere ja anders geordnet kamen: Wir lange dauert es, über 1.000 Lieferpapiere wieder nach Städten zu sortieren? So einige Leute, per Handy herbeigerufen, sind mit dem Schreck einer Nachtschicht davongekommen.

Die Moral: Alle Abläufe müssen neu geordnet werden, die Menschen anders arbeiten, ein Unternehmen muss sich sorgfältig auf den Tag X vorbereiten. Das alles kostet eine Menge Arbeit und Mühe. Meist schreckt das Unternehmen vor allem davor zurück, viel Geld für einen Tourenoptimierer auszugeben. Die Hauptkosten fallen aber eher durch Prozessumstellungen, durch Neuausrichtung der Arbeit, durch Lernphasen, durch Umstellungsschwierigkeiten der Menschen an. Das Klima während einer Umstellung ist oft recht geladen: Der Disponent fürchtet eine Bloßstellung durch den Optimierer, die Fahrer befürchten härtere Arbeitsbedingungen und Teilentlassungen („Das ist ja der einzige Sinn von dem Ding, das kann mir keiner erzählen!"). Kunden bekommen vom Optimierer andere als die gewohnten Zeiten und müssen akzeptieren oder wütend reklamieren („Ich bin euer bester Kunde *gewesen,* wenn ...").

7. Was herauskommt

Es gibt die genannten Einsparungen. Die Abläufe werden einförmiger, meist führt die Optimierung dazu, dass es sehr viel weniger „Ausnahmen" gibt. Das sind Fälle, in denen Güter vergessen wurden, Aufträge wegen Überlast nicht erledigt werden konnten. Im wirklichen Leben löst man diese Probleme, indem eben schweren Herzens ein ganzer LKW mit nur einem Paket geschickt wird, und beim Kunden wartet jemand nach Feierabend und schließt die Tür auf. Liefertreue, Kundenzufriedenheit, Planbarkeit nehmen nebenbei durch die geordnete Optimierung zu. Es gibt bereits Unternehmen, die die gesamte Transportkette im Computer abgebildet haben. Der Rechner weiß zu jeder Zeit, wo sich was befindet. Ein Kunde kann sich über seinen Telefonanschluss und PC zu Hause in das Internet einwählen. Dort gibt er seine Bestelldaten ein und erhält die Mitteilung, welchen Status seine Bestellung hat. Man erfährt: „Im Verladebahnhof." „Adressat zweimal nicht zu Hause angetroffen." „Auf dem Transport in Land X." „Die gläserne Logistikkette" ist die Zukunft.

Tourenoptimierung lohnt sich also, aber Sie merken, dass das abschließend gar nicht so überzeugend klingt, nachdem ich Ihnen die ganzen Schwierigkeiten ausgebreitet habe. Woran liegt das?

Die Wissenschaft hat gerade alle notwendigen Entwicklungen bereitgestellt, aber manche sind noch nicht vollständig abgeschlossen. Die Optimierung ist seit einigen Jahren möglich, weil der Fortschritt der Mathematik und die 1.000fache Beschleunigung der Rechner in den letzten zehn Jahren das möglich machten. Vor zehn Jahren wäre die Anmietung eines Großrechners zur Optimierung so teuer gewesen, dass er alle Einsparungen aufgefressen hätte. Heute reicht ein PC von der Stange. Es gibt heute Datenbanken für den PC und digitale Straßenkarten, die immer besser und preisgünstiger werden. Immer mehr Unternehmen haben genügend Daten zum Optimieren, weil etwa Anwenderprogramme von SAP zum Datensammeln zwingen. Irgendwann werden sich Hersteller einigen, Volumen und Gewicht einfach per Barcode und Datenleitung zur Verfügung zu stellen, so wie in den Büchern vorne schon eine Katalogisierung vorgenommen wird. Alle Probleme der Menschen mit Rechnern, der Datenverfügbarkeit, der Rechnerkapazität schwinden.

Wissenschaftler haben alles vorbereitet, Ingenieure haben eine Optimierung möglich gemacht, einige Vorreiterunternehmen das Risiko der Einführung übernommen. Unternehmen, die heute mit der Optimierung beginnen, tragen immer noch ein gewisses Risiko. Zur Warnung: Etwa 9.000 Transportunternehmen in Deutschland gibt es, vielleicht 500 nutzen Optimierung. Tendenz allerdings: stark steigend. Es ist wie in der Sintflutgeschichte: Der Wettbewerb am Markt treibt von „unten". Die ersten Unternehmen führen Optimierung ein und scheitern. Die Gründe des Scheiterns tragen zur „Lernkurve" der Branche bei. Einige der Nummer-1-AG schaffen es und setzen Maßstäbe und Normen. Die ersten, die eine Einführung schaffen, bekommen ihre Investitionen nicht direkt wieder heraus. „Das Steineschleppen hat den Wertzuwachs der Shares nicht gelohnt." Indirekt aber haben diese Nummer-1-AG nun den dauerhaften Vorteil der Liefertreue und der Verlässlichkeit beim Kunden. Sie haben die Chance auf höheres Wachstum im Markt, wenn sie geschickt werbend mit diesen Vorteilen umzugehen verstehen. Die anderen Transportunternehmen müssen nachziehen, haben dabei die gleichen Investitionen, aber nichts mehr, um zu werben. Die Nr.-1-Unternehmen verbessern bereits an anderer Stelle weiter.

Die „normalen" Unternehmen führen Tourenoptimierung nicht „einfach so" ein. Sie erkundigen sich lange, wie das geht, und sehen und fürchten die Schwierigkeiten. Sie sehen die Nummer-1-AG davoneilen, aber das Scheitern vieler Pioniere hält sie zuversichtlich vom Handeln ab. „Unser Mitbewerber nebenan hat so etwas ebenfalls noch nicht und die sind sonst *überall* dabei." „Mich hat noch keiner überzeugen können, dass das etwas hilft, und das Vorpreschen vor den anderen ist noch nie Sache unseres Hauses gewesen."

Wenn später aus irgendeinem Zufall ein größerer Kunde sich zum Mitbewerber wendet, könnte der für diese Peinlichkeit zur Rede gestellte Manager einfach so aus der Luft greifen: „Es hat nichts mit uns (meint: mit mir) zu tun, die drüben haben jetzt ein Güterverfolgungssystem. Es war sehr teuer. Sie sagen, es rechnet sich dennoch, weil sie durch den Optimierer viel sparen." Dann liegt der Fortschritt, also eine innere Unruhe, vor „uns", d. h., „wir" müssen mit. „Man optimiert jetzt."

Die Ruhigen sagen derweil immer noch: „Nichts ist erwiesen. Sie prahlen mit Einsparungen, um ihr Desaster zu verbergen. Ich habe von Fahrern gehört, dass sie das nur benutzen, um die Löhne zu drücken. Pfui, das machen wir nicht. Das Geschrei soll uns nur verleiten, dass wir endlich auch mitziehen, damit wir ebenfalls in Schwierigkeiten kommen. Wir können erst einmal schön abwarten, welche Fehler sie machen. Wenn eine Optimierung sich tatsächlich lohnt, das sehen wir ja bald, dann können wir das Programm inzwischen für die Hälfte kaufen. Die Straßenkarte hat bald alle Einträge, die die da drüben brauchen, und wir haben kein Problem mehr damit. Die Datenschnittstelle klären die drüben für uns und wir setzen uns einfach ins gemachte Nest, für die halben Kosten. Lasst sie machen, ich schaue mir das genau an. Ich hab's gelernt, im Kurs: Erfindet die Lernkurve nicht selbst, importiert sie, und zwar nur von dem Besten."

Was soll ich sagen: *Sie haben alle irgendwie recht.* Es sind eben verschiedene Strategien, die ihre Meriten haben. Diese Erkenntnis provoziert immer wieder einen Gedankensprung in die Welt der Menschen, die vor der Sintflut fliehen!

Jetzt folgt ein „menschlich anders gelagertes" Optimierungsproblem.

8. Ganz anders: Netzoptimierung

Im ersten Kapitel hatte ich das Problem schon erwähnt: Wie mietet man Datenleitungen bei einem sog. Netz-Carrier oder Netzbetreiber an, dass die Mietkosten minimal sind? Heute spielt sich im Netzbereich ein technisches Drama ab. Das Internet hält Einzug bis in unsere Wohnzimmer. Wir planen E-Commerce, also auch Home-Shopping, vom Bildschirm aus. Filme kommen per Knopfdruck, pardon, per Mausklick direkt auf die Mattscheibe. Das heißt dann Video-on-Demand. Alles wird digitalisiert. Digital TV hat gerade seinen Zukunftsweg begonnen. Mitarbeiter von Firmen verreisen nicht mehr so oft, sie betreiben Video-Conferencing per Bildschirm.

Für alle diese neuen Dienstleistungen werden immer größere Bandbreiten bzw. Kapazitäten für die Datenleitungen gebraucht. Immer mehr Punkte müssen angeschlossen werden. Der Bedarf steigt ins Unermessliche. Brauchte ein Bankberater früher nur ein Telefon, dann einen Reuters Monitor für Online-Börsenwissen, so führt er heute schon alle verfügbaren Immobilien auf dem Bildschirm vor, in Farbe natürlich, mit einem Filmrundgang ums Haus und durch die Räume. Der Fachberater aus der nächsten größeren Filiale ist per Videokonferenz dabei und berät mit.

Diese Zukunftsentwicklung ist die eine Seite. Auf der anderen Seite steigen die Kosten des Datennetzes. Früher hatte eine Firma einen Datenverarbeitungsetat, mit dem das Rechenzentrum betrieben wurde. Danach wollten alle Mitarbeiter einen PC auf dem Schreibtisch, das Rechenzentrum war gar nicht mehr so dominant im Etatentwurf. In einer weiteren Welle werden alle diese Computer miteinander verbunden, in LANs (Local Area Network), in WANs (Wide Area Network), per Internet und Modem. Technisch muss die Verkehrsführung dieser Netze realisiert werden. Mit Leitungen, wie gesagt, mit Knotenrechnern (Servern), mit der nötigen Verkehrsführung (Router oder Switches). Ein großer Teil des Datenverarbeitungsetats wandert nun in die Netzinvestitionen, also nicht mehr so stark in Computeranschaffungen. Und mit der zunehmenden Expansion des Datenaustausches zwischen den Computern über das Netz steigen die Kosten der Mietleitungen enorm an. Es gibt bereits Unternehmen, bei denen *nur die Mietkosten* der Leitungen bald die Hälfte des Etats verschlingen. Bei etlichen dieser Unternehmen ist die Kostenmisere noch nicht ganz transparent, weil die Leitungskosten nicht beim Rechenzentrum, sondern im allgemeinen Telefonetat gebucht werden, für den niemand so recht allein verantwortlich ist. (Die Entwicklung ist so neu, dass ich schon um deutsche Wörter ringen muss – in meinem Beruf ist es natürlich klüger, directly into American zu switchen, um zum point of competence zu routen.)

Das ist doch ein echtes Betätigungsfeld für Optimierer, nicht wahr? Wir haben bei der IBM in Heidelberg ein Programm entwickelt, das eine Netzauslegung optimiert.

Das Potenzial der Optimierungen hat in diesem Fall stark mit den Tarifstrukturen zu tun: Muss man die Leitungen mehr nach „Länge“ oder Entfernung bezahlen oder mehr nach Bandbreite bzw. „Leitungsdicke“? Je nachdem, wie die Preise der Telekoms gestaltet sind, überlegt sich ein Optimierer andere Netzwerkverbindungen. Es gibt Tarife, bei denen einige Bandbreiten mehr nach Entfernung kosten, andere wieder mehr nach Bandbreite.

Stellen Sie sich vor, ein Unternehmen braucht mit der Zeit eine immer höhere Bandbreite im Netz. Das Netz selbst ist nach Entfernung optimiert, weil es damals gut so war. Nun aber, wenn das Unternehmen eine hohe Bandbreite braucht, kommt es auf Entfernungen in der Tarifstruktur nicht mehr so genau an! Dann aber wäre es wohl ratsam, gleich das ganze Netz völlig umzukrempeln? Man sagt: Die ganze Topologie, also die Grundstruktur des Netzes, müsse neu berechnet werden.

Wenn also die Tarife der Telekoms bei verschiedenen Netzlastbedarfen verschiedene Ausprägungen begünstigen, so können wir davon ausgehen, dass alle Unternehmen nach einigen Jahren steigender Netzbelastungen ganz schreckliche Netztopologien haben.

(Jetzt doziere ich sehr klug, dass alle Netzwelten verbesserbar sind, aber wir haben diese Sachverhalte nicht so richtig durch Nachdenken herausbekommen, sondern eher durch staunendes Betrachten optimierter Netztopologien.)

Nun zum Titel „Ganz anders: Netzoptimierung", den dieser Abschnitt trägt. Bei der Tourenoptimierung haben Mathematiker lange Zeit nach guten Algorithmen gesucht. Die Computer wurden als Werkzeug entwickelt, und nach 30 Jahren Arbeit an allen notwendigen Baustellen wird die Tourenoptimierung so langsam in unserer Welt als etwas „Praktisches" akzeptiert.

Bei Fragen der Netzoptimierung aber überschlagen sich die Ereignisse. Da steigt nicht das Wasser der Wettbewerbsdrucksintflut so langsam, aber sicher an, da gibt es Sturzfluten des Drucks. Die Netztechnologien ändern sich alle Monate bis wenige Jahre. So wie die PCs auf unserem Schreibtisch immer nur das erste Jahr wirklich State-of-the-Art sind und dann veralten, verhält es sich im Netzbereich auch. Die Deutsche Telekom ist mit der Liberalisierung der Märkte nicht mehr alleiniger Netzbetreiber. Andere stoßen in die Märkte. Tarife werden sich sprunghaft ändern (nach unten). Die neuen Netz-Carrier stellten lange Zeit jeden Hochschulabsolventen ein, der etwas von Netzen verstand. Es ist sehr schwierig für normale andere Unternehmen, Fachkoryphäen in Netzangelegenheiten zu bekommen. Die Unternehmen sind selbst oft gar nicht mehr in der Lage, in Netzfragen wirklich absolut kompetent zu sein. Der Ruf nach Beratung ist laut.

Während die Einführung von Tourenoptimierungen eine komplexe und schwierige Sache ist, wird die Notwendigkeit von Netzoptimierungen sofort gesehen und akzeptiert. Es kommt bei einer solchen Optimierung im Unternehmen niemand „zu Schaden". Lediglich der Netzbetreiber leidet so richtig unter der Optimierung, er bekommt für seine Standleitungen weniger Miete überwiesen. Netzoptimierung ist außerdem so außerordentlich komplex, dass es viele Unternehmen nicht wirklich selbst versuchen wollen. Für mich als Optimierer beginnen die Schwierigkeiten bei der Arbeit oft mit mangelnder Akzeptanz der Optimierung überhaupt: „Wissen Sie, Sie mögen Professor sein und alle Titel haben, aber die Feinheiten unseres Fuhrparks können Sie nicht kennen, die habe nur *ich* im Kopf. Ich mache das schon 20 Jahre und Sie können kein Bild davon haben, wie schwierig das ist. Sie werden Jahre brauchen, um sich da hineinzufinden, aber bei drei Monaten Projektdauer werden Sie scheitern. Noch kein Disponent hat so schnell hier durchgeblickt ...“ Solche Akzeptanzprobleme gibt es bei der Netzoptimierung nicht. Da heißt es eher: „Bitte schicken Sie dringend jemanden, der sich damit auskennt!“

9. Wir optimieren ein Netz

Auf einer digitalen Straßenkarte werden alle die Stellen eines Unternehmens (Bankzweigstellen, Versicherungsagenturen, IBM-Geschäftsstellen, Ersatzkassenaußenstellen) eingetragen, die mit anderen Stellen per Netz Daten oder Sprache austauschen. Von jeder Stelle zu jeder anderen wird der Demand gemessen, also der Bedarf an Netzkapazität auf einer Leitung. „Wie viel schicken Sie in die Hauptstelle, wie viel zur Börse direkt, wie viel zu ...?“

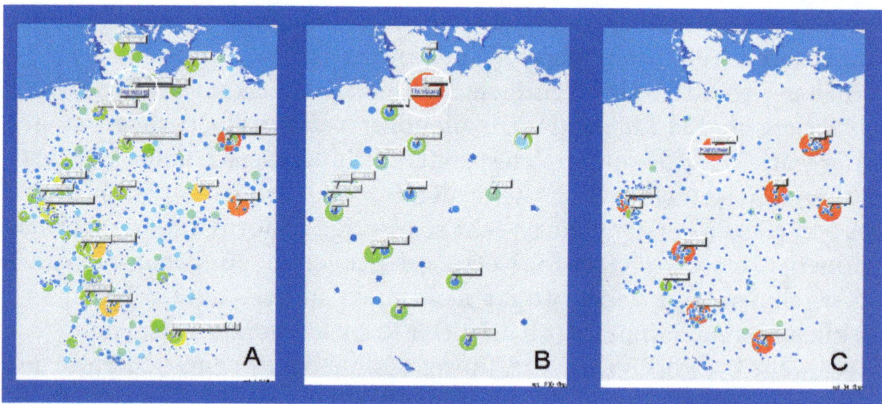

So sieht eine „Demand-Struktur“ aus. Die Kreise um die Städte herum zeigen visuell, wie viel dort ins Netz geschickt wird. Im Bild sehen Sie die Strukturen dreier verschiedener Unternehmen.

Nachrichten wandern im Netz über Knoten und werden dort weitergeleitet. Dieses Weiterleiten kostet Zeit, Verzögerungszeit, die Millisekunden betragen kann. Bei Sprachübertragung kann das zu einem unerwünschten „Ruckeln“ führen. Man ist daher bestrebt, eine Nachricht nicht zu oft über einen Knoten zu führen, also einen „Hop“ zu machen. Technische Gründe sind also ausschlaggebend, dass jede Nachricht nur einen Weg mit einer beschränkten Anzahl von Hops im Netz nehmen kann. Aus Sicherheitsgründen möchte man oft, dass bei Ausfall einer Leitung (einer Linie in der Topologie) oder/und bei Ausfall eines Knotens immer noch gewährleistet ist, dass von jeder Stelle im Netz zu jeder anderen ein Weg offen ist (der Netzgraph muss zweifach zusammenhängend sein, in Termen der Mathematik). Das Netz heißt dann redundant.

Alle diese gewünschten Eigenschaften werden in den Optimierer eingegeben. Welcher Tarif ist zu minimieren? Welcher Netzbetreiber ist hinterher am günstigsten? Wie viele Knoten darf das Netz haben? (Wenn der Optimierer nur die Leitungskosten minimieren soll, tendiert er zu sündhaft teuren Netzen mit vielen Knoten, die man ja kaufen muss. Deshalb bekommt er hier einen „Etat“ vorgeschrieben.)

Wenn diese Daten vorliegen, kann's wieder losgehen. Leider weiß man auch hier nicht genau, wie viel eine Stelle an eine andere sendet, da ist allerhand Erhebungsarbeit notwendig. Bei einer Bank wird natürlich so um elf Uhr früh das Netz am stärksten belastet, am Monatsletzten, dem „Ultimo“, noch stärker. Damit ist es bei Banken relativ einfach herauszubekommen, wann das Netz am stärksten belastet ist, wie hoch also die „peak performance“ eines Netzes sein muss. Wir messen also nur die Belastung am Weltspartag, 11 Uhr, zum Beispiel.

Die Optimierungslösung verlangt hinterher unter Umständen eine ganz andere Knotenstruktur. Das erfordert aber Investitionen in Knotentechnologie. Wiegen die Leitungskosteneinsparungen diese Investitionen auf? Wenn schon diese Struktur geändert wird, welche Netztechnologie soll gewählt werden? Bleibt man in der jetzigen Technologie oder wechselt man gleich radikal in die Zukunft, wenn nun schon überhaupt eine generelle Bereinigung ansteht? Ist das vom Optimierer vorgeschlagene Netz stabil zu installieren, mit welcher Technologie? Usw. usw. Mit Optimierungslösungen der Mathematik allein werden wir nicht glücklich, es ist sehr, sehr viel spezielles Wissen über alle technologischen Möglichkeiten und sehr viel Erfahrung mit komplexen Netzgebilden notwendig. Bei unseren Projekten ist die Optimierung ungefähr nur die erste Hälfte der Arbeit. Der Netzoptimierer macht Vorschläge, unsere „Netzgurus“ machen daraus „schöne“ Netze: solche, die technisch gut machbar sind, stabil sein werden, wartbar sind, für einen Menschen logisch und nicht zu kraus ausschauen (man muss ja bei der Betreuung irgendeine „Netzphilosophie“ erkennen, um den weiteren Ausbau verfolgen zu können); „schön“ eben.

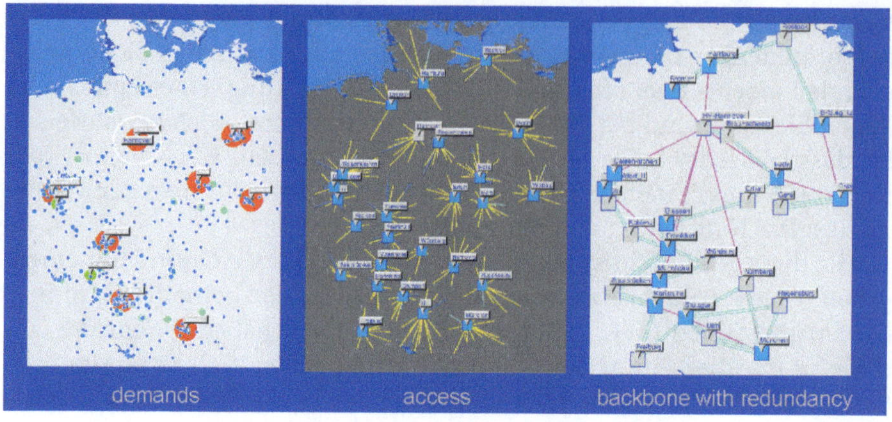

Links sehen Sie noch einmal die visualisierten Anforderungen. In der Mitte ist ein Plan sichtbar gemacht, wo die Hauptknoten des Netzes liegen sollen und welche Stelle mit welchem Hauptknoten verbunden werden soll. Rechts sehen Sie ein optimiertes Netz der Hauptknoten, also die Topologie des „Backbone" des Netzes.

Wir haben dann jeweils geschätzt, wie groß die jeweiligen Netzanforderungen von Kunden in den nächsten fünf oder zehn Jahren sein werden, was natürlich zunehmend Sterndeuterei wird. Davon haben wir dann die besten Netztopologien der Hauptknoten für alle möglichen Zeitpunkte in der Zukunft berechnet. Schauen Sie auf ein älteres Bild, das wir einmal früher angefertigt haben. Es hat eine fast philosophische Bedeutung:

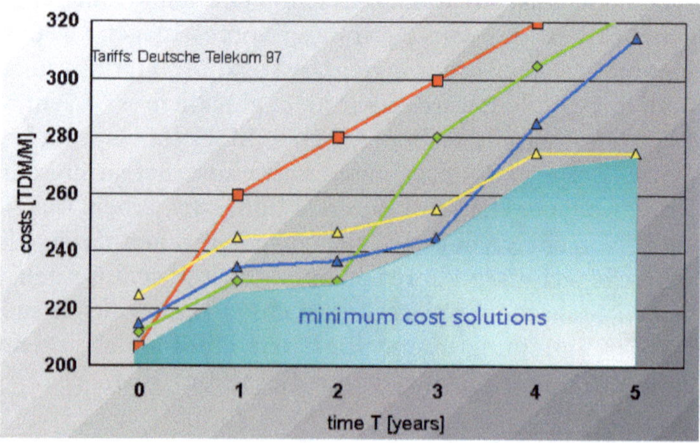

Im Bild werden die finanziellen Folgen verschiedener Strategien dargestellt.

Strategie HEUTE: Ich wähle eine möglichst optimale Netztopologie für die heutigen Demands und miete für diese Lösung Standleitungen für ein Netz an. Wenn in den folgenden Jahren die Anforderungen an das Netz steigen, werden einfach die Kapazitäten der einzelnen Leitungen je nach Bedarf erhöht. Wir lassen dabei die Topologie unverändert und mieten nur mehr Bandbreite an.

Strategie MORGEN: Ich wähle einen Zeitpunkt in der Zukunft, sagen wir heute in fünf Jahren. Ich schätze, dass in fünf Jahren die erforderliche Bandbreite etwa doppelt so hoch sein wird wie heute. Für diesen doppelten Bedarf berechne ich mit dem Optimierer eine möglichst optimale Topologie des Netzes. Dieses Netz hat natürlich viel zu große Bandbreiten für den heutigen, den halben Bedarf. Also miete ich von den Bandbreiten im Zukunftsnetz nur so viel Kapazität, wie ich heute brauche. Wenn in den folgenden Jahren die Netzanforderungen steigen, miete ich sukzessive wieder Bandbreite dazu. In fünf Jahren komme ich dann bei dem Netz an, was ich zu Anfang errechnet habe.

Im Bild zeigt die rote Kurve die Strategie HEUTE. Sie ist natürlich zum Zeitpunkt null optimal. Aber schon bald ist die Topologie „schief" für die höheren Belastungen. Bei einfacher Bandbreitenzumietung schießen die Kosten in die Höhe.

Die grüne Kurve zeigt die Strategie MORGEN, für 2 Jahre! Sie hat zum Zeitpunkt null höhere Kosten, ist dann günstiger und wird nach zwei Jahren schlecht.

Die blaue Kurve zeigt die Strategie für drei, die gelbe für fünf Jahre.

Was ist am besten? Bestimmt nicht: HEUTE!

Vielleicht Strategie MORGEN (3 Jahre) bis zum vierten Jahr?

Ich sprach eben von dem philosophischen Wert dieser Optimierung: Denken Sie mal ein paar Minuten drüber nach! Die Graphik zeigt, dass Lösungen schlecht werden, wenn sich das Leben ganz normal weiterentwickelt. Sie zeigt, dass es viel günstiger ist, in Lösungen mittlerer Sicht hineinzuwachsen als aus heute optimalen Lösungen herauszudivergieren.

Es erscheint ganz gut, alle paar Jahre einmal alles neu für die Zukunft zu rüsten, und zwar mit den Gedanken in der Zukunft. Das Optimieren des Jetzt ist offenbar keine so gute Idee. Ja, es ist nur ein exakt gerechnetes Beispiel der Netzoptimierung, nicht ein Paradigma für das Leben schlechthin. Ich weiß.

Und ich sage Ihnen:
Es ist *doch* das Paradigma schlechthin!

10. Der einfache Sintflutalgorithmus funktioniert nicht bei Netzen

Stellen wir uns die Flucht vor der Sintflut in dem Raume aller Netzlösungen vor. Wie kann ein Schritt in dieser Landschaft von einer Lösung zu einer anderen aussehen? Die Antwort ist scheinbar klar: Wir lassen den Rechner in wilder Hektik tausende Male Leitungen bei dem Netzbetreiber anmieten oder wieder abmieten. Oder wir verfahren so, dass wir die Demands (in der Abbildung oben die farbigen Verbindungen) auf immer verschiedene Routen legen. So wechselt der Computer die Verbindungen und schüttelt die Lösung für ein fast optimales Netzwerk zusammen.

Das hat der Entwickler dieses Programms, Gerhard Schrimpf, natürlich getan. Die Optimierungsergebnisse hat er nach den Programmläufen ausgedruckt und in den vierten Stock zu unserem „Netzguru" Detlef Straeten gebracht, der stets enttäuscht mit dem Kopf schüttelte und kein rechtes Vertrauen zu dieser ganzen Optimiererei fassen wollte. „Das geht mit Hand besser." – „Diese Lösungen sehen aus diesen und jenen Gründen verdächtig aus und könnten eigentlich sogar schlecht sein." Ernüchterung. Denkpause.

Es war damals nicht so ganz leicht zu verstehen, warum das nicht ging. Es schien im Problem zu viel Unruhe zu erzeugen, wenn der Optimierer dünne mit dicken Leitungen vertauschte. Bei der Tourenplanung ernüchterten uns die Zeitfensterbedingungen, hier die unterschiedlich großen Netzbedarfe.

Irgendwann wurde uns klar, dass sowohl Netzoptimierung wie auch Tourenplanung mit Zeitfenstern mit Hilfe von TA, SA oder Sintflut nicht gut funktioniert.

Ein modifizierter oder neuer Algorithmus musste her, der bei Verschiebungen größerer Leitungen im Netz auch immer die umliegende Infrastruktur gleich mit berichtigte. Diese Überlegungen führten Gerhard Schrimpf zum Ideengut des nächsten Kapitels. Hier entdeckte er sehr explizit, was viele von unserem Team beim Implementieren schwieriger Probleme schon immer intuitiv gewusst hatten und auch schon in ihren Programmen implizit angewendet hatten: *Es ist bei schwierigen Problemen gut, wenn man die Möglichkeit vorsieht, große, weite Schritte zu machen.*

Nach diesen Erkenntnissen entstand ein neues Programm. Die Begutachtung der Ergebnisse im vierten Stock (IBM Europäisches Netzwerkzentrum) durch unseren Guru Detlef Straeten fielen langsam gnädiger aus. Leise erstaunte Befriedigung konnte sich breit machen. Und eigentlich erst, nachdem wir die neuen Erkenntnisse über ganz große Schritte eingehend theoretisch diskutiert hatten, wurden auch die Implementierungen der einzelnen Schritte so richtig gut. Am Schluss saß dann Detlef Straeten ungläubig vor einer Computerlösung und sprach: „So etwas gibt es nicht. Diese Lösung macht kein Mensch. Es muss etwas technisch faul sein."

In diesem Augenblick war unser Networking Design Service geboren worden, der einige Jahre florierte.

XIII

Ruin & Recreate

1. Vor dem großen Sprung

Die Sintflut trieb die Menschen immer weiter hinauf. Oben nahm die Landschaft bizarre Formen an. Auf einer weiten, sanft ansteigenden Fläche, die stetig und leicht bergan führte, fanden sich vereinzelte, sehr spitze Berge. Diese Spitzberge wurden nach oben hin seltener, aber sie standen viel mächtiger und einsamer in einer schräg nach oben verlaufenden Landschaft. Ihr Sockel wurde unten ebenfalls umfänglicher und breiter. In der Fläche unten fanden sich immer häufiger Risse, die sich zu engen Gräben und bald zu tiefen Schluchten ausweiteten.

Der Aufstieg wurde gefährlich. Es mussten Übergänge über Schluchten gebaut werden. Unternehmer AG mussten viele Ing. Erbauer beschäftigen, um Brücken zu schlagen. Zum Zorn der Menschen ließen sie sich die Übergänge über die Schluchten teuer bezahlen. Den Übertritt konnte sich zu Anfang kaum jemand leisten. Viele Menschen sparten viele Jahre lang. Die Prof. Entdecker durften oft ohne Gebühr passieren, obwohl sie in dieser Landschaft nicht recht nützten. Sie steckten eben Fahnen auf die Spitzberge, auf die bestimmt niemand ziehen mochte. Es war nie ganz klar, warum sie das taten. Die Ing. Erbauer waren meist bereit, ohne viel Hab und Gut hinüberzugehen, und waren in der Mehrzahl mit als Erste drüben. Wer aber umziehen wollte, musste zahlen und bluten. „Die Brücke kostete ein Vermögen und ganze Schatzkammern!", verteidigten sich die Unternehmer AG. Da kletterten Menschen durch die Schlucht oder sie bauten Hängebrücken, ganz kleine. In der Regel aber fingen andere Unternehmer AG bei solch hohen Preisen an, neue Brücken zu bauen und verdarben damit die Preise der Erstbrückenunternehmer, die natürlich weitere Bauten zu verhindern suchten. Dies war durch geschickte Aufkaufstrategien möglich: Sie kauften von dem bei der ersten Brücke verdienten Geld die Besitzrechte für alle Grundstücke auf der anderen Seite der Schlucht, wo Ing. Erbauer in Eile Rohbauten errichteten. „Eine patente Strategie, nicht wahr?" Weiter oben suchten schon Unternehmer AG neue Schluchten. Neue Hindernisse, neues Geld! Hohe Hindernisse, wahrer Reichtum! Am Ende liefen alle Geldsüchtigen nach oben zu neu entdeckten Schluchten, so dass schließlich die letzten Menschen fast ohne Geld über die Brücken kamen. Da rieben sich die Ruhigen gemütlich die Hände. Sie gingen als Letzte, ohne Mühe, ohne Anstrengung. Die Normalen hatten in ihrer Ungeduld den Schaden. Wie heißt es doch bei Sintfluten? „Wer's eilig hat, muss zahlen."

Der Regen fiel. Das Wasser stieg unaufhaltsam. Die Prof. Entdecker waren dem Wasser immer weit voraus und sorgten sich nicht. Sie trauerten nur, wenn die Fahnen, die sie einst setzten, im Wasser versanken. „Aller Ruhm vergeht, ach, fände ich doch einen unendlich hohen Berg", seufzten sie, „auf die Spitze, ganz oben auf den unendlich hohen Berg setzte ich meine Fahne, und mein Ruhm wäre unsterblich!" Die Ing. Erbauer retteten mit den Bauten den Fortgang der Menschheit. Die Unternehmer AG suchten Schluchten, um Brückengeld zu verdienen. Sie suchten enge Pässe zwischen Steilwänden, um dort ihre Häuser zu bauen, wo alle später durchmussten. Sie waren im Grunde ein wenig traurig, dass das Wasser nicht so sehr schnell stieg.

2. Gebirge oder Spitzberg?

Die Ebene wurde nach oben welliger, die Spitzberge hatten riesenhafte Ausmaße mit großen Sockeln unten. Es wurde mühsam, die Bergsockel zu umrunden. Manche der Spitzberge waren schrecklich hoch und würden für ein Menschenleben Sicherheit bieten. Aber wenn das Wasser den Sockel erreichte? Wäre dann nicht nach drei, vier Generationen Schluss mit der Menschheit? Nein, diesen Verlockungen verfielen die Menschen nicht. „Wir haben die Verantwortung für unsere Kinder", sagten die Normalen, die in der Mehrheit waren. „Das Land muss auch für sie später bewohnbar sein." Die Prof. Entdecker suchten sie stets auf die Berge zu locken, um ihnen schwindelnde Höhen zu zeigen: „Dort ist die Zukunft! Dort ist die Unendlichkeit!" Dort stand die Fahne. Die Ing. Erbauer bauten. Sie schufen. Sie lebten vor der Gegenwart. Die Unternehmer AG aber waren ruhelos. „Es ist so", sagte einer für alle, „ich muss da doch dreißig Jahre arbeiten, bis ich diese Erkenntnis kriege: Der Engpass ist der Vater aller Dinge!"

Die ebenen Stellen unten wurden mit ansteigender Höhe schmaler und schmaler. Die Menschen standen zwischen den Sockeln verschiedener Spitzberge eingeklemmt und gefangen. Sie konnten nicht weiter, mussten sich entscheiden, auf welchen der Berge sie steigen wollten. Das Herz war ihnen schwer.

Sie konnten sich lange nicht einig werden, wohin sie sich wenden sollten. Es war eine schlechte Zeit für Unternehmer AG, die in dieser Phase der Starre an keiner Bewegung verdienten. Wer ein echter Unternehmer AG war, sagte tagein, tagaus: „Selbst eine schlechte Entscheidung ist besser als gar keine." Bewegung lässt Geld fließen. Dichter beklagen Vergänglichkeit, aber Vergänglichkeit gibt Leben. Und Richtung. Irgendwohin.

Eines Tages brachen sie auf, weil das Wasser stieg.

Später stellte sich heraus, dass einige Findige unten Dämme gebaut hatten, so dass wegen Regenwasserstaus das Wasser schon nahe schien. Dies führte zu einer Panik unter den Normalen, die in blinder Hast in die Höhe eilten. Die Unternehmer AG waren völlig überrascht. Manche verarmten in Minuten, weil sie Besitzrechte in der falschen Richtung hatten. Manche wurden märchenhaft reich. Kluge hatten Besitzrechte vorsorglich überall. „Gutes Risikomanagement ist alles", sagten sie. Sie hatten recht und deshalb wurden Kluge niemals märchenhaft reich. Später, als man nachschaute, waren keine Dämme da. Die Normalen freuten sich, dass sie nicht betrogen worden waren. Diejenigen Prof. Entdecker, die in diesem neuen Gebiet keine eigenen Fahnen stecken hatten, diagnostizierten das baldige Ende der Welt, da die Menschheit nun auf einen Spitzberg, einen falschen dazu, flüchte, damit ins Unglück stürze, in die Ausweglosigkeit. „Seht ihr im Regen nicht *zwei* Schritte weit!", schrien sie erregt. Aber die Menschen flohen nach oben, in einer massenhaften Panik der Normalen. Als die Normalen nach Luft rangen im Aufstieg, merkten sie, dass sie ein unendliches Gebirge erreicht hatten und nicht etwa auf einen Spitzberg strebten. Sie spürten, dass das, was sie als Angst gefühlt hatten, tiefe Befriedigung über eine gute Wahl war. In der Höhe wollten sie niemanden hören, der das Wort „Spitzberg" aussprach. Ohne dass es jemand befahl, hieß derjenige Teil des unbekannten Landes, in das sie strebten, für sie alle „Gebirge". Wer dennoch zynisch oder verrückt war, wer wusste das schon, und vor der „Sackgasse eines Spitzberges" warnte, wurde als „grün" bezeichnet, hinter den Ohren, oder als „intellektuell".

3. Der weite Schritt der Spinne

Nur vereinzelte Prof. Entdecker blieben auf den anderen Spitzbergen und forschten unermüdlich. Das Wasser stieg und immer noch war es nicht am Fuße des Entscheidungspunktes von einst. Die Prof. Entdecker brachten Kunde von ungeheuerlichen Aufstiegen und Spitzbergeshöhen. Sie trugen immer noch die Karte der Welt zusammen und legten alles Entdeckte in Papers nieder. Die Normalen lasen alles mit Staunen und glaubten es nicht. Esoteriker! Vor den Menschen voran nach oben, auf die Spitze, drängten fast alle anderen Prof. Entdecker. Mit der Fahne in der sieggewohnt vorgestreckten Hand. Orthodoxe! Nur vereinzelt noch erkundeten Einsame menschenleere Gefilde in der Unendlichkeit der Welt.

Die Ing. Erbauer liefen in Scharen nach oben auf den Spitzberg und entwarfen Herden von Rohbauten, höher und höher hinauf. Die Fahnenträger kämpften noch höher und entschwanden den Blicken. Es war eine Zeit der Veränderung. Die Unternehmer AG frohlockten.

Viel später stieg der schnellste der Prof. Entdecker, ein ganz junges Talent, zu den Menschen herab und verkündete, er habe die Spitze erreicht. Auf diese Meldung hin kam es zu Tumulten. Der Entdecker wurde auf einen Schlag berühmt. Er wurde von nun an wie ein Heiliger verehrt. „Was hast du gesehen?", fragten ihn wieder und wieder nimmersatt die Normalen. Dann sagte er, wie er es schon so oft gesagt hatte: „Ich konnte beweisen, dass die gewählte Lösung ein lokales Maximum ist. Es ist sogar nicht ausgeschlossen, dass es das globale Maximum ist." Dieses halb verständliche Fachchinesisch klang sehr charmant aus seinem Mund. Er war der Star der Entdecker. „He proved the long-standing Spitzberg conjecture! We know now for sure that there is a sudden end!"

Es kam zu keiner weiteren Panik. Angst macht nur das Ungewisse. Panik ist der Einbruch des Ungewissen in die Ruhe. Wenn dort oben ganz gewiss eine Bergspitze war, so senkten die Menschen nun die Augen. Nur die Kinder schauten nach oben. „Werden wir sterben müssen, Opa?" „Wohl nicht." „Warum nicht, Opa?" „Es wird den Unternehmern AG schon etwas einfallen. Für einen Ausweg wird man märchenhaft reich." „Meinst du, Opa, es reicht, wenn ich einen Tag lang schwimmen kann? Ich will dann ganz doll üben." „Es wird wohl reichen."

„Opa, du selbst kannst aber nicht einen vollen Tag schwimmen?" „Ich bin alt." „Kann es nicht sein, dass gleich drüben eine Nebenspitze ist und dass wir sie im Nebel nicht sehen?" „Ja." „Wir können Boote nehmen und suchen, Opa." „Lass das." „Sieht die Welt wie ein Igel aus?" „Wie ein Igel?"

„Weißt du, Opa, mein Igel hat doch immer so viele Läuse. Die sitzen unten auf der Haut und piesaken ihn. Wenn ich den Igel ins Wasser tauche, dann kommen sie hoch und versuchen, sich auf die Stachelspitzen nach oben zu setzen. Das nützt nichts, weil ich den Igel untertauche, da schwimmen die Läuse in der Schüssel." „Oh, mein Kind, oh, mein Kind. Lass uns über etwas anderes reden."

„Weißt du, Opa, die Welt ist ein großer Igel, und sie wird gerade untergetaucht. Wir sind die Läuse. Zuerst, als das Wasser stieg, sind wir noch auf der Rückenhaut nach oben gekommen. Als das Wasser so hoch war wie der Rücken, mussten wir an den Stacheln hoch, auf den Spitzberg. Da ersaufen wir, Opa." „Ja, ja. Aber der liebe Gott macht uns doch nicht zu Läusen, oder?"

„Sag' mal Opa, was unterscheidet den Menschen von den Läusen?" „Sie sind dumm." „Der von nebenan sagt, die Menschen sind alle dumm, weil sie keine Schiffe bauen." „Er will nur Geld verdienen. Menschen sind nicht dumm, sie überlegen viel. Das dauert eben lange. Läuse überlegen nicht." „Aha. Dafür können sie aber an den Schüsselrand schwimmen. Hast du schon einmal eine Spinne auf einer Bürste gesehen?"

„Warum?“ „Die Spinne kann auf den Spitzen der Bürste laufen.“ „Sie kennt den Ausweg.“ „Warum kennst du keinen Ausweg?“ „Ich warte, dass jemand einen Ausweg findet. Es gibt viele, die märchenhaft reich werden wollen. Einer von ihnen wird den Ausweg finden. Die anderen warten und hoffen, dass sie *einfach so* märchenhaft reich werden.“

4. Der große Sprung

Sie bauten Schiffe. Erkundungen ergaben, dass es etliche Spitzberge in der Umgebung gab, die bewohnbar waren. Die Menschen stritten, wohin zu gehen sei. Es gab sehr viele Argumente zur Wahl des höchsten Spitzberges. Die Menschen eiferten. Die Prof. Entdecker rauften sich die Haare, weil es sie verzweifeln ließ, wenn Menschen fachkundig über Dinge sprachen, die nur die Entdecker je gesehen hatten. Sie forderten, dass sie als einzig Kompetente entscheiden dürften, wie es mit der Menschheit weitergehen solle. Aber Fahnen waren nicht Rohbauten und Rohbauten nicht Menschen. Und überhaupt: Niemals dürften je Entdecker die Lösung entscheiden, denn Prof. Entdecker wollten immer nur die Ruhe der Vollkommenheit, nicht den Strom der Veränderung, wie ihn die Unternehmer AG forderten. Es gehe nicht um die Höhe der Spitzberge, sondern um die Tarife der Schiffspassagen! „Nein, es geht um die Bewohnbarkeit der nächsten Spitze! Ob man dort überhaupt gescheit bauen kann!“, so die Ing. Erbauer. „Schwatzt nicht über Häuser, baut Schiffe“, sagten die Normalen. Die Ruhigen lebten.

Es folgte ein großer Sprung der Menschheit an die Spitze, an die nächstgelegene Spitze. Sie schien sehr hoch zu sein, was sich aber in den folgenden Jahrzehnten im Regen nicht bestätigte. Viel später also sprach ein Kind zu seinem Großvater.

„Opa, als du klein warst, da hast du das mit dem Igel und der Spinne erfunden. Für deinen Opa.“ „Ja.“ „Erzähl mir bitte bitte wieder, wie dieser Gedanke damals die Menschheit gerettet hat.“ „Als ich das mit der Spinne meinem Opa erzählte, da hat man Schiffe gebaut.“ „Warum bist du nicht märchenhaft reich geworden, Opa?“ „Ach, weißt du, sie haben mir damals nur ein Geschenk gemacht, ich war ja nur ein Kind.“ „Was denn?“ „Ja, also, oh Kind, ich weiß das nicht mehr, irgendetwas, ich weiß nicht mehr, Gift gegen die Läuse, glaube ich.“ „Weißt du, Opa, du hast nicht recht.“ „Wieso nicht?“ „Die Welt ist wie ein ***Stachelschwein.***“ „Da magst du recht haben, ja, wirklich." „Wir springen also von Stachel zu Stachel, und die Stacheln sind ganz nach oben gerichtet. Und die Stacheln werden immer viel länger, auf die wir springen, das ist klar, sonst würden wir ersaufen. Wir überlegen uns jedes Mal sorgfältig, auf welchen Stachel wir springen, weil Läuse nicht überlegen und weil wir keine Läuse sind." „Ja, lass mich doch den Mittagsschlaf machen." „Aber, Opa, nebenan der Prof. Entdecker hat einen Sintflutalgorithmus erfunden und er hat was dazu gesagt, aber ich versteh's nicht, er erzählt dauernd darüber und gibt mir Bonbons, wenn ich's aushalte. Man soll wie in einer Flucht auf den Stacheln rumspringen und ***nicht*** überlegen. Das ist vernünftiger." „Ja, ja. Ich schlafe."

„Du siehst das also auch so. Aha. Dann will ich eine Laus werden. Die sind überlegen."

5. Große Sprünge bei komplexen Optimierungsproblemen!

Das Optimieren von Rundtouren geht mit dem Sintflutverfahren problemlos. Beim Netzoptimieren musste ich berichten, dass sich Schwierigkeiten mit der „Landschaftsoberfläche" in der Menge der Netztopologien ergeben. Hat diese Oberfläche ein „Stachelschweinprofil"?

Ich möchte das genauer erklären, stehe aber vor einem Dilemma. Diese Phänomene der merkwürdigen Landschaftsprofile treten eher bei hochkomplizierten Problemen auf, nicht so oft bei einfachen. Aber ich kann Ihnen hier im Buch doch nicht auf 20 Seiten ein so komplexes Problem genau erklären, nur um hinterher zu sagen, hier gebe es „Spitzberge"?! Ich versuche dennoch mein Bestes.

Nehmen wir an, Sie versuchen sich an einem Design eines Flugplanes für eine Charterlinie. Welche Flugzeuge fliegen zu welchen Zeiten welche Flughäfen an? Welche Besatzungen werden wie eingeteilt?

In dieser Lösungslandschaft versuchen Sie einen Schritt zu gehen. Sie ändern den Flugplan ein bisschen und schauen sich die Zielfunktion hinterher an, um Ihren Vorschlag zu bewerten. Beispielsweise beschließen Sie, den Flughafen Rhodos nicht mehr anzufliegen und das Flugzeug lieber rentabler zu den Malediven zu schicken. So entsteht durch einen kleinen Beschluss ein neuer, schwach geänderter Plan. Nun kommen die Schwierigkeiten: Sie haben sich Landerechte auf Rhodos gesichert, „slots". Was passiert mit diesen? Bekommen Sie Landerechte auf den Malediven? Wenn es dort rentabel ist, sind nicht schon alle Airlines da? Bekommen Sie dort

Service? Catering? Wie verändert Ihre Planverschiebung den kunstvoll erstellten Wartungsplan, der auch alle Regelinspektionen vorsieht? Muss der umgeworfen werden? Wie werden die Besatzungen neu eingeteilt? Gibt es jetzt Probleme mit dem Crew-Pairing, wie man sagt? Ist es überhaupt politisch möglich, Rhodos zu streichen? Vielleicht haben Sie einige Rahmenabkommen mit großen Reiseveranstaltern, für die Sie *alle* Charterflüge abwickeln. Die müssten geändert werden. Geht das? Werden die Reiseveranstalter bei Ihnen dann überhaupt buchen? Sie hören Ihren Chef schon sagen: „Wir sind überall in Europa präsent." Sie sehen an diesem Beispiel, dass ein kleiner neuer Wunsch an ein komplexes Geflecht zu grässlichen Problemen führt. Ein Herumdrehen an wenigen Parametern führt zu unabsehbaren Folgeverschiebungen im ganzen Geflecht. „Es gibt keine einfachen Veränderungen.", könnten wir resigniert feststellen.

Bei der Tourenplanung gibt es das Mehrfrequenzproblem bei Außendienstmitarbeitern. Ein Außendienstler einer großen Süßwarenfirma soll alle Läden in seinem Bezirk besuchen, um den Absatz der Waren zu kontrollieren. Supermärkte besucht er dreimal wöchentlich, Discountmärkte zweimal wöchentlich, Kleinmärkte einmal wöchentlich, Tankstellen und Kioske zweimal im Monat. Gesucht ist ein Besuchsplan, der für jede besuchte Stelle den Termin angibt: Supermarkt X am Montag, Mittwoch, Freitag, 14 Uhr. Es müssen feste Wochentage angegeben werden und eine feste, *immer gleiche* Uhrzeit. Für einen Supermarktleiter ist es nicht zumutbar, sich bei den 12 Besuchen im Monat jeweils andere Termine zu merken. Beispielsweise geht es so bestimmt nicht: „Ich komme am 1. des Monats um 13.11 Uhr, am 3. um 15.34 Uhr, am 5. um 17.48 Uhr, ..., am 31. um 09.45 Uhr. Für den nächsten Monat haben wir noch nicht optimiert. Da gibt es andere Zeiten, weil der Monat dann nur 30 Tage und einen Feiertag hat. Ich bitte um Verständnis." Zurück zu unserem Besuchsplan, dieser ist nun so zu gestalten, dass die Fahrzeit zwischen den Besuchen kurz wird, also die gesamte Arbeit schnell erledigt werden kann. Versuchen Sie, sich einen Veränderungsschritt in einem Besuchsplan vorzustellen: Ich verschiebe zum Beispiel den Supermarkt-Termin von immer 14.00 Uhr auf immer 14.15 Uhr. Das geht sicher nicht in zulässiger Weise, weil an einem der 12 bis 13 Termine im Monat bestimmt um 14.15 Uhr etwas anderes geplant ist. Eine kleine Änderung hat hier große Auswirkungen.

In vorigen Kapitel habe ich besprochen, dass im mathematischen Modell Straffunktionen eingeführt werden. Es ist auf diese Weise erlaubt, unzulässige Lösungen zu „besuchen". Dafür werden diese Lösungen mit einer schlechten Bewertung „bestraft". Bei einfachen Problemen können wir hoffen, dass der Algorithmus schließlich mit einer zulässigen Lösung die Rechnung beendet. Sie erinnern sich sicher noch an die Bemerkung „Oben wächst ohnehin kein Gras."

Leider enden die Algorithmen bei komplexen Problemen nicht mit zulässigen Lösungen – wir schafften es jedenfalls nicht immer, die Straffunktionen so virtuos einzustellen. Es kommen bei der Mehrfrequenzplanung, bei der Tourenplanung, bei der Flugplanung, beim Verplanen von Stranggießanlagen der Stahlproduktion überwiegend Lösungen heraus, die sehr gut sind, aber eben noch relativ wenige Unzulässigkeiten enthalten. Leider ist es nicht möglich, diese Unzulässigkeiten „wegzuschummeln". Beim Mehrfrequenzvertreterproblem bleiben einige wenige der Supermärkte immer mit chaotischen Zeitplänen übrig, und der Plan lässt sich nicht mehr hinrütteln. *Hinrütteln ist bei komplexen Problemen fast genau so schwer wie die ganze Problemlösung selbst!* Wir können eben nicht im Anschluss an eine Flugplanoptimierung eben mal so noch Rhodos zur Disposition stellen.

Komplexe Probleme verlangen komplexe Veränderungsschritte.

Bei komplexen Problemen stelle ich mir die Lösungslandschaft wie oben geschildert vor: Ein Stachelschwein stellt sich in voller Pracht auf. Die Landschaft ist voller erbärmlicher Lösungen, die alle keine „innere Harmonie" haben, bei denen irgendetwas noch nicht stimmig ist. Ganz seltene Erhebungen in einer trostlosen Landschaft symbolisieren die „Spitzberge", die Stachelspitzen. Wie die Spinne über die Bürste wandert, so wollen wir versuchen, in einer Lösungslandschaft große Schritte zu machen. Von Spitze zu Spitze, auf immer höhere Spitzen, hin zu einer guten Lösung. Beim Netzoptimieren oder bei der Mehrfrequenzplanung, bei Flugplanung & Co. erhalten wir als Belohnung viel bessere Ergebnisse. Ich erkläre jetzt an Beispielen, was große Schritte sind.

6. Sprünge beim Travelling-Salesman-Problem

Wir schauen uns wieder unser gewohntes 442-Bohrlochproblem an.

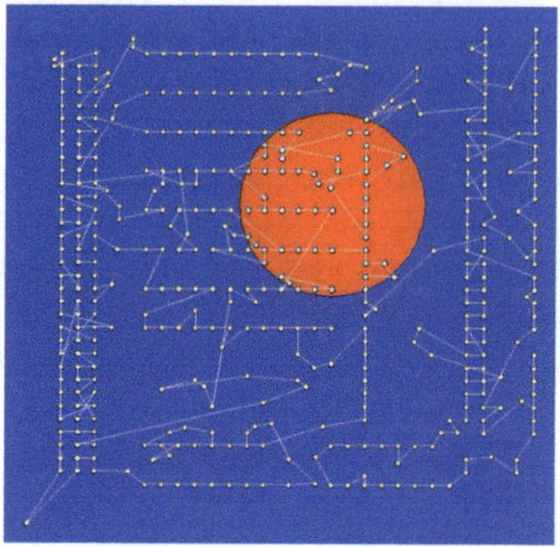

Ich gebe Ihnen nun ein relativ radikales Beispiel für eine größere Änderung in einer Rundtour an. In der Abbildung ist ein Kreis zu sehen. Alle Städte in diesem Kreis sind gekennzeichnet und hervorgehoben. Diese Städte nehme ich einfach aus der Rundtour heraus. Im nächsten Bild sehen Sie das Resultat. Die Rundtour ist natürlich durch das Herausnehmen der Städte unterbrochen. Wir bilden eine Restrundtour, indem wir die Städte in der alten Reihenfolge durchlaufen, dabei aber die herausgenommenen „überschlagen".

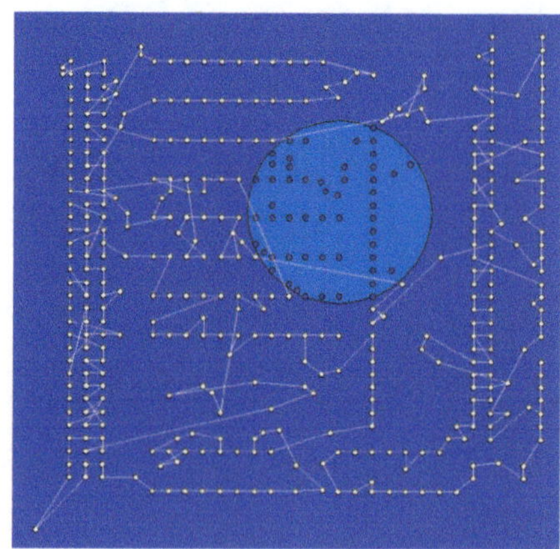

In dieser Lösung hat der Handlungsreisende die herausgenommenen Städte nicht auf der Tour bzw. der Bohrer bohrt an diesen Stellen kein Loch in die Leiterplatte.

Dies ist der Vorgang, den Gerhard Schrimpf RUIN getauft hat. Wir zerstören einen Teil der Lösungsstruktur, um eine neue Lösung entstehen zu lassen. Anschließend überlegen wir uns, wie wir zu dieser geplanten neuen Lösung kommen. Dies ist der Schritt RECREATE.

Ein Beispiel: Im Bild „Ruin" sind ein paar Städte gekennzeichnet. Diese Städte könnten wir in der einfachsten Weise in die Tour hineinfügen, sehen Sie sich das im nächsten Bild an.

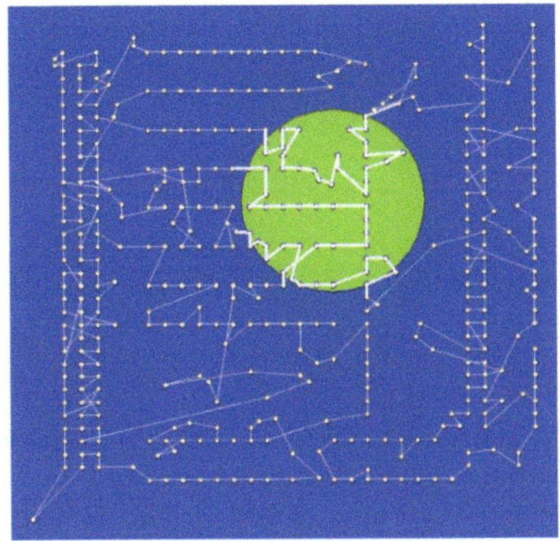

Diese Einfügungsschritte vollführen wir nun so lange, bis sich wieder eine vollständige Rundtour durch alle Städte ergeben hat.

Dieses Verfahren, physische Lösungen des Problems quasi zu bombardieren und dann wieder zusammenwachsen zu lassen, bringt uns den heiß ersehnten Freiraum, das Zusammenwachsen so zu gestalten, dass wieder eine zulässige Lösung herauskommen kann.

Das Ruin & Recreate bringt bei TSP gar nichts. Es ist fast ein bisschen schlechter als das Sintfluten oder das Threshold Accepting.

Bei den Netz- oder Tourenplanproblemen ergeben sich gravierende Verbesserungen, wenn man das Zusammensetzen der neuen Lösung so klug gestaltet, dass eine gute und möglichst zulässige Lösung entsteht. Dann hüpfen wir im Problemraum in ganz großen Schritten von einer zulässigen Lösung zur nächsten. Damit wird es für den Computer um Größenordnungen leichter. Das ist am Ende auch für unsere Projekte herausgekommen.

Die erste Idee („Bombeneinschlag und Wiederaufbau!") von Gerhard Schrimpf war einfach genial. Ich hatte sofort den fremdwörtlichen Gedanken: Apokalypse und Apokatastase, na ja.

Für die konkrete Programmierung können Sie dann darüber nachdenken, die Zerstörungen möglichst clever zu gestalten. Sie können etwa nur Aufträge „von 13 Uhr bis 15 Uhr" per Bombe „zerstören", also aus dem Plan nehmen. Das nennen wir intern Zeitbombe. Sie können Städte entlang einer Strecke verändern oder nur Päckchen gleicher Größe von den LKW nehmen und neu ordnen. Sie haben allen Freiraum, das im Konkreten zu programmieren. Diesen Freiraum sollten Sie je nach Problem nutzen – bei Netzen anders als bei Touren. Bei Netzen wird man nur Leitungen ähnlicher Kapazität austauschen, bei Touren sind die Zeitfensterbedingungen so schrecklich.

7. Ruin & Recreate „im Leben"

Auch im realen Leben spüren wir, dass mit vielen kleinen Veränderungen keine großen Sprünge zu machen sind. In sehr komplexen Situationen, in denen viele Menschen mit vielen verschiedenen Charakteren mitwirken, wo Ruhige, Nr.-1-Menschen, Unternehmer und Fahnenstecker aufeinander prallen, bewirken kleine Veränderungen oft nichts.

Kleine Veränderungen: Die Regierung adjustiert Steuergesetze, ändert zugelassene Promille-Pegel. Ein Unternehmen schränkt die Budgets für Reisekosten ein. Ein neuer Stürmer wird für eine abstiegsgefährdete Fußballmannschaft gekauft. Ein Unternehmen führt flexible Arbeitszeiten ein. Das neue Fach Mengenlehre wird an der Schule unterrichtet.

Die Ziele sind: Steuern sollen gerecht erhoben werden. Die Unfallzahlen sollen gesenkt werden. Die Mitarbeiter sollen kostenbewusst arbeiten. Die Mannschaft soll aggressiveren Fußball spielen. Die Bildung an der Schule soll besser werden.

Große Veränderungen: Eine radikale Steuerreform ohne Tabus. Der Trainer der Mannschaft wird gefeuert. Bildungsreform. Ein Unternehmen bekommt eine neue Geschäftsführung oder es wird in einen fremden Konzern eingegliedert. Bereiche eines Unternehmens werden aufgelöst. Ein Zahnarzt führt eine umfassende Computerlösung in seiner Praxis ein.

Eine Fließbandfertigung wird auf flexible Gruppenarbeit umgestellt. Großrechner werden durch Client/Server-Konzepte abgelöst.

Ein großer Sprung will gewagt werden. Es werden Strukturen massiv zerstört: Ruin. Die Ersatzlösung ist nicht einfach zu verwirklichen: Recreate. Die Bilder oben haben zugegebenermaßen etwas Kriegerisches an sich. Wenn Städte aus Touren gelöscht werden, mutet das wie ein Bombeneinschlag an. Solche großen Sprünge erfahren wir aber in der Arbeitswelt in zunehmendem Maße. Sie werden meist unter dem Druck einer Sintflut gewagt, seltener aus heiterem Himmel. Es heißt in der Zeitung: „Der Wettbewerbsdruck zwang uns zu der Betriebsschließung. Der Markt für unser Produkt ist uns weggelaufen.“ – „Ohne Übernahme der japanischen Fertigungsideen wären wir bald weggefegt.“ – „Seit der Discount hier geöffnet hat, muss ich mit kundenfreundlichen Öffnungszeiten mithalten; wenn das nicht hilft, mache ich zu.“ – „Mit den niedrigen Arbeitszeiten ist unser Standort einfach nicht konkurrenzfähig. Streik oder nicht Streik. Ohne signifikante Veränderung ist's aus.“ – „Uns steht das Wasser buchstäblich bis zum Hals. Wenn wir's nicht machen, machen es andere. Es gibt keinen Ausweg. Es gibt keine Wahl. Es ist bitter, das sagen zu müssen, glauben Sie mir. Ich hätte mir selbst auch eine angenehmere Zukunft gewünscht, aber jammern Sie nicht. Wenn Sie einen Ausweg wissen, sagen Sie ihn mir. Aber klagen Sie nicht immer. Wir müssen durch das Tal hindurch. Es kann nicht immer bergauf gehen. Wir müssen den Gürtel enger schnallen.“

So oder ähnlich reden wir vor dem großen Sprung. Ruin & Recreate. Leider können wir nicht wie die Menschen im Sintflutland vorher so ganz genau ausmessen, wie hoch der Spitzberg auf der anderen Seite ist. Wir hoffen, dass alles bei der Überfahrt klappt, auf dass wir nicht bei weiter gestiegenem Wasser nur noch ein Inselchen mit einer Palme vorfinden.

Der Rechner kann viele große Sprünge nachrechnen, im Leben kostet ein großer Sprung sehr viel Geld oder Lehrgeld.

XIV

Service und Flexibilität

1. Organisation großer Sprünge

Wenn ein Umzug der Menschheit auf einen neuen Spitzberg notwendig wurde, geriet die Organisation immer wieder zu einem Fiasko. Wer's nicht selber erlebt hat, kann sich nicht vorstellen, was bei einem Umzug alles schief gehen kann. Und das ging dann auch alles schief.

Die Fahrtzeit der Schiffe wurde nicht richtig berechnet. Die Unternehmer AG drückten meist beide Augen zu, wenn Menschen noch mehr ihrer Habe mitnehmen mussten. Die Schiffe waren überladen, es kam zu Verzögerungen beim Start.

Die Preise schwankten wild hin und her, je nachdem, wie die Schiffsbauarbeiten vorankamen. Ein einziger Schiffsuntergang im Oktobersturm, bei dem sogar alle Leben gerettet werden konnten, führte in einem der ersten Jahre zu einem denkwürdigen Einbruch der Passagenpreise, der den Unternehmern AG noch lange in den Knochen steckte. Wenn es wieder Oktoberstürme gab, war die Stimmung gedrückt. Die Verteilung der Parzellen und der Rohbauten war völlig unorganisiert. Die Menschen drängten an Land, und sie mussten manchmal tagelang warten, weil in der Schlange vorn Menschen wütend reklamierten, dass ihnen eine schönere Parzelle versprochen worden war. Es gab zu wenig Zuweiser. Klagen konnten nur von Hauptzuweisern entschieden werden, die sich aber in der Regel bei je-

der Reklamation nur zu Unrecht beschuldigt fühlten und bei Klagen überhart reagierten. Es gab Klagen bei den Gerichten.

Niemand war greifbar, wenn etwas schief ging. Keiner war zuständig, wenn etwas fehlte. Für die Fertigstellung der Rohbauten fehlte geeignetes Material in der gewünschten Menge. Für Geld war vieles zu haben, aber auch dafür nicht alles. Wenn die Schiffspassagen fest im Markt lagen, wurden bestimmt keine Schiffe mit Baumaterial geschickt. Das führte zu katastrophalen Zuständen auf den neuen Spitzbergen, die sich über die Schiffsbesatzungen bei der Rückkehr herumsprachen. Daraufhin sank die Nachfrage nach Schiffspassagen wieder. Die Menschen wollten nicht mehr übersetzen und warteten lieber noch. Die Schiffe konnten nun wieder Material bringen, um das auf der anderen Seite die wartenden Menschen erbittert rangen. Monate bei Dauerregen in Rohbauten! Die Menschen wurden nicht richtig informiert, wann sie übersetzen konnten. Irgendwann kam ein Zuweiser ins Haus und gab einen Termin in den nächsten Tagen bekannt, worauf sofort zum Aufbruch gepackt werden musste. Wenn nun die Menschen mit Hab und Gut an den Quai kamen, warteten andere dort seit Tagen, weil sich alles verzögert hatte.

Das Übersetzen bedeutete eine verzweifelt böse Zeit für die Normalen. Die Ruhigen wurden meist am Ende zu einem Bruchteil der einstigen Preise auf halb vollen Schiffen mit aller Habe übergesetzt. Sie bekamen allerdings die schlechtesten Parzellen. Wirklich ganz Schlaue schafften es manchmal, so spät überzusetzen, als die Nervösesten der Normalen schon einen weiteren Umzug vollzogen. Sie waren dann aber so schlau, gleich von „A nach C" zu ziehen und die „Zwischenstation" auszulassen.

2. „Is schööꞁn olganisielt!"

Das Wasser stieg, es regnete unaufhörlich. Es ging Umzug auf Umzug „ins Land". Die Schiffe wurden größer gebaut. Ing. Erbauer dachten über das Fliegen nach, wurden aber verlacht. Die Regionen der Spitzberge dehnten sich unabsehbar. Es war schwierig, ihre Höhe festzustellen, es gab immer wieder Streit bei der Wahl des nächsten Umzugspunktes. Die Menschen wurden mit der Zeit zuversichtlicher und fühlten sich durch die Flut nicht mehr so direkt bedroht. Sie wurden anspruchsvoller nach Jahrtausenden der Flucht und des Überlebenskampfes. Sie wollten für ihr gutes Geld einen zuverlässigen Termin für das Übersetzen und eine Parzelle auf der anderen Seite genau wie gekauft und versprochen, mit einem Rohbau wie bestellt und Baumaterial wie gewünscht zum Umzugszeitpunkt. „Für so viel Geld will ich perfekten Service!“, verlangten sie immer dringlicher, aber nichts geschah.

Eines Tages war aber ein Unternehmen entstanden, bei dem sich vollkommenes Glück buchen ließ. Bilder von Parzellen lagen dort aus, „alle persönlich besichtigt“, wie der Unternehmer AG sagte, der auf ganz charmante Weise den Buchstaben r nicht aussprechen konnte. Wer eine Parzelle in Besitz nehmen wollte, wurde vorbildlich behandelt. Die Passagen wurden lange vorher angekündigt, es gab genug Stauraum, die Schiffe waren genau pünktlich, auf dem Zielspitzberg wartete Personal des Unternehmens und sorgte für den Transport der Habe zur Parzelle. Diese war genau wie auf dem Bild mit den genau so zugesicherten Eigenschaften. Wenn doch einmal ein Fehler geschah, konnte der Kunde eher von Glück sagen, so überaus schnell wurde der Fehler behoben und so überaus kulant war die Ersatzlösung. Es gab Besitzer prunkender Parzellen, die es geschafft hatten, gleich von zwei Fehlern in der Abwicklungsprozedur überrascht zu werden. Aber eigentlich kamen Fehler nicht vor. „Is schöön olgansielt.“, versicherte der Unternehmer AG immer wieder. Er vermochte das so unnachahmlich auszusprechen, dass dieser Satz lange in den Ohren der Kunden nachhallen konnte. I S O sagte man bald zu „Ist schön organisiert.“ Alle Menschen wollten Parzellen nur vom ISO-Mann.

3. Alles ISO oder was?

Der ISO-Mensch wurde märchenhaft reich. Er übernahm unpünktliche Schiffe mit langen Warteschlangen in sein Unternehmen, und nach einiger Zeit waren nur noch die Schiffe da, die pünktlich ihren Dienst leisteten. Das Geschäft des ISO-Menschen wuchs. Später merkten es andere Unternehmer AG. Sie befahlen sofort ihren Schiffen, pünktlich zu sein. Sie befahlen ihren Mitarbeitern, keine Fehler zu machen. Sie befahlen ihrem Unternehmen, wieder profitabel zu sein. Dann gingen sie befriedigt nach Hause, im ruhigen Bewusstsein, genau das Richtige getan zu haben. Alles war ISO, oder was?

Der ISO-Mann nannte jeden Vorgang in seinem ISO-Unternehmen einen Prozess. Es gab Vorschriften, wie jeder Prozess ablaufen musste. Es war dann ein ISO-Prozess. Diese Prozessordnungen aller Vorgänge wurden bald zur Norm. Sie hieß natürlich ISO-Norm, und nur Unternehmen, bei denen alles ISO war, hielten sich länger im Markt der Parzellenvergabe. Servicequalität war *alles* geworden.

4. Service & Optimierung: „Hinrütteln" von Optima

Optimale Lösungen sind für die Praxis meist zu starr. Wenn sich in den Ausgangsdaten etwas ändert und das Optimierungsprogramm erneut rechnet, kommen wieder sehr gute Lösungen heraus, aber meist ziemlich verschiedene. Wenn Sie zum Beispiel das einfache 442-TSP nehmen und viele gute Sintflutlösungen berechnen, so sind die Lösungen meist in 60 bis 100 Kanten unterschiedlich, weil dieses spezielle Problem ausgedehnte Gitterregelmäßigkeiten aufweist. Ich meine, wenn Sie die Lösungen auf durchsichtiges Papier zeichnen, sie übereinander legen und schauen, wo sie gleich sind, so sind sie nur an 80 Prozent der Wegkanten gleich. Wenn nun Kunden absagen, Lehrer krank sind, Geschäfte wegen Inventur geschlossen haben, wenn also sich Pläne oder Touren ändern müssen, weil „etwas passiert" ist, so können wir nicht ohne weiteres neu optimieren, weil dies übermäßig viel an Veränderung ergäbe. Es wäre daher schön, Optimierungssysteme zu bauen, die ganz besondere Lösungen erzeugen, nämlich solche, die noch „Veränderungspotenzial haben", die also nicht bei jeder kleinsten Veränderung zusammenbrechen.

Wenn wir solche Lösungen hätten, könnten wir bei Änderungen noch gesund disponieren oder umdisponieren. Wir könnten Optima „hinrütteln". Nehmen Sie das Spitzbergbeispiel. Wenn der Spitzberg irrsinnig hoch wäre, der allerhöchste, aber so spitz, dass kein einziges Haus seinen Platz darauf hätte: Was wäre gewonnen? Sehen Sie, es kommt nicht allein auf Höhe an, ein Maß an Breite ist ebenfalls nötig. Leider jagen Forscher nur hinter der Höhe des Optimums her. „Ich habe hier eine Lösung, die acht Prozent unter dem Optimum liegt, aber sie ist sehr variabel", das ist kein knallender Titel für eine Dissertation. Aber genau so etwas brauchen wir Optimierer in der Realität. Um das zu verdeutlichen, gebe ich Ihnen wieder einige Praxisbeispielprobleme.

5. Einsatzdisposition (online dispatching)

Beispiel: Eine Fahrstuhlfirma hat viele technische Kräfte im Außendienst. Es sind neue Fahrstühle einzubauen und vor allem alte Fahrstühle zu warten oder aufzurüsten. Eine Einsatzoptimierung kann die beste Verteilung der Arbeitskräfte berechnen. (Der Tourenoptimierer verschluckt sich ein wenig an der Möglichkeit, Mehrtagestouren der Techniker mit Übernachtungsmöglichkeit vorzusehen, aber wir bekommen das schon hin.) Dann aber bleibt einmal ein Mensch in einem Fahrstuhl stecken und sollte üblicherweise in weniger als 30 Minuten „gerettet“ werden, damit er keine Zeit hat, sich vollständig an merkwürdige Filme dieses Themas zu erinnern. Alle Techniker sind an der Arbeit, zum Beispiel optimal eingeteilt. Natürlich kann ein Notservice eingerichtet sein, der von einer Zentrale mit Blaulicht ausrücken kann, aber viel sinnvoller und schneller wäre es schon, wenn man den geographisch nächstarbeitenden Techniker zum stecken gebliebenen Fahrstuhl schickt. Wie finde ich aber diesen Techniker? Arbeitspläne wälzen? Wie lange dauert das? Kann dieser Techniker diesen Fahrstuhl überhaupt technisch beherrschen?

Beispiel: Große Firmen wie Siemens oder Quelle haben je hunderte von technischen Kräften im Feld, die Waschmaschinen, Trockner, Spülmaschinen etc. reparieren. Die IBM setzt viele tausend Mitarbeiter ein, die Computerstörungen beseitigen. Die Deutsche Telekom hat zwei riesige Mannschaften zum Installieren und Reparieren und Umrüsten von Telefonanlagen, eine bei Privat-, eine bei Geschäftskunden. Wie disponieren wir diese Arbeit von der Störungsannahme bis zur Rechnungsstellung? Auch hier gibt es viele Routineaufgaben wie eine Installation eines ISDN-Neuanschlusses, aber bei Zusammenbrüchen von Großrechnern oder gar einem Defekt meines Fernsehers hat alle Geduld ein Ende: Das sind Notfälle. Siehe oben.

Beispiel: Krankentransportunternehmen haben zum Beispiel nur Notfälle. Das denken Sie! Die meisten Fahrten betreffen glücklicherweise nur Menschen, die zu einer lange geplanten Operation müssen, zur Dialyse, zur Massage, zu einer Untersuchung. Zirka zwei Drittel der Fahraufträge können auf solche Routineaufträge entfallen. Der Rest ist so, wie wir uns das vorstellen, und muss disponiert werden.

„Krankentransport Heil, Guten Tag?“ „Doktor Unwohl. Bin X-Straße 13, Fieberkrampf. Dreijähriger Junge, mit Notarzt abholen, bitte.“ „Ich wiederhole Ihre Angaben: ... Wir kommen.“ Der Auftrag wird in einen Computer eingegeben und geht von der Auftragsannahme in die Disposition.

Der Auftrag erscheint mit akustischem Signal beim Disponenten. Er wird vom Disponenten zur Disposition „angeklickt". Auf einem Computerbildschirm mit einer Straßenkarte erscheint die X-Straße 13, ein weiterer Mausklick zeigt die nächstliegenden Krankenwagen in der Nähe. Sie sind verschieden eingefärbt, je nachdem ob sie zur Anfahrt zu einem Patienten sind, schon einen Patienten aufgenommen haben oder gar „frei" sind und auf den nächsten Termin warten. Der Disponent klickt „Vorschlagsliste", es erscheinen verschiedene gute Vorschläge von Krankenwagen des Unternehmens. Ein Fahrzeug ist genau eine Straße weiter frei. Leider hat es keinen Notarzt dabei. Der Disponent verwirft diesen Vorschlag. Ein zweites Fahrzeug kreuzt gerade den Stadtteil der X-Straße zu einer Anfahrt. Kann der Disponent dies nehmen und umdisponieren? Nein, ein Alarmfall. Der dritte Vorschlag betrifft ein etwas weiter entferntes Großraumfahrzeug, mit Notarzt. Es ist überdimensioniert für diesen Fall, aber er steht günstig. Ein Mausklick, verplant. Auf einer Zeittafel für dieses Fahrzeug erscheint dieser Auftrag als „to do". Der Disponent klickt nun die Schaltfläche für Absenden. Der Computer funkt den Auftrag zum Fahrzeug. Dort erscheint er auf einem kleinen Bordbildschirm: „X-Straße 13, Fieberkrampf." Es geht los, der Notarzt bereitet sich für diesen Fall vor. Das Fahrzeug bestätigt per Rückfunk den Fahrtantritt, das Eintreffen beim Patienten, den Fahrtantritt zum Krankenhaus Y (der Computer muss wissen, wo es hingeht), die Ankunft am Krankenhaus, die Erledigung des Auftrages. Der Computer bereitet die Rechnung vor. Das Fahrzeug ist mit GPS-Ortung ausgerüstet, so dass der Computer immer weiß, „wo alles ist".

Beispiel: Ich antworte auf eine Anzeige, in der mir eine Beratung über eine Versicherung per Computer kostenlos angeboten wird, wenn ich einen Fragebogen mit meinen Daten ausfülle. Daraufhin bekomme ich ein längeres Schreiben mit vielen Ratschlägen, in dem wirklich meine ganz persönlichen Daten eingearbeitet sind! Und immer wieder werde ich ganz höflich mit „das ist Ihre Chance, Herr Professor Doktor" angeredet, das kenne ich aber schon von der Klassenlotterie oder vom Versandhandel. Gute Software. Textbausteinverarbeitung. Laserdrucker. Ich bin beeindruckt. Eine Woche später bietet das Unternehmen mir ein persönliches Gespräch über eine Versicherung an. Wir vereinbaren einen Termin. Statistische Erfahrungen zeigen, dass jemand, der in einer solchen Prozedur einen Termin vereinbart, mit einer Wahrscheinlichkeit von 20 bis 35 Prozent eine Versicherung abschließt. Ein Versicherungsvermittlungsunternehmen muss nun möglichst viele Menschen effizient besuchen. Vier Besuche am Tag, eine Versicherung. Wenn Sie aber ein Dispositionssystem wie oben beschrieben benutzen: Könnte man die Besuchsfrequenz nicht auf fünf Besuche pro Tag schrauben? Wenn der Vertreter ein geschlossenes Haus vorfindet, weil ich nicht da bin, muss er per Handy umdisponiert werden können. Ein Disponent klickt den Vertreter auf dem Bildschirm an, es erscheint seine geographische Position sowie umliegende Positionen von Haushalten, die spätere Termine haben. Der Disponent telefoniert voraus: „Können wir auch schon jetzt kommen?“

Letztes Beispiel: Ein Möbelunternehmen liefert für sich und mehrere kleinere Unternehmen Möbel an Kunden ins Haus. In der großen Stadt fährt allein ein kleiner Fuhrpark für das Unternehmen. Aus anderen größeren Städten kommen Fahrer größerer Fahrzeuge, die viele Möbel aufladen und diesen Vorrat in ihrer Heimatstadt in den nächsten Tagen aufbauen. Die Möbel haben oft etliche Wochen Lieferzeit, eine Woche vorher wird die endgültige Lieferung vom Hersteller angezeigt. Der Disponent kann jetzt schon einen Termin suchen oder gleich vereinbaren. Der Kunde am Telefon bittet beharrlich um eine Aufstellung am Feierabend und möchte keine „beliebige“ Uhrzeit an einem bestimmten Tag akzeptieren („Ich will keinen Tag Urlaub für einen Sessel für meine Tochter opfern, das ist doch klar!“). Es ist schwer, bei den Kundenwünschen die LKW mit solchen Möbeln geeignet voll zu bekommen, die etwa alle im gleichen Ort aufgestellt werden sollen. Es ist schwer für den Disponenten, zu wissen, wie lange der Aufbau der Küche oder der Wohnzimmerwand dauert. Er schiebt am besten Reklamationstermine ein, zu denen der Fahrer nur fährt, um Schäden oder fehlende Teile zu registrieren und am besten alles gleich in Ordnung zu bringen (kleine Lackschäden). Fahrer bekommen statt eines Festlohnes einen Prozentsatz vom Wert der aufgebauten Möbel. Ein Fahrer verdient also viel Geld, wenn er vornehmste Lederkollektionen einfach ins Wohnzimmer stellt. Er muss verhungern, wenn er nur Jugendzimmer aufstellen darf (lange Arbeit, geringer Kaufpreis). Der Disponent muss ausgleichend gerecht sein. Er sollte aber auch keine chinesischen Vasen durch den einen Fahrer liefern lassen, dem „öfter etwas auf den Fuß fällt“. Die LKW haben, weil Möbel für viele Unternehmen auszuliefern sind, verschiedene Aufschriften (Firmenlogos). Kunden sollten nicht dadurch befremdet werden, dass man ihnen Exklusivaccessoires mit einem 08/15-Kombi schickt. Ist so. Ich glaubte, mir persönlich wäre das egal, aber ich habe zur Prüfung die nächststehende Frau gefragt, worauf diese mir gleich Aspekte über meine Nachbarn nahe brachte, die ich noch nicht so erkannt hatte.

6. Optimierung im Zentrum der Auftragsbearbeitung

Betrachten wir das letzte Beispiel: Was können wir optimieren? Die Tourlänge der Fahrer. Die Zuverlässigkeit des Services durch genaue Planung, so dass das Unternehmen den Kunden möglichst halbstundenexakte Liefertermine in den gewünschten Zeitfenstern garantieren kann. Im Hintergrund aber können noch unendlich viele kritische Situationen vermieden werden, die bei ungenauen Arbeitsprozessen entstehen.

Die ganze Optimierung ist leider nicht einfach. Wenn wir irgendwo etwas besser machen, kann es an anderer Stelle zu gravierenden Problemen kommen. Eine gute Einsatzdisposition muss alles im Auge behalten. Der Ablauf der Disposition muss bis ins Einzelne durchdacht werden. Ich könnte zum Beispiel die Möbel zur Lieferung disponieren, wenn sie im Lager des Möbelhauses als Eingang verbucht werden. Ich könnte Voranzeigen von den Möbelwerken, dass bald etwas komme, schon zur Disposition benutzen. Ich könnte, sehr weit gedacht, die Daten des Kaufes einbeziehen. Wenn jemand also eine Schrankwand kauft, würden wir das gleich in das Abwicklungssystem eingeben. Die Lieferzeit des Herstellers ist bereits im System bekannt, zum Beispiel „10 Wochen". So wissen wir die Lieferzeiten zwar nur ungefähr, aber schon ziemlich frühzeitig. Die Idee ist, aus den Einkäufen mehrerer Tage Bündel zu bilden. Es könnte doch sein, dass in einer Woche ein ganzer LKW voller Möbel mit etwa der gleichen Lieferzeit von Kunden eines einzigen Dorfes geordert wird. Mit diesem Wissen könnten wir schon Wochen vorher eine ganze LKW-Tagesfahrt provisorisch verplanen. Tendenziell werden wir diesen provisorisch geplanten LKW in das Dorf mit zu vielen Möbeln „überplanen", weil ja wahrscheinlich nicht alle Möbel zu dem Zeitpunkt der Tour von den Werken geliefert sind. Wir könnten schon Wochen vorher die Kunden anrufen und Termine vereinbaren. Die Kunden werden erstaunt sein, wie gut der Service ist.

Wenn der Termin auf wenige Tage näher rückt, treffen die Möbel von den Werken nacheinander tatsächlich ein. Es sollte gelingen, mit den tatsächlich eingetroffenen Stücken eine sinnvolle Tour am lange vorher festgelegten Tag zu fahren. Diese Tour bedient schließlich wirklich nur ein kleines geographisches Gebiet. Die eigentliche Optimierung des Fahrweges ist jetzt von untergeordneter Bedeutung. Wenn alles in ein Dorf oder einen einzigen Postleitzahlstadtbezirk geliefert wird, ist der genaue Fahrweg schon egal.

Das langfristige vorherige Zusammenballen bedeutet das grobe Festlegen von sehr guten Planungslösungen. Diese Lösungen werden im Endeffekt nicht genommen werden können, weil ja einzelne Möbel nicht wie vorher geschätzt eintreffen. Aber wir können mit einem guten Dispositionssystem eine ähnliche Lösung bilden, indem wir manuell feindisponieren und per Mausklicks die Lösung am Bildschirm in eine tatsächlich „fahrbare" umwandeln.

(Strategie der Menschen bei der Sintflut: Vorab nur den Spitzberg wählen. Das exakte Grundstück wird erst an Ort und Stelle vergeben.)

Wenn ein System zur Disposition gestellt werden soll, so wird dies viele Male schwieriger sein als nur „die einfache Tourenoptimierung". Wir müssen nicht nur die Auftragsmerkmale wissen (Möbel, Kunde, Volumen, Gewicht, Aufstelldauer, Preis), sondern wir müssen den ganzen Auftragsbearbeitungsprozess neu überdenken und in ein System bringen.

Beim Kauf könnte der Berater gleich die Bestelldaten in einen Computer eingeben. Die Daten werden als Auftragseingang verbucht, eventuell wird ein neuer Kunde für die Marketingabteilung gespeichert. Diese analysiert, „was gerade heiß beim Kunden ist". Die Bestellung wird in Lieferwerke aufgelöst. Die Möbelwerke bekommen die Bestellungen direkt per Datenfernleitung in ihre Bestellannahmecomputer. Diese bestätigen die Bestellungen und schätzen in ihrer Antwort an den Möbelhauscomputer möglichst genau den Fertigungstermin. Die Kauf- und Fertigungsdaten fließen zur Disposition. Mit den geschätzten Terminen berechnet der Dispositionscomputer eine langfristige Vorabdisposition, das heißt, er fügt jede neuankommende Lieferverpflichtung in den provisorischen Langfristplan ein. Die Langfristpläne werden durch immer konkretere Eingangsdaten oder durch wirkliche Lieferungen der Möbelwerke an das Möbelhaus immer stärker „eingefroren", sie verlieren mit der Zeit unter immerwährenden kleinen Veränderungen mehr und mehr ihren provisorischen Charakter und werden „endgültig". Während also die Möbelstücke produziert oder transportiert werden, wird an einem Gesamtplan für die nächsten drei Monate ununterbrochen herumgefeilt und geändert. Die Termine in drei Monaten von heute sind dabei eher vage und werden, näherkommend, immer fester. Die nächsten zwei Tage sind fest. (Und werden natürlich geändert: Fahrer werden krank, Kunden nicht angetroffen, es entstehen Reklamationsfälle.) Nach der endgültigen Disposition werden die Möbel geliefert. Der Computer löst die Rechnung aus oder bucht die Zahlung, er bucht den Umsatz des Möbelhauses für die Bilanz, zahlt Steuern, aktualisiert Statistiken, warnt vor Unterbeständen oder Lagerüberhängen, merkt sich, ob der Kunde treu, kaufwillig oder kritisch ist.

Er füllt ein Managementsystem mit Entscheidungsdaten wie „Gartenmöbel gehen gut, auch nach Saisonbereinigung und Wetteradjustierung". Er kommuniziert ununterbrochen mit den Computern der Produktionswerke. Wenn dort die Holzrohstoffe für bestellte Möbel nicht eintreffen, werden die Computer dort Lieferverzögerungen berechnen und den Computern der angeschlossenen Möbelhäuser neue geschätzte Lieferzeitpunkte nennen. Die Kunden können sich zu Hause in das Internet einwählen und dort die Seite www.moebelhaus.de aufrufen. Dort tragen sie ihre Kundennummer und ihre Abwicklungsnummer ein und können den Status ihrer Lieferung erfahren: „Die Betten sind produziert, stehen im Auslieferungslager zum Möbelhaus. Die Matratzen sind im Möbelhaus bereits konfektioniert. Die Kommode ist in der Produktion, übermorgen fertig."

Expressdienste für Pakete und Briefe haben heute diese Abfragemöglichkeit über das Internet schon längst in Betrieb. Wenn Sie also beim Lesen eben das Wort „übergeschnappt" im Sinne hatten, lagen Sie falsch. Im Augenblick ist so etwas zwar im Möbelauslieferungsbereich noch Zukunftsmusik, aber bestimmt nicht mehr lange. Für all dies müssen alle Prozesse der Auslieferung ganz genau rechnergeeignet strukturiert werden. Der ganze Betrieb wird auf den Kopf gestellt, am besten nicht nur, um das ISO-9000-Zertifikat zu bekommen, sondern um für die Zukunft gerüstet zu sein. Ganz innen, ganz klein und unscheinbar in diesem großen System sitzen später die mathematischen Komponenten. Mathematiker können zuerst für Fahrer das Travelling-Salesman-Problem lösen. Sie können in einer nächsten Technologiestufe die ganze Tourenplanung für alle Fahrer gleichzeitig mathematisch optimieren. Wenn aber alle zu optimierenden Aspekte schließlich in ein riesiges Abwicklungssystem münden, ist die Mathematik nur noch ein winziger Bruchteil des Ganzen. Mathematik oder die Optimierung kann ein Ausgangspunkt für einen langen Weg sein, am Ende ist die Optimierung nur eine Methode unter vielen. Sie nützt in einem großen System wie hier nur dann wirklich etwas, wenn die provisorische Optimierung im Langfristbereich Lösungen erzielen kann, die später noch Änderungen von Hand zu lassen. Dazu mehr im nächsten Abschnitt.

Die Menschheit geht ihren Weg und es wird neue Technologiestufen geben auf dem Weg der Menschheit nach oben. Wenn Computersysteme eines Möbelhauses nur auf die Eingabe Ihres Einkaufes hin gleich das ganze „Räderwerk" bis zur Lieferung bei Ihnen zu Hause in Gang setzen können, wäre es ja denkbar, dass Sie nicht nur jeden Tag im Internet den Status Ihres Sofas abfragen, sondern es gleich dort *bestellen!* Sie wählen sich beim Möbelhaus ein und tragen Ihre Wünsche ein: 2,1 m breit, Ziegenleder, Terracotta, kein Schnickschnack. Über Internet bekommen Sie Bilder von Produkten Ihres Geschmacks. Sie können die Sofas drehen, von oben und unten anschauen, mit der Zoomfunktion die Verarbeitung prüfen. Sie wechseln per Mausklick die Lederfarbe, die Lackierung der Füße und die Rückenbezüge. Wenn Ihr Monitor eine so gute Farbwiedergabe hat, dass Sie ihm trauen, können Sie per Klick bestellen, und sofort ist alles beim Produzenten zum Zusammenbauen. Alles klar? Jetzt stellen wir uns langsam die Frage, warum es noch Möbelhäuser geben muss, wenn wir ja zu Hause aussuchen. Deswegen: Wir suchen zu Hause aus und gehen nach unserer provisorischen Entscheidung ins Möbelhaus und schauen uns die Möbel dort an. Wir lassen uns gut beraten. Dann gehen wir nach Hause und bestellen die Möbel mit besserem Rabatt im Internet. Nun gehen die Möbelhäuser bankrott und wir können nichts mehr vorher anschauen. Darüber sind wir sehr böse. Wir schimpfen also über das Internet, weil es schuld ist, dass wir kaum noch aus dem Haus gehen müssen.

In solchen Systemen ist schließlich die anfängliche Optimierung der Touren nur noch ein Pünktchen. Dafür sitzen in vielen anderen Ecken des Systems Prognosesysteme zur Vorhersage der Absatzzahlen oder der notwendigen Lagerbestände. Lagerorte werden optimal verteilt. Produktionslose und Fertigungsrhythmen werden festgelegt. Die Schichtarbeitsplätze werden optimiert. Die Mathematik zieht in jede Ritze hinein und verbessert das gigantische System um ein paar Prozentpunkte.

(Statt mit Möbeln lässt sich so eine Vision trefflich mit Büchern aufbauen, wo sich am Ende die Frage nach der Notwendigkeit von Büchern generell stellt. Ich selbst habe da sehr pessimistische Sichtweisen, aber immerhin schreibe ich ja noch eines.)

7. Gute Dispositionslösungen

Mathematisch berechnete Lösungen müssen in Dispositionslösungen Flexibilität zulassen. Wenn im obigen Möbelbeispiel langfristige, provisorische Lösungen errechnet werden, so müssen die Lösungen bei Änderungen der Lage, also bei Verzögerungen in der Produktion, bei Verzug in der Auslieferung, bei Nichtanwesenheit von Kunden etc. schnell änderbar sein, ohne dass zu viele Parameter umgeworfen werden müssen. „Wir können die Möbel noch liefern, wenn Hans noch die Lampe auflädt und die Schrankwand da auf den Wagen von Horst tauscht, wofür Horst nun eine

Zwei-Tage-Tour bekommt. Dann kann er aber noch diesen Tisch laden, was Karl entlastet, der aber nicht früher nach Hause kommt, weil der Kunde erst nach Feierabend zu Hause ist. Also ändere ich noch diesen Termin, indem ich mit Steffen tausche, der aber keinen Mist machen darf, weil er so was nie aufbaut. Ich rede mit ihm, dass er das superteure Wasserbett abgibt für Ali, aber er läuft dann Amok wegen des Lohns, also muss ich das ausgleichen, indem ..." – Mathematische Lösungen sollten sehr gut sein, aber gleichzeitig Änderungen ohne größere Weltuntergänge erlauben.

Zuerst ist also Forschung nötig, wie solche Lösungen aussehen. Ich kann hier nicht einfach schon Patentrezepte abgeben. Wir beantragen gerade beim Bundesministerium die Förderung eines solchen Projektes in Zusammenarbeit mit einer nahen Universität. Die Flexibilitätsfragen in der Optimierung treten heute so vermehrt auf, dass wir diese Forschung brauchen. Sie ist leider nicht unbedingt auf der Linie des Hauptstromes der Wissenschaft. (Prof. Entdecker stecken Fahnen auf hohe Spitzen, nicht unbedingt auf die benötigten ziemlich hohen breiten Höhenrücken mit viel Platz zum Hausbauen.) Wir müssen dazu ganz viele kleine Verfahren entwickeln, die optimierte Lösungen in kurzen Eingriffen dann tatsächlich flexibel ändern. Wenn wir also sehr gute *und* leicht änderbare Lösungen haben, *wie* ändern wir sie, mit welchen Algorithmen? Wieder wird dies eine Entwicklertätigkeit sein, die einen Wissenschaftler nicht unter Lorbeeren ersticken lässt, aber diese Arbeit muss getan werden, um schließlich ein gutes großes Systemmanagement zu ermöglichen.

XV

Technology Over-Kill

1. Worte der Ruhigen: Nicht auf die Spitze treiben!

Die Ruhigen sprachen: „So langsam finden wir, dass alles auf die Spitze getrieben wird. Das Schicksal mag uns auferlegt haben, im Regen zu leben und von der Flut zu fliehen, aber darüber hinaus haben wir mit dem Wasser nichts zu tun. Unsere Parzellen sind längst überdacht, und wir müssen kaum je nass herumlaufen wie unsere Vorfahren. Woher nun eure Unruhe? Eine Parzelle in der Höhe garantiert Sicherheit. Neue Höhen sind bereits entdeckt. Die ISO-Menschen richten eure Umzüge. Es ist alles perfekt. Nun könnt ihr leben!"

2. Nach oben wird es heller!

Die Spitzberge wurden den Menschen eng. Die Rohbauten wurden auf immer kleineren Parzellen den Menschen als ihr neues Heim übergeben. Die ISO-Menschen leisteten vorbildliche Arbeit. Alles war bis ins kleinste in Ordnung. Jede Unzufriedenheit konnte bereinigt werden. Umziehen gehörte zum Leben dazu. Während früher Menschen nur zwei oder drei Mal im Leben ihr Heim wegen der Fluten verlegen mussten, so taten sie es nun sehr viel öfter. Die Spitzberge boten nicht genug Parzellen und es wurde zunehmend enger. Während in alten Zeiten die Menschen noch einen großen Nutzgarten um ihre Häuser herum bepflanzten, so fühlten sie sich jetzt zunehmend eingepfercht und zusammengedrückt. In den kleinen Parzellen war aber für alles gesorgt. Nur ... Was nur? Die Menschen hatten Sehnsucht nach Weite und Freiheit, oder nach Sonne? Aber die kannten sie nicht.

Die Ing. Erbauer konstruierten Flugzeuge. Umziehen wurde dadurch ein Kinderspiel, aber es konnte kaum etwas von der eigenen Habe mitgenommen werden, die viel später per Schiff nachkommen mochte. Die Prof. Entdecker schafften es unter Verbreitung größter Hoffnungen, Flugzeuge für das Entdecken hoher Spitzberge zu erhalten. Zu-Fuß-Entdecker hatten keine Chance mehr. Das Fahnenstecken wurde aufgegeben. Es war ja nicht einzusehen, dass ein Prof. Entdecker extra landete, nur um auf einen hohen Spitzberg zu kraxeln! In dieser Zeit könnte er viel höhere Spitzberge entdecken. Nach langem Streit entschied die Gemeinschaft, auch nur die Bilder von neuen Spitzbergen als Entdeckung zuzulassen, ohne physisches Fahnenstecken. Man nannte das „virtuell". Es galten eben jetzt „virtuell gesteckte Fahnen". Das führte zu erheblich mehr Streit unter den Prof. Entdeckern, weil manche genau dieselben Spitzberge von ungewohnten Seiten her abbildeten und eine zweite virtuelle Fahne steckten. Jedenfalls nahm die Entdeckung neuer Spitzberge zu, der Fortbestand der Menschheit schien auf lange Zeit gesichert. Der Quotient aus neu entdeckten Spitzbergen und solchen, die bewohnt waren und versunken, stieg erfreulich an.

Irgendwann begann ein Prof. Entdecker, nicht nur Spitzberge zu umfliegen, sie zu kartographieren und Papers darüber zu schreiben, er versuchte Rekorde im Höhenfliegen aufzustellen, um die Sonne zu Gesicht zu bekommen, die es nach alten Erzählungen geben sollte. Damals stellte man sich die Sonne als einen alten Mann mit Bart vor, sehr gütig, um den herum ein Glanz strahlte, goldfarben und hell, so dass er alle Welt erleuchtete. Nach den Rekordflügen berichtete der Entdecker, dass es oben einigermaßen heller sei, was er aber nicht gemessen hatte, sondern nur gesehen. Der Regen sei oben nur schwach, das habe er deutlich an den Niederschlägen an der Flugzeugaußenwand beobachten können.

Seit dieser Zeit bestätigten immer wieder einmal kühne Flieger diese Aussagen und unten setzte ein Bewusstseinswandel ein. Höher hinauf, da ist es heller! Es galt als besonders vornehm, sehr hoch zu wohnen. Die Menschen überboten sich in aller Eile, hochgelegene Parzellen auf den Spitzbergen zu ergattern. Umziehen war bald keine traurige Last mehr, sondern es wurde zur freudigen Pflicht für den, der etwas auf sich halten durfte. Wie eine träge Masse wälzte sich der Tross der Normalen auf die Spitzen nach oben, selbst die Ruhigen wurden angesteckt und konnten es kaum wagen, sehr weit unter den Normalen zu wohnen. Der Verlust aller gesellschaftlicher Anerkennung wäre ihnen gewiss gewesen. Sie mussten sich „schicken". Dieser Paradigmenwechsel vollzog sich innerhalb weniger Generationen. Die Menschheit verhielt sich nicht länger schicksalsbedrängt, sondern sie drängte gierig auf Höhe, Höhe, und nochmals Höhe. Die Wohnungsrotation nahm atemberaubende Ausmaße an. Jeder neu entdeckte noch höhere Spitzberg wurde sofort bezogen. Jede Heimat wurde für noch mehr Höhe verlassen.

Früher hatten Prof. Entdecker nur für ihren Ruhm Fahnen gesteckt. Jetzt aber wurden sie umlungert von Normalen. Jede neue Entdeckung wurde sofort in Handlung umgesetzt. Entdeckungen zu Geld machen wurde ein glänzendes Geschäft. Prof. Entdecker, die noch „zu Fuß" forschten, wurden geringer geachtet und bald auch geringer bezahlt. „Sorgt für

Höhe!", riefen die Menschen. „Aber wir müssen die ganze Welt kartographieren, nicht nur die höchsten Spitzen!", entgegneten die alten Entdecker. Sie wurden nicht mehr gehört.

„Wer in der Höhe nicht mithält, soll verschwinden!"

XVI

Darwins Floh im Ohr ist das Verderben

1. Die Krone der Schöpfung

Es gibt Momente der Sonne. Länder werden durch eine Ölkrise steinreich. Ein Unscheinbarer gewinnt Lottomillionen. A star is born. Der Abschlag beim Golf landet im Loch. Eine Erfindung revolutioniert einen Industriezweig. Reichtum, Geld, Muße, Macht, Ansehen, Ehre, Fortschritt: Plötzlich geht es ganz schnell stark bergan.

Industriegiganten entstehen, Machtzentren, Weltreiche. Die Evolution bringt nach entsetzlich langen und quälenden Tierversuchen den Menschen hervor. Erfindungen wie Feuerstein, Rad, Buchdruck, Auto, Computer verändern das Leben abrupt.

Es gibt Momente, in denen der Mensch auf dem Gipfel angelangt ist. Die Sonne scheint und am Horizont gibt es keinen höheren Punkt zu sehen.

„Was du für den Gipfel hältst, ist nur eine Stufe.“
(Seneca)

2. Interview über den Regen

Ich danke Ihnen, dass Sie uns ein paar Fragen beantworten wollen. Ich darf?

Bitte, legen Sie los, wir haben ja schon vorher besprochen, worauf ich keine Antwort geben werde.

Aber über das Sintflutprinzip reden Sie frei?

Möglicherweise, immerhin interessant, dass das ein Thema für Menschen sein kann. Sehr interessant. Bitte fragen Sie.

Äh … Ist es wahr, dass Gott wie ein Mensch aussieht?

Nein. Manche stellen sich das so vor und das ist vielleicht ganz in Ordnung.

Ist die Evolution daher mit dem Menschen beendet?

Ha, eine Fangfrage. Aber das haben doch Ihre Philosophen schon herausgefunden: Jedes Wesen stellt sich Gott vor, wie es sich selbst gerne sähe. Das finden wir ganz natürlich. Es hat nichts mit der Evolution zu tun. Nein. Sehen Sie, das Leben auf der Erde entwickelt sich seit Milliarden Jahren. Menschen gibt es erst seit sehr kurzer Zeit. Es hat leider sehr lange bis hierhin gedauert, aber wir müssen heute trotz des enormen Zeitverlustes außerordentlich zufrieden sein.

Gut. Ja. Aber ist nun die Evolution beendet?

Nein. Sehen Sie, das alles geht weiter. Der Mensch ist erst der Anfang einer ganz total neuen Entwicklung, wir geraten da ins Schwärmen. Er entwickelt sich quasi selbst. Bislang war bei den Planeten, die wir beobachten, nur die normale „Ruin & Recreate"-Kraft am Werk. Es gab Klimaturbulenzen wie Eiszeiten, Warmzeiten, Erdbeben und hin und wieder Meteoriteneinschläge, die das Leben zum Teil so erheblich beeinträchtigten, dass viele Arten ausstarben, die für die neuen Bedingungen nicht geeignet waren. Dafür wuchsen in der Folgezeit neue Arten nach, die unter den neuen Bedingungen klar kamen. Durch die vielen Klimazuckungen erzielten wir im Wesentlichen die Kraft zur Höherentwicklung.

Aber, bitte, aber, Darwin sagt doch, die Arten kämpfen um das Überleben?

Unsinn. Völliger Unsinn. Die Menschen sind ganz verblendet durch die Raubtiere. Sie glauben, Raubtiere würden zum Aussterben der Beutetiere beitragen. Wo haben Sie das her? Wollen Löwen die Antilopen verschwinden lassen? Nein, sie fressen kranke Antilopen, die leicht zu fangen sind. Damit betreiben sie eine gewisse Artenhygiene, mehr nicht. Das absolut Untaugliche wird eliminiert. Die Artenauslese erfolgt ganz wesentlich durch Eiszeiten oder Überschwemmungen. Die bringen es wirklich! Ihr Menschen seid in dieser Frage völlig verblendet, weil Ihr nur zwei Schritte weit seht und vor allem, weil Ihr Angst habt. In der Menschheit hat eine Art Sucht eingesetzt, Rekorde zu erstreben. Ihr glaubt nun und redet es euch ein, es sei natürlich, nach oben zu streben, weil das Darwin als natürlich entdeckt zu haben glaubte.

Aha, und es ist nicht natürlich?

Sie sind ein echter Reporter. Sie wollen mich zu einem Buch über das Sintflutprinzip befragen und haben es offenbar nicht gelesen. Ich werde etwas ungnädig, ehrlich gesagt, obwohl ich weiß, dass Reporter viele Zeilen schreiben müssen, um zu überleben. Deshalb können Reporter nicht noch nebenbei recherchieren. Habe ich Recht?

Natürlich! Ich muss heute liefern! Und das Buch konnte ich heute nicht mehr bekommen.

Im Buch ist alles erklärt, Sie können es abschreiben. Darin steht hinter dem dummen Nebenzeugs über Tourenplanung, was nun weltpolitisch fast das Unwichtigste ist, was sich denken lässt, dass die Evolution schon dann ganz ohne jeden Kampf und ohne jede Eiligkeit vor sich gehen muss, wenn es nur einen minimalen Anpassungszwang und ab und zu eine größere Zerstörung gibt. Es muss nicht gekämpft werden! Die ganze Evolution kann genauso gut mit hausgemachten Eigenkatastrophen bewerkstelligt werden, ganz ohne Feinde oder Wettbewerb.

Na, wir Menschen werden doch nicht aus purer Lust zerstören, oder?

Ach, Sie sind vielleicht naiv! Die großen Katastrophen der Menschheit geschehen nicht durch Kriege oder Zerstörung, sondern durch Dummheit! Die wahre Triebkraft der Evolution ist Dummheit, sonst nichts! Die Dummheit zerstört, worauf die mäßige Intelligenz sich anpasst und wieder aufbaut. Das reicht zur Weiterentwicklung der Welt durch Ruin & Recreate völlig aus. Die Algorithmen im Buch verzichten doch auf jegliche Intelligenz. Glauben Sie mir denn nicht, dass es ganz ohne Intelligenz geht, aber kaum ohne Dummheit?

Sie spielen hier Katz und Maus mit mir, weil Sie übermenschliche Intelligenz besitzen. Das ist nicht fair …

Nein! Nein! Die Tiere sind doch alle dumm, jedenfalls aus Ihrer menschlichen Sicht – und sie entwickeln sich seit Jahrmilliarden weiter! Seit die Menschen Intelligenz in das Spiel hineinbringen, nehmen allerdings die großen Dummheiten beträchtlich zu, also beschleunigt sich die Evolution ebenso sehr.

Und wo geht das hin? Sind Sie mit den Menschen immer noch nicht zufrieden?

Bitte machen Sie sich doch nichts vor. Alle ernsthaften philosophischen Überlegungen der Menschen über sich selbst kommen zu der Erkenntnis großer Unvollkommenheiten. Warum fragen Sie das?

Ich meine, wie soll ich das sagen ... Ich könnte Sie doch fragen, wie das optimale Wesen denn aussieht, was soll denn bei der Evolution herauskommen am Ende?

Es ist aufregend, glauben Sie mir. Am Anfang hätten wir nicht gedacht, dass das so einfach geht, mit dem bisschen Dummheitsdruck, meine ich. Wir sind absolut begeistert vom Menschen. Von jedem Einzelnen von Ihnen, das kann ich sagen, aber das wissen Sie ja schon, das wird Ihnen keine neue Offenbarung sein. Aber gleichzeitig sind wir riesig neugierig, wie es später weitergeht.

Und Sie haben keinerlei Vorstellungen?

Nicht wirklich. Die Evolution beschleunigt sich ja, weil die Dummheit zunimmt. Da können wir uns zurücklehnen und gespannt sein.

Ja. Entschuldigen Sie, ja, eigentlich schon. Gibt es denn konkrete Anzeichen auf eine rasche Neuentwicklung in der nächsten Zeit?

Aber ja. Mich wundert Ihre Frage. Sie haben in der Technik jetzt bald die Möglichkeiten zu Genmanipulationen. Sie können selbst die Evolution weiter voranbringen. Wir befürchten allerdings eine Art Sackgasse, weil sich die Menschen zwar um neue Arten bemühen werden, aber gleichzeitig fürchten, bessere Wesen zu züchten als sie selbst. Wir denken, wir müssen eine Weile mit Langeweile leben.

Gäbe es für Sie einen schnellen Ausweg?

Ja, sicher, eine große Dummheit.

Haha, eine Dummheit wäre optimal? Global optimal?

Alles, was Turbulenzen bringt, ist gut für eine schnelle Entwicklung. Noch Fragen?

Und Sie sind immer noch für den herkömmlichen Regen verantwortlich?

Ja. Gut, das war's, ich muss weiter.

Ich-ich meine, es verwirrt mich. Danke, Petrus. Darf ich doch noch eine Frage stellen?

Nein. O.k., vielleicht kann Ihnen hier jemand anders weiterhelfen ... Ein Engel, wenn hier einer herumfliegt. Lassen Sie mich sehen …

3. Das Böse und die Evoplosion

Ja, bitte?

Es sieht ja nach Ihren Aussagen fast so aus, als werde mit uns experimentiert oder so?

Das ist wohl eine überzogene Sicht. Sie sind als Mensch Teil eines Entstehungsprozesses, mitten in der Geschichte der Welt.

Was aber ist darin mein persönlicher Sinn? Nur ein Schritt auf diesem Weg?

Hm. Wissen Sie, das ist – nein. Ich – no comment.

Sie möchten zu dieser wichtigen Frage überhaupt nichts sagen?

Ich glaube, das wäre für Sie nicht verständlich formulierbar. Sie leben zu sehr in Ihrem Haus mit Ihren Kindern, Ihr Blick hat nicht genug Weite.

Können Sie eine kleine Andeutung machen? Bitte!!

Ich lasse es einmal bei einer knalligen Formulierung. Vom Urknall bis zur Apokalypse: Die Weltgeschichte ist das Geburtsprotokoll einer Idee Gottes. Mehr sage ich jetzt nicht.

Ach – schööön. Kann ich das abdrucken? Ich meine, sollte ich nicht schreiben: einer guten Idee?

Ich bitte Sie: Erst wenn die Idee ganz entstanden ist, kann eine Wertung vorgenommen werden. Aber schreiben Sie es ruhig.

Gut, danke, das klingt besser. Und die Evolution wird jetzt schneller gehen wegen der Genmanipulation?

Wir glauben das. Aber das müssten Sie als Mensch doch besser wissen, wie Sie den Prozess weitertreiben wollen. Wir selbst rechnen mit einer absolut explosiven Entwicklung schon in den nächsten zehntausend Jahren. Phantastisch! Wir reden hier schon von Evoplosion statt Evolution, wissen Sie, das haben wir uns zusammengesetzt – als neues Wort dafür.

Ja, ja, ich verstehe, sehr schön. E-vo-plo-si-on. Klasse.

Durch das Überlebensprinzip haben wir der Evolution Beine gemacht, mit ganz einfachen Mitteln, wie eine Sintflut wirkt das. Nun aber ist in den Menschen langsam etwas entstanden. Es ist eine Art prinzipieller Höherwertigkeitstrieb, der sich früher nur als weniger häufige Erscheinung wie Geiz, Ehrgeiz, Raffgier, Machtstreben in manchen Menschen fand. Heute machen die Menschensysteme das im Sinne der Evoplosion fördernde Dumme zum heiligen Leistungsprinzip. Damit kann natürlich die Entwicklung viel schneller voranschreiten, als wenn Menschen weise wären. Sehr spannend, der Prozess wird sich wahnsinnig aufschaukeln. Bald werden diese steigenden Ansprüche des Menschen an sich selbst zur Konstruktion neuer Wesen führen.

Aber wird es nicht trist, wenn nur noch der optimale Mensch millionenfach geklont wird?

Haha, das ist lustig, aber so sind *Sie!* Als der Erdbeerjoghurt erfunden wurde, haben Sie den etwa perfektioniert? Wird der immer besser? Nein, es gibt Mango-Pfefferminzjoghurt! Hunderte Sorten! Die Genmanipulation wird zu einer absoluten Artenvielfalt führen! Die Prof. Entdecker werden sich streiten, wie ein optimaler Mensch aussehen soll, während überall die Produktion unter den Patenten der Ing. Erbauer anläuft. „Flexibler Kundenservice für jeden individuellen Wunsch", wie Sie das neuerdings nennen. Und die „Produkte" – verzeihen Sie diesen Ausdruck, die diskutieren ja gleich mit.

Sie meinen, es wird nicht entschieden werden?

Es kann nicht entschieden werden, verstehen Sie nicht! Es gibt keine Richtung! Verstehen Sie nicht! Der Druck der Anspruchsflut ist das eigentlich Konstruktive! *Deshalb* geht es voran, immer schneller und schneller; mit Kriegen dazwischen und Tälern, klar. Das Drängen Eurer Herzen nach oben schafft den Druck! Das, was Weise das Böse nennen und ich Dummheit, treibt alles! Über das Gute diskutiert Ihr immer nur, aber das Böse treibt Euch!

Aber, entschuldigen Sie, ich meine, Sie regen sich jetzt aber auf, sage ich Ihnen. Das Gute muss doch bekannt sein, bevor wir etwas tun, oder?

Sie verstehen nicht! Das Gute *kann* nicht bekannt sein! Das Gute *entsteht* doch! Es ist noch zu fern, als dass Sie eine Idee davon haben könnten! Es ist über den Wolken! Sie werden es nie sehen! Sie werden nie wissen, was in auch nur ... , was sage ich, in nur hunderttausend Jahren sein wird! Und da denken Sie sich immerfort etwas Allgemeingültiges aus und ärgern sich gegenseitig über Widersprüche in Ihren dummen Wahrheitssystemen.

Aber was soll dieser ganze Versuch? Warum? Sind wir Gott noch nicht nahe?

Ach, nein, nein, nein, noch überhaupt nicht. Wir sind so gespannt, wissen Sie? Wird die Evoplosion denn überhaupt auf Gott hin konvergieren? Das ist die entscheidende Frage!

Ich verstehe: Wenn Gott das Höchste ist, muss es dahin konvergieren. Wenn es aber nicht konvergiert? Dran vorbei geht?

Das wäre hochinteressant. Ich weiß nicht, ob das ein Mensch versteht.

Nein, überhaupt nicht. Alles, was ich als kleiner Mensch davon verstehen würde, wäre, dass der ganze Versuch eine Dummheit sein könnte.

E-i-n-e D-u-m-m-h-e-i-t??

Warum sollte sich sonst etwas entwickeln?

XVII

Beim Weisen

Der Reporter rannte zu den Menschen, die ebenso ratlos waren wie er. Da lief er plötzlich aus einem Drang heraus in Richtung Strand, wo ein Weiser leben sollte, wenn er denn noch lebte. Der Reporter lief immer nach unten, hinunter in die Richtung des Wassers. Er durchquerte verlassene Siedlungen, die alt, baufällig und schimmelig waren. Keine Menschenseele fand sich unten. Er rief nach dem Weisen. Er lief weiter bergab. Tiefe Stille. Er rief.

Er dachte an Petrus und erschrak, dass er kein Wasser gefunden hatte, hier unten. *Wo war die Flut?* Er rannte weiter die Hänge hinab, immer weiter und weiter. Er schrie nach dem Weisen. Niemand war in den verlassenen Häusern, die in dieser Gegend schon sehr primitiv, wie eben früher üblich, aussahen.

Der Reporter sank erschöpft nieder. Er sah sich weiter laufen und laufen, hinunter und hinunter. Die Häuser wurden kunstloser und einfacher, dann wandelten sie sich in verfallene Hütten. Vorhistorische Arbeitsmittel lagen verstreut, keine Maschinen waren zu sehen. Tiefe Ruhe atmete ringsum. Weiter bergab wurden auch die Hütten urzeitlicher und schmuckloser. Nach langer Zeit des Wanderns sah er sich am Meer. Die Sonne schien durch den Dunst. Aus einer Hütte stieg Rauch. Um die Hütte herum standen ausgedehnte Büschel einer krausen grünen Pflanze, die er nicht kannte. Nur diese einzige Pflanzensorte umschloss die Hütte wie ein üppiger grüngekräuselter Teppich. Der Weise saß innen vor einer Suppe. Nach der Farbe konnte es H-Goldsiliensuppe sein, aber sie roch penetrant und aufdringlich. Er wurde vom Weisen mit stummem Nicken zum Essen gebeten. „Ab und zu kommt jemand herunter und ich freue mich“, sagte der Alte. „Ich lebe hier wohl schon einige tausend Jahre und bin seit eh und je blind. Warum besuchen Sie mich?“ Und der Reporter erzählte.

Der Weise sprach: „Das Rätsel ist: Es regnet nicht. Es hat nie geregnet. In euren Herzen waren früher Götter und Der Weg. Sie trugen euch voran. Ihr verlort Den Weg. Ihr glaubt nur noch die Richtung zu kennen. Die Richtung nach oben. Der Regen in Euren Herzen drängt euch empor. Wohin? Sagen Sie, wohin?“

„Ich ... ich verstehe das wieder nicht. Es ist doch nichts Schlimmes dabei, dort oben. Hier ist es zwischen den alten Hütten doch sehr einsam und unwirtlich. Schauen Sie, es ist schöner oben. Ich ... hier, bitte, probieren Sie einmal, ich habe etwas mitgebracht. Probieren Sie das einmal – “, und er schob ihm eine geöffnete Dose H-Goldsilie der Blattspitzenqualität FT-GOTOP-ANDSTAY hin. Der Alte fühlte, roch, probierte. „Es ist sehr mild, verzeihen Sie, mild, tja, es schmeckt sehr – wie soll ich sagen – ich meine, eher ausdruckslos. Was ist es?“

Die höchste Tugend ist dem Weg zu folgen und nur dem Weg allein.
Der Weg ist schwindend und hervorschäumend.
Wie hervorschäumend und schwindend ist er, und doch ist darin ein Bild.
Wie schwindend und hervorschäumend ist er, und doch ist darin Inhalt.
Wie tiefsinnig und undurchsichtig ist er, und doch ist darin Gehalt.
Dieses Wesen ist zutiefst wahr, und darin liegt der Glaube.
Von Anbeginn bis Heute geriet sein Name nie in Vergessenheit.
Derart ist die Quelle aller Dinge.
Woher weiß ich das?
Eben daher. *(Lao Tse, Tao Te King, 21)*

XVIII

Identität in Farbe: Gedanken über Stefan Budian

Der Philosoph fragt seit den alten Griechen immer wieder: „Ti ésti?“ Oder: „Was ist es?“ Was ist die Essenz dessen, was wir wahrnehmen? Sind die Künstler vielleicht diejenigen, die diese Frage zwar auch nicht beantworten können, die uns aber eine Antwort im Werk zu zeigen vermögen?

Ich denke seit Jahren über Lebenssinnfragen nach, die sich besonders dem normalen arbeitenden Menschen stellen, und bin deshalb nur ab und zu Gedankenausflügen in das Reich des Ästhetischen gefolgt. Zu Weihnachten 2002 erhielt ich zu meinem damals neuen Buch *Omnisophie: Über richtige, wahre und natürliche Menschen* einige sehr wahrhaftige Leserbriefe von Stefan Budian, aus denen sich eine kleine Korrespondenz und bald ein Gedankenaustausch entwickelte.

Eines Tages lag das Buch *Hanauer Regen* in meinem Postfach, wie eine krasse Ausnahme neben all den technischen Publikationen, mit denen ich von Berufs wegen überschwemmt werde. Ich fand authentische Briefe von Jugendlichen zu letzten Fragen und Bilder von Stefan Budian. Ölbilder von Naturszenen, in denen sich oft zwei kleine, reinfarbige Wesen tummelten, die mir irgendwie den Sinn des Ganzen zu symbolisieren schienen.

Dann aber fand ich die Zeichnungen im Buch! Zeichnungen von Wesen, die … oh, das ist schwer in Worte zu fassen! Sie sind mit festen, sparsamen Rundungen gezeichnet, mit neugierigen Augen. Die Wesen stöbern und tummeln, spielen, balgen und äugen. Vor allem scheinen sie ganz erfüllt zu staunen, über ein Blatt, ein Buch, eine Blüte, einen Wassertropfen. Sie erinnerten mich spontan an meine früheren Jahre mit meinen kleinen Kindern Anne und Johannes, die mich damals alle, alle Dinge, allesamt, wie neu erfahren ließen. Jede Kuh, jede Pfütze, jeder Kieselstein strahlte Glücklichkeit aus, die mir über Kinderaugen übertragen und neu geschenkt wurde. Die Wesen aus den Zeichnungen schauen und geben Sinn. Sie leben. Sie sind ganz sie selbst. Sie existieren rein. Es sind Wesen.

Ich fragte Stefan Budian: „Haben die Wesen einen Namen?“ Ich weiß nicht, warum ich es fragte. Es sind ja Wesen. Brauchen sie einen Namen? Ich zeigte die Zeichnungen herum. Meinen Arbeitskollegen, der Familie, meinem eigenen Verleger. Ich fand die Faszination in ihnen wieder und wieder. Manche nannten die Wesen Seelen. Ja, es wären Seelen. Ja, so sei im Kern der reine Mensch, der sich selbst noch nicht entfremdet wäre.

Stefan Budian antwortete, „sie“ hätten noch nicht wirklich einen echten, getauften Namen. Ich schrieb zurück, es seien Wesen oder Seelen! Ein Abdruck des Bleibenden! Die griechischen Philosophen fragten: „Ti ésti?“ – „Was ist es?“ Was ist die Essenz, das Wesen der Dinge? Das Wirkliche, das Substrat, also das wirklich Wirkliche, das Eigentliche heißt im Griechischen ousía, im Lateinischen Usia oder im Deutschen Usie (gesprochen mit langem i, wie in *Analogie*). Die Frage „Was ist?“ mündet seit Aristoteles direkt in die Frage „Was ist ousía?“ – „Was ist das Wesen?“ In den Zeichnungen sehe ich: „*Das* ist.“ Für mich sollten die Wesen eben Wesen heißen, also Usien. Ja, für mich sind es Usien.

Da ich gerade in meinen Büchern über die verschiedenen Menschenwesen nachdachte: Wie würde eine Zeichnung eines richtigen Menschen, eines wahren Menschen oder eines natürlichen Menschen aussehen? Wie sähe eine Usie eines Idealisten aus? Eines Träumers? Eines Kindes? Solche sind aus den leichten Zeichnungen noch unschwer herauszufühlen. Wie sähe aber eine Usie eines Bürokraten aus? Eines Arbeitslosen? Eines Trauernden? Eines Erfolgreichen? Eines Neureichen?

Ich begann zu träumen, ob nicht gezeichnete Usien ganze Kapitel in Philosophiebüchern ersetzen könnten. Statt Schwerblütigem schwerelose Eingängigkeit über unsere Seele, unsere Wesen. Sind die Zeichnungen Seele-zu-Seele-Kommunikation? Wesen-zu-Wesen-Sprache?

Stefan Budian und ich trafen uns vor kurzem einen wundervollen halben Tag lang. Er brachte sieben der neun neuen Ölportraits von jungen Menschen mit, die in dieser Ausstellung gezeigt werden. Eines war noch ganz feucht und erfüllte den Raum mit Kunstgeruch. Die neun Bilder gehören zu einem Projekt mit Jugendlichen, die das Wesen des Menschen erkunden wollten. Sie wollten sich vorstellen, wie verschiedene Menschen wären. Sie hatten sich eine spezielle Persönlichkeitslehre, die des Enneagramms (ennea wie griechisch neun), vorgenommen, die neun verschiedene menschliche Zentralcharaktere beschreibt. Menschen orientieren ihr Leben vor allem nach Perfektion, Liebe, Erfolg, Kunst, Wissen, Respekt, Vergnügen, Stärke oder Harmonie, so diese Lehre. Sehr viele Menschen konzentrieren sich dabei auf eine dieser Richtungen und bilden so einen spezifischen Charakter heraus. Sie tendieren dann je nach Spezialisierung zu Ordnung, Helfertum, Ehrgeiz, Besonderssein, Besserwissen, zum Vorgesetzten, Genießer, Kämpfer oder zum Dienenden. Die Jugendlichen hatten sich vorgenommen, sich in die verschiedenen Menschentypen hineinzuversetzen und damit etwas vom möglichen Wesen des Menschen zu erfahren. Neun Jugendlichen teilten sich je einen der neun „Typen“ zu und dachten sich in die entsprechende Rolle hinein. Während sie in dieser Rolle verharrten und in dieser Rolle von einem fiktiven typgerechten Leben erzählten, wurden sie von Stefan Budian portraitiert.

Bei der Schilderung des Projektes stockte mir der Atem: Das gerade wollte ich ja wissen! Wie sehen nun gemalte Seelen aus? Stefan Budian sagte, er habe sich nicht wirklich um die Rollendefinitionen gekümmert. Er male. Er habe den Jugendlichen gelauscht und gemalt und gemalt, mehr nicht. Ich selbst kenne das Enneagramm ziemlich gut und habe mich lange Zeit in diese Menschentypen hineingedacht. Und ich bat auf der Stelle, einen Blindtest machen zu dürfen. Ich würde die sieben fertigen Bilder anschauen und tippen, in welcher vorgestellten Rolle sie sich portraitieren ließen. (Ich war echt aufgeregt und ganz neugierig!) Ergebnis: Fünf Treffer von sieben! Ein Ergebnis schwach daneben. Eines aber dramatisch falsch. Haben Sie in der Ausstellung das Bild mit der Frau gesehen, die auf einer Decke im Grünen sitzt? Sie hatte die Rolle „Nr. 6", die etwa der des treuen, gehorsamen Deutschen entspricht, der sich Respekt bei seinen Mitmenschen verschafft und einfordert. „Nie! Nie!", rief ich. „Das ist das Bild einer Nr. 4, einer Sinnsucherin! Dieses Bild gibt nicht das Wesen wieder! Nie!" Stefan Budian schmunzelte. „Sie wollte ihre Rolle nicht annehmen. Sie fühlte sich darin unwohl. Ja, mag sein, sie ist als wahre Person eine Sinnsucherin. Aber ich habe mich beim Malen nicht um die Rollen gekümmert. Ich habe nur portraitiert, wie sie sich gaben, verstehen Sie?"

Ich verstand.

Stefan Budian vermag uns Seelen zu zeigen.

Jugendliche versetzen sich in Seelenzustände, werden gemalt – und *ich*, verstehen Sie! – und ich kann ihre Seelenzustände aus dem Bild wieder herausfühlen! ICH SEHE DIE SEELEN! Sie auch?

Die Bilder sind für mich: Identität in Farbe.

Maler verwandeln oft Wirklichkeit in Farben. Stefan Budian verwandelt Sinn in Farbe. Er sagte in unserem Gespräch, er wolle in der nächsten Zeit nicht mehr so sehr die Wirklichkeit malen. Aber genau damit hat er wohl begonnen.

Usia mundi …

XIX

Nachlese: Mathematik, 15-prozentig

Fünf ganze Jahre habe ich für eine simple Erkenntnis gebraucht! Keine Erkenntnis hat mehr Geld gekostet als diese. Ich verrate sie hier, damit nicht weiterhin so viel Geld verschwendet wird.

Ich muss kurz in die Vergangenheit zurückgreifen, um das Problem deutlich zu machen. Das Problem ist, dass es als Problem noch gar nicht richtig erkannt ist. Sonst hätten es ja viele schon gelöst und ich hätte den Leidensweg nicht gebraucht. Bestimmt haben es schon viele erkannt, selbst gelöst, aber geschwiegen.

Ungefähr 1989 passierte es mir zum ersten Mal. Wir hatten aus unserer Sicht gute Ideen zum besseren Chip Design & Placement. Wir trugen sie dem höheren Management vor. Man riet uns im lokalen Führungskreis, die Idee gut zu verkaufen, weil wir dann *Funding* bekämen. In der Industrie nennt man Drittmittelfinanzierung einfach Funding. Wir sagten dann auch, dass unsere Idee *genial* wäre, was eine gehörige Steigerung zu *gut* ist. Für einen Mathematiker bedeutet es eine Menge Selbstüberwindung, eine eigene Idee genial zu nennen, weil geniale Ideen eigentlich die Eigenschaft haben sollten, allen Menschen unmittelbar als genial ins Auge zu springen. Jedenfalls sehen das Mathematiker lieber so, weil sie sich schämen, zu dick aufzutragen. Aber nur dann bekommt man Drittmittel! Wir übten also mit *genial*, was ganz falsch war. Man muss sagen: *quantensprungeinsparend.* Alle wollen ja nur Geld, nicht wahr? Der Mathematiker will Funding und der Drittmittelgeber auch. Diese Rechnung geht nur auf, wenn die unter Risiko erwarteten Einsparungen *deutlich* größer als das Funding sind.

(Früher hat man wissenschaftliche Errungenschaften mit Geld unterstützt. Das hat stets zu großer Verwirrung geführt, weil die Wissenschaftler die Errungenschaften beträchtlich höher werteten als das wenige Geld, das sie dafür bekamen. Die Finanzierenden waren dagegen ständig vom schleichenden Argwohn geplagt, sie zahlten viel zu viel. Deshalb wurde durch Befehl der Ministerien von allen vereinbart, dass die Forscher das Geniale in Geld umrechnen. Damit wird eben erreicht, dass jetzt alle nur noch Geld wollen. Vielfach gibt es auch Gegenumrechnungen, etwa Geld in Genie: „Das Gemälde ist schön, denn es brachte über eine Million." Mit Geld ist eben alles möglich.)

Kurzum, als wir unsere genialen Ideen vortrugen, fragte man mich damals ganz unverblümt: „Um wie viel Prozent bekommen Sie das besser hin?" Diese Frage wird *immer* gestellt. Immer! Es ist zum Haare ausraufen. *Niemand* weiß ja vorher, um wie viel besser eine Optimierungslösung ist, bevor man es nicht (besser selbst!) ausprobiert hat. Leider ist man es im Management in anderen Gebieten gewohnt, alles vorher zu wissen. Wenn zum Beispiel neue Produkte wie UMTS-XY gebaut werden, wissen alle Beteiligten lange vorher, wie viel davon verkauft werden. Sonst könnte man ja nicht richtig wirtschaften. Deshalb ist das Verständnis für Optimierung nicht so ausgeprägt. Da diese Sachlage den meisten Mathematikern unbekannt ist, geben sie auf die heikle Prozentfrage des Ideennutzens *immer* die einzige richtige Antwort: „Es kommt darauf an ..." Beim Sprechen haben sie so einen fragenden Ausdruck in den Augen, als wollten sie am Verstand des Fragenden zweifeln. Weiß der denn nicht, dass man es nicht wissen *kann?* Warum fragt er das? Warum ist er so ein hoher Manager?

Damals, als ich das gefragt wurde, zögerte ich: „Es kommt darauf an." Und ich schaute hilflos fragend zu meinem Chef, der mitgekommen war. Der herrschte mich an: „Wie viel!" Ich stotterte herum und brummelte etwas wie „5 Prozent mindestens", obwohl ich in meinem Innern felsenfest überzeugt war, es würden 30 Prozent, was viel später auch gestimmt hat, als andere das Funding bekamen. Über meine fünf Prozent wurde viel gelacht, mein Chef erlitt einen Glaubwürdigkeitsschaden. Vertane Zeit, diese Diskussion! Mir wurde besonders der fragende Blick übelgenommen. Man unterstellte, dass ich meiner Idee gar nicht sicher zu sein schien. Dabei zweifelte ich als Mathematiker nur am Verstand ... Das ließ sich in Aussprachen nie mehr geraderücken.

Mathematiker handeln am liebsten immer beweisbar richtig und fehlerlos. Deshalb haben sie kaum Erfahrung, wie man aus Fehlern lernt. Ich versuchte es bei den nächsten Optimierungsproblemkunden mit einer ganz falschen Antwort. Ich nannte völlig unverblümt und total überzeugt die Prozentzahl, von der ich ganz *subjektiv* in meinem Innern felsenfest überzeugt war. „Wie viel sparen Sie?" – „30 bis 40 Prozent." – Diesmal schaute mein *Gegenüber* wie durch Milchglas. Ich hatte fast den Eindruck, er zweifelte an meinem Verstand. Das ließ sich in Aussprachen nie mehr geraderücken, weil das Meeting gleich nach meiner zweiten Antwort endete. Zweite Frage: „Wie viele Variable können optimiert werden?" – Zweite Antwort: „Alle." Schweigen – dann leise: „Wir *dachten* uns, dass Sie das sagen würden."

Ich lernte, dass 30 Prozent zu vollmundig war. Für mich gab es sachlich nur *zwei* Antworten: Die beweisbare Abschätzung oder meine Intuition. Beide taugten jetzt nichts! Was nun? Sollte ich einfach das arithmetische Mittel antworten? Ich probierte herum ...

- Fünf Prozent: „So viel sparen wir durch einfaches Beine machen, das ist weniger als Einmaleins. Und Sie kommen hier gleich mit Mathe!"
- Zehn Prozent: „Klingt mager. Das schaffen wir auch, wenn wir selbst so viel Geld bekämen wie Sie wollen."
- Zwanzig Prozent: „Das ist sehr ehrgeizig. Sie müssen bedenken: Wenn wir Ihnen das Geld geben, müssen wir uns Ihre Versprechung von zwanzig Prozent bei unserem Oberboss zu eigen machen, damit er alles bewilligt. Das trauen wir uns nicht, zwanzig Prozent. In so einem Projekt optimieren wir ja auch alle unser eigenes Leben, verstehen Sie?"
- Dreißig Prozent: „Aufschneider. Raus!"

Daraus folgte zwingend, dass ich fünfzehn Prozent sagen müsste. Ich sagte: „15 Prozent." Ich bekam sofort eine Unterschrift. Ich sagte: „13 Prozent." – „Warum so eine krumme Zahl? Können Sie hellsehen?" Ich sagte: „14 Prozent." Desgleichen.

Ich blieb bei 15 Prozent. Immer 15 Prozent. Nur noch 15 Prozent. Alle nickten, niemand fragte nach, alle zufrieden.

Ich hatte eine absolute Naturkonstante entdeckt!

Mathematik spart immer 15 Prozent, ganz und gar unabhängig von der Problemstellung!

Ich habe neulich diese fundamentale Entdeckung vor Unternehmern vorgetragen. Hinten im Publikum lachte jemand. Es war ein Berater eines führenden Hauses, das gegen Honorar Angebotssituationen entscheidet, also die besten Projektvorschläge professionell aussucht. „Ja! Ja! Zehn Prozent finden wir zu mager. Und 20 Prozent gilt bei Beratern als unseriös, weil es zu ambitioniert ist. Und 13 oder 14 ist viel zu genau, da sind wir immer misstrauisch! 15! Ja!" Ich fragte: „Woher wissen Sie das, 15?" – „Niemand weiß das. Aber es läuft zwangsläufig darauf hinaus." – „Aber WISSEN tun Sie's nicht?" – „Nein, es ist eine Menge Arbeit, das beste Angebot herauszufinden. Aber es ist am Ende immer das mit 15 Prozent." – „Warum nehmen Sie das nicht gleich?"

15 Prozent. QED. Oder gibt es schon falsche Fünfzehner?!

XX

Nachwort: Die Profanierung der Optimierung

Einige Seufzer zur zweiten Auflage, „zehn Jahre danach“

Dieses Buch entstand ja schon vor 10 Jahren. Wir Mathematiker waren ganz trunken vor Begeisterung, wie viel bessere Strukturen die Computer mit Optimierungsverfahren berechnen können! Mathematik sparte in tatsächlichen Projekten wirklich die sprichwörtlichen 15 Prozent, wie ich in einem der vorstehenden Artikel erklärte. Die Computer wurden immer leistungsfähiger! Immer besser und mehr könnte gerechnet werden! Wir könnten ganze Computernetze oder Computerfarmen einspannen und das Beste bestimmen lassen!

Wird also heute überall optimiert?
Ja – ungeheuer viel!
Nein – eigentlich gar nicht!

Die Optimierung, die ich hier im Buch dargestellt habe, sucht innerhalb gegebener Nebenbedingungen die beste Struktur heraus, ein Optimum. Das Optimum ist schwer zu finden, auch mit den heutigen Computern. Das liegt an den oft chaotischen Arbeitsverhältnissen, die ich ja schilderte. Jeder Beteiligte will noch besondere Bedingungen einbringen, die beachtet werden müssen! Wenn ein Optimierungsverfahren am Ende arbeitsreich programmiert ist, soll es immer angewendet werden! Es wäre nun schlecht, wenn ein jeder trotzdem machte, was er will. Es wäre schlecht, ein jeder hätte noch täglich Sonderwünsche.

Manchmal denke ich, das Optimieren hat etwas Ewiges an sich. Es ist wie eine Religion. Auf immer wird genau das Beste getan, das Allerbeste. Der optimierte Maschinenpark und die Menschen drum herum führen ein geregeltes, stressfreies, computergetreues oder computergefälliges Leben. Das ist als Traum irgendwie schon zu schön. Denn die Menschen führen nicht einmal ein gottgefälliges Leben. Das ist nämlich offenbar zu viel verlangt. Es erfordert, wie man neudeutsch heute sagt, zuviel „Commitment“. Optimierung verlangt auch Commitment und selbstverpflichtete Disziplin. Optimierung hat einen Touch von reiner Lehre. Das ist das Problem.

Heute kennt jeder den Begriff der Optimierung, aber in einem ganz anderen Sinne. Optimierung klingt heute nicht in jedem Ohr so positiv wie hier im Buch, sondern finster und bedrohlich. Optimierung wird heute in vielen Fällen synonym zu „wie eine Zitrone auspressen“ gebraucht, was man heute offenbar für das Bestmögliche hält. Sehen Sie, wir haben viele

Jahre in der IBM in Heidelberg an einer Routen- und Transportoptimierung gebastelt. Nun aber lassen viele Unternehmer aus Not im Logistik-Markt die Fahrer einfach länger fahren, als sie bezahlt werden, und viel länger, als die Polizei oder der Arzt es erlauben. „Wir optimieren den Personaleinsatz." Die Mitarbeiter bekommen weniger Lohn. „Wir optimieren die Bezahlungssysteme." Die vom Optimierungsprogramm errechneten günstigsten Standorte werden verlegt, weil etwa ein EU-Randstaat viel weniger Steuern verlangt, wenn die Unternehmer dort residieren. „Wir optimieren die Steuern." Das Wort Optimieren wird wie „Wegstreichen" verstanden, wie Sparen, Eindampfen, Auflösen, Zusammenstauchen, Disziplinieren, Verdichten, Druckmachen.

Dieses Verständnis von Optimierung ist eine arge Profanierung der ursprünglichen reinen Lehre. Es geht im Schnellschussverfahren gar nicht mehr um das Beste, sondern um „Hinunterdrücken" oder „Hochfahren".

Hier im Buch wird von der besten Lösung gesprochen. Welche ist unter allen Bedingungen die ausgewogenste Möglichkeit von allen? Was ist das langfristig und ganzheitlich Beste?

Die Unternehmen aber gehen heute daran, alle paar Monate die Nebenbedingungen zu verändern. Sie reorganisieren und schließen Firmenteile, sie ziehen sich auf profitable Geschäftsfelder („core business") zurück und sourcen unangenehme Arbeit an Billiganbieter aus. Überall werden Standortdiskussionen geführt, die Mitarbeiter zu Kompromissen aufgefordert, sich endlich persönlich für den Gewinn des Unternehmens einzusetzen. Unter der Hand werden offizielle Daten der Wirklichkeit nicht ernst genommen, etwa die Arbeitszeiten, die Höchstgeschwindigkeit der Lastwagen, deren Höchstbeladung, die Pausenzeiten. Wie aber kann ein Optimierungsverfahren da noch arbeiten, wenn Menschen mit der Brechstange alles hinbiegen? „Weiß ich, das geht nicht. Aber quetschen Sie es noch rein. Geht nicht, gibt's hier nicht."

Optimierung ist ein Verfahren für den Regelfall, aber nicht wirklich geeignet für den andauernden Notfall. Im Notfall werden in einem fort die Bedingungen verändert oder besser noch ganz ignoriert. Die Ziele werden fast in jedem Einzelfall umgebogen und auch ignoriert. Ziele werden oft alle paar Monate radikal geändert. Man sagt: „Wir fokussieren uns nun auf ..." Viele Jahre haben wir den Fokus auf dem Kostensenken gehabt. Nun heißt es im Jahre 2006: „Wir fokussieren uns auf Wachstum." Das ist nämlich vernachlässigt worden.

Ich will nur sagen:

Die Welt benimmt sich für Optimierungen zu unberechenbar.

Sie verändert Ziele und Regeln so schnell, dass an geregelte Arbeit im Sinne einer reinen Lehre gar nicht zu denken ist. Deshalb führt die Optimierung immer noch ein Schattendasein, wie alle reinen Lehren in dieser Zeit.

Schauen Sie zur Probe einmal in eine Computerzeitung. Die großen Themen, über die alle schreiben, kreisen um Begriffe wie Konsolidierung, Integration, Qualität, Verfügbarkeit, Ausnutzungsgrade („utilization"), Transparenz, Nachvollziehbarkeit, Sicherheit, Bedienbarkeit, Flexibilität, Anpassungsfähigkeit („adaptivity"), Behändigkeit („agility"), „sense & respond".

Fühlen Sie sich bitte einige Momente in diese Begriffe hinein.

Welche Probleme stehen dahinter? Wenn man zum Beispiel über Flexibilität Artikel schreibt, so ja nur, weil alles inflexibel ist, oder? Politiker reden immer über „Gerechtigkeit", weil sie welche versprechen wollen, nicht weil es sie gibt. Das also, worüber geredet wird, ist gerade das, was im Augenblick fehlt. Es fehlt an Konsolidierung. „Alles verschiedene Systeme, alles durcheinander. Nichts durchdacht, ein Saustall." Integration fehlt. „Da haben wir alle möglichen Systeme zusammengekauft, aber sie passen nicht zusammen, es ist furchtbar, wir müssen die Daten aus einem System abschreiben und in ein anderes eintippen." Qualität fehlt. „Die Programme sind voller Fehler, wir müssen andauernd neue Patches einpflegen. Die Daten sind veraltet, es kümmert keinen. Die Adressen der Leute stimmen nicht mehr. Vieles ist doppelt." Flexibilität fehlt. „Es kommen immer neue Anforderungen, mal ist der Fokus hier, mal da. Es dauert Monate, alles wieder umzubauen! Sind die da oben blöd? Was denkt sich einer, der solche Bestimmungen ersinnt? Der hat nie die Wirklichkeit gesehen. Der sollte mal herkommen! Aber nein, er fragt bestimmt schon nächste Woche, wie weit wir sind." Gesetzesdschungel! „Immer kommen neue Vorschriften. Schon mit unseren Controllern kannst du nicht vernünftig reden, aber gegen gesetzliche Bestimmungen bist du ganz machtlos. Die haben noch nie Computer gesehen! Die merken gar nicht, was sie uns antun. Sie reden dabei ununterbrochen von Vereinfachung, aber die Gesetze werden komplizierter und widersprechen sich oft sogar. Wenn man einem Computer mehrere sich widersprechende Befehle eingibt, stellt er den Betrieb ein! Er ist doch kein Politiker!"

Im Klartext: Die Systemlage ist beklagenswert. Die Komplexität der Anforderungen und Zumutungen nimmt stetig zu. Nichts funktioniert richtig. Die eine Hand weiß nicht, was die andere tut. Es ist unaufgeräumt und chaotisch. Inmitten der vielen Vorschriften kann man sich kaum rühren. Alles ist unflexibel. Neue Projekte scheitern in aller Regel daran.

Die reine Lehre der Optimierung sagt: „Lass uns das alles einmal grundsätzlich aus einem Guss anschauen und die beste Lösung berechnen."

Das sagen der Mönch im Vergnügungspark und der Anti-Stress-Theologe im hetzenden All-Managers-Meeting genauso.

Die grundlegenden Lösungen sind am besten, aber sie liegen ganz außerhalb des Wahrnehmungsspektrums im Chaos. „Du hast ja Recht, aber wer gibt Dir?", pflegte mein Vater über mich zu witzeln, wenn ich wieder etwas bei der Wurzel packen wollte, ohne immer nur die Symptome anzukratzen.

„Wenn Du es eilig hast, gehe langsam!" – „Keine Zeit!"

Wodurch entsteht diese Unordnung? Darüber sollte ich bestimmt ein weiteres Buch schreiben. Ich gebe hier nur einen Grund.

Optimierung fragt nach der besten Lösung. Die liegt irgendwo in der Mitte.

Beispiel: Wie viel soll ein Mitarbeiter telefonieren? Wir üben die beiden Extremantworten. Wenn er gar nicht telefoniert, wird er nicht gut arbeiten. Wenn er nur telefoniert, auch nicht. Die Antwort ist in der Mitte. Wo? Schwer zu sagen.

Beispiel: Bei welchen Krankheiten darf man zu Hause bleiben? Wenn man bei jedem Wehweh wegbleibt, bricht die Arbeitswelt zusammen. Wenn man immer arbeitet, bricht man selbst zusammen.

Immer ist es so, dass die Extreme ganz unsinnig sind, also die Wahrheit in der Mitte liegen muss. Denkt aber jemals jemand über diese Mitte nach? Nie! Die Mitte spielt sich ein. Zur Mitte kommt es durch Kampf. Mitarbeiter wollen unendlich viel Lohn haben, Unternehmen ihnen Nulllohn geben. Sie kämpfen. Irgendetwas kommt heraus. Das hält man für einen guten Kompromiss. Ich selbst finde, Eminem soll man lieber gar nicht hören, Johannes lässt damit die Wände zittern und rappt mit. Wo ist die Mitte? Ich schreie ihn an, so kräftig ich kann. Er kann mich nicht hören, die Musik ist zu laut ...

Wir optimieren im Leben gar nicht. Wir kämpfen miteinander, so dass Kompromisse entstehen. Optimierung aber geht von einer weisen Welt aus, die sich auf ein weises Optimum einigen kann. Kompromisse sind die Einigungsformel in einer auf Wettbewerb versessenen Welt. Optima sind bestmögliche Zustände im Ganzen. Ist heute die Zeit für die reine Lehre?

Nein. Deshalb seufze ich und sehe, dass wir mathematische Optimierung wohl nur dann einsetzen können, wenn sie ganz innerhalb von Maschinen ablaufen kann – ohne dass ein Mensch die Regeln ändert. Sie wird dort im Verborgenen arbeiten können. Ja, das kann sie. Wird aber der Maschinenbauer nun etliche Mathematiker einstellen, die Maschinen optimieren? „Alle sechs Monate pusten wir eine neue Produktlinie hinaus!" – „Das Programmieren der Optimierer geht nicht so schnell!" – „Okay, dann bauen wir die Maschinen erst einmal ohne Software, die kann sich dann der Benutzer der Maschine selbst schreiben."

Ich seufze noch einmal. Ja, es wird weiterhin mathematische Optimierung geben. Ohne sie werden wohl keine Flugpläne oder Verkehrsnetze oder neuen Produktionsbänder geplant. Manchmal lohnt es sich, vorab die ganze Lösung einmal auszurechnen. Da werden wir Mathematiker mit genialen Lösungen glänzen. Aber wir werden längst nicht so oft um eine beste Lösung gefragt werden, wie wir es gerne hätten oder wie es vernünftig wäre. Dazu wird Optimierung viel zu profan gesehen.

Oder? Sprechen wir uns in weiteren zehn Jahren wieder?

Literaturverzeichnis

Dueck, Gunter: Wild Duck. Die empirische Philosophie der Mensch-Computer-Vernetzung. 3. Auflage, Berlin/Heidelberg/New York: Springer, 2002.

Dueck, Gunter: E-Man. Die neuen virtuellen Herrscher. 2. Auflage, Berlin/Heidelberg/New York: Springer, 2002.

Dueck, Gunter: Die Beta-inside Galaxie. Berlin/Heidelberg/New York: Springer, 2001.

Dueck, Gunter: Omnisophie. Über richtige, wahre und natürliche Menschen. Berlin/Heidelberg/New York: Springer, 2002.

Dueck, Gunter: Supramanie. Berlin/Heidelberg/New York: Springer, 2003.

Dueck, Gunter und Scheuer, Tobias: Mathematische Optimierung – Das Sintflutprinzip.
Videofilm, VHS-Cass., ORT: Verlag Spektrum der Wissenschaft: Heidelberg, 1996.

Kirkpatrick, S./Gelatt C.D., Jr./Vecchi, M. P.: Optimization by simulated annealing. Science 1983.

Lao Tse: Tao Te King, Bearbeitung von Gia-Fu Feng und Jane English. Diederichs: München, 1994.

Lichtenberg, Georg Christoph: Schriften und Briefe in sechs Bänden. Hanser: München, 1968.

Riso, Don Richard: Das Eneagramm Handbuch. Droemer: München, 1998.

Riso, Don Richard: Die neun Typen der Persönlichkeit. Droemer: München, 1989.

Zeitfracht Medien GmbH
Ferdinand-Jühlke-Straße 7
99095 Erfurt, Deutschland
produktsicherheit@kolibri360.de